U0526660

"人工智能+"
大国竞争新优势

刘 典 ◎ 著

人民日报出版社
北京

图书在版编目（CIP）数据

"人工智能+"：大国竞争新优势 / 刘典著.

北京：人民日报出版社, 2025. 5. -- ISBN 978-7-5115-8745-9

Ⅰ.TP18-49

中国国家版本馆CIP数据核字第2025K3Y613号

书　　　名：	"人工智能+"：大国竞争新优势
	"RENGONGZHINENG +"：DAGUO JINGZHENG XINYOUSHI
作　　　者：	刘　典
责任编辑：	朱小玲
装帧设计：	元泰书装
出版发行：	人民日报出版社
社　　　址：	北京金台西路2号
邮政编码：	100733
发行热线：	（010）65369509　65369512　65363531　65363528
邮购热线：	（010）65369530　65363527
编辑热线：	（010）65369514
网　　　址：	www.peopledailypress.com
经　　　销：	新华书店
印　　　刷：	大厂回族自治县彩虹印刷有限公司
法律顾问：	北京科宇律师事务所　　（010）83622312
开　　　本：	710mm×1000mm　　　1/16
字　　　数：	330千字
印　　　张：	21.5
版　　　次：	2025年5月　第1版
印　　　次：	2025年5月　第1次印刷
书　　　号：	ISBN 978-7-5115-8745-9
定　　　价：	58.00元

如有印装质量问题，请与本社调换，电话：（010）65369463

目 录

坚持自立自强　突出应用导向　推动人工智能健康有序发展 1

第一章　人工智能驱动产业革命

第一节　人工智能的崛起：技术发展简史与产业变革的核心驱动因素 003
第二节　为什么是现在？技术成熟度、全球化与政策支持的共同作用 ... 015
第三节　未来产业革命的特征：数据驱动、智能赋能、产业深度融合 033
第四节　国家战略视角下的"人工智能+"：为何是"+"如何"+"？ ... 049

第二章　我们所担心的终会面临：风险、治理、边界

第一节　关键风险与治理逻辑：数据、伦理、算法的战略制衡 059
第二节　战略边界：伦理风险、技术成熟度与政策平衡 068

第三章　人工智能的核心价值链与生态

第一节　价值链：算法、算力与数据的协同作用 ………………… *079*
第二节　技术生态系统：开源技术、研发平台与产业标准 ……… *087*
第三节　从技术到产业：人工智能如何成为产业新基石 ………… *095*

第四章　国内人工智能生态与主体关系的战略

第一节　人工智能生态主体构成：政府、企业、科研机构与公众的分工与协作 … *113*
第二节　政府的角色：政策制定、科研资助与伦理监管 ………… *126*
第三节　多方协作案例：国家科研专项与重点企业协同的成功经验 … *139*

第五章　"人工智能+X"的融合路径：领域场景的系统应用

第一节　"人工智能+X"的浪潮席卷而来 ………………………… *155*
第二节　各行业的落地机制与政策协同 …………………………… *159*
第三节　"人工智能+X"遇到的共性挑战：资源、标准、治理 …… *170*
第四节　整合核心案例：中国式人工智能落地路径梳理 ………… *180*

第六章　人工智能企业的全球布局与发展路径

第一节　人工智能企业全球化的必然性 …………………………… *189*
第二节　科技巨头的角色：从人工智能平台构建到行业赋能的生态战略 … *194*
第三节　独角兽企业的创新驱动力：垂直行业的应用突破 ……… *199*
第四节　跨国企业的竞争与协作：专利、技术出口与国际市场扩张 … *207*
第五节　人工智能企业的全球化挑战与未来展望 ………………… *215*

第七章　全球人工智能政策与战略

第一节　全球人工智能政策格局：中国、美国、欧盟的战略比较 *229*
第二节　人工智能政策创新：科研支持、数据治理 *240*
第三节　中国人工智能政策实践：从规划制定到落地实施 *251*

第八章　人工智能与全球竞争新格局

第一节　全球人工智能竞争的核心领域：技术标准、数据治理与人才争夺 ... *265*
第二节　中美竞争的深度分析：技术封锁与反制措施的博弈 *277*
第三节　区域合作与竞争：美欧、中日韩与其他新兴经济体的合作与博弈 *289*

第九章　人工智能与未来人类

第一节　我们这样一路走来："人工智能+"从提出到实践 *305*
第二节　战略风险与治理盲区：制度、道德、文化的挑战 *312*
第三节　技术与治理同步：向更高阶智能社会过渡 *318*
第四节　形成具有广泛共识的全球治理框架和标准规范 *324*

结　语　从"+人工智能"到"人工智能+"：技术跃迁之后的国家命题
.... *329*

坚持自立自强　突出应用导向推动人工智能健康有序发展

新华社北京4月26日电　中共中央政治局4月25日下午就加强人工智能发展和监管进行第二十次集体学习。中共中央总书记习近平在主持学习时强调，面对新一代人工智能技术快速演进的新形势，要充分发挥新型举国体制优势，坚持自立自强，突出应用导向，推动我国人工智能朝着有益、安全、公平方向健康有序发展。

西安交通大学教授郑南宁同志就这个问题进行讲解，提出工作建议。中央政治局的同志认真听取讲解，并进行了讨论。

习近平在听取讲解和讨论后发表重要讲话。他指出，人工智能作为引领新一轮科技革命和产业变革的战略性技术，深刻改变人类生产生活方式。党中央高度重视人工智能发展，近年来完善顶层设计、加强工作部署，推动我国人工智能综合实力整体性、系统性跃升。同时，在基础理论、关键核心技术等方面还存在短板弱项。要正视差距、加倍努力，全面推进人工智能科技创新、产业发展和赋能应用，完善人工智能监管体制机制，牢牢掌握人工智能发展和治理主动权。

习近平强调，人工智能领域要占领先机、赢得优势，必须在基础理论、方法、工具等方面取得突破。要持续加强基础研究，集中力量攻克高端芯片、基础软件等核心技术，构建自主可控、协同运行的人工智能基础软硬件系统。以人工智能引领科研范式变革，加速各领域科技创新突破。

习近平指出，我国数据资源丰富，产业体系完备，应用场景广阔，市场空间巨大。要推动人工智能科技创新与产业创新深度融合，构建企业主导的产学研用协同创新体系，助力传统产业改造升级，开辟战略性新兴产业和未来产业发展新赛道。统筹推进算力基础设施建设，深化数据资源开发利用和开放共享。

习近平强调，人工智能作为新技术新领域，政策支持很重要。要综合运用知识产权、财政税收、政府采购、设施开放等政策，做好科技金融文章。推进人工智能全学段教育和全社会通识教育，源源不断培养高素质人才。完善人工智能科研保障、职业支持和人才评价机制，为各类人才施展才华搭建平台、创造条件。

习近平指出，人工智能带来前所未有发展机遇，也带来前所未遇风险挑战。要把握人工智能发展趋势和规律，加紧制定完善相关法律法规、政策制度、应用规范、伦理准则，构建技术监测、风险预警、应急响应体系，确保人工智能安全、可靠、可控。

习近平强调，人工智能可以是造福人类的国际公共产品。要广泛开展人工智能国际合作，帮助全球南方国家加强技术能力建设，为弥合全球智能鸿沟作出中国贡献。推动各方加强发展战略、治理规则、技术标准的对接协调，早日形成具有广泛共识的全球治理框架和标准规范。

（来源：新华网 2025-04-26 10:47:02）

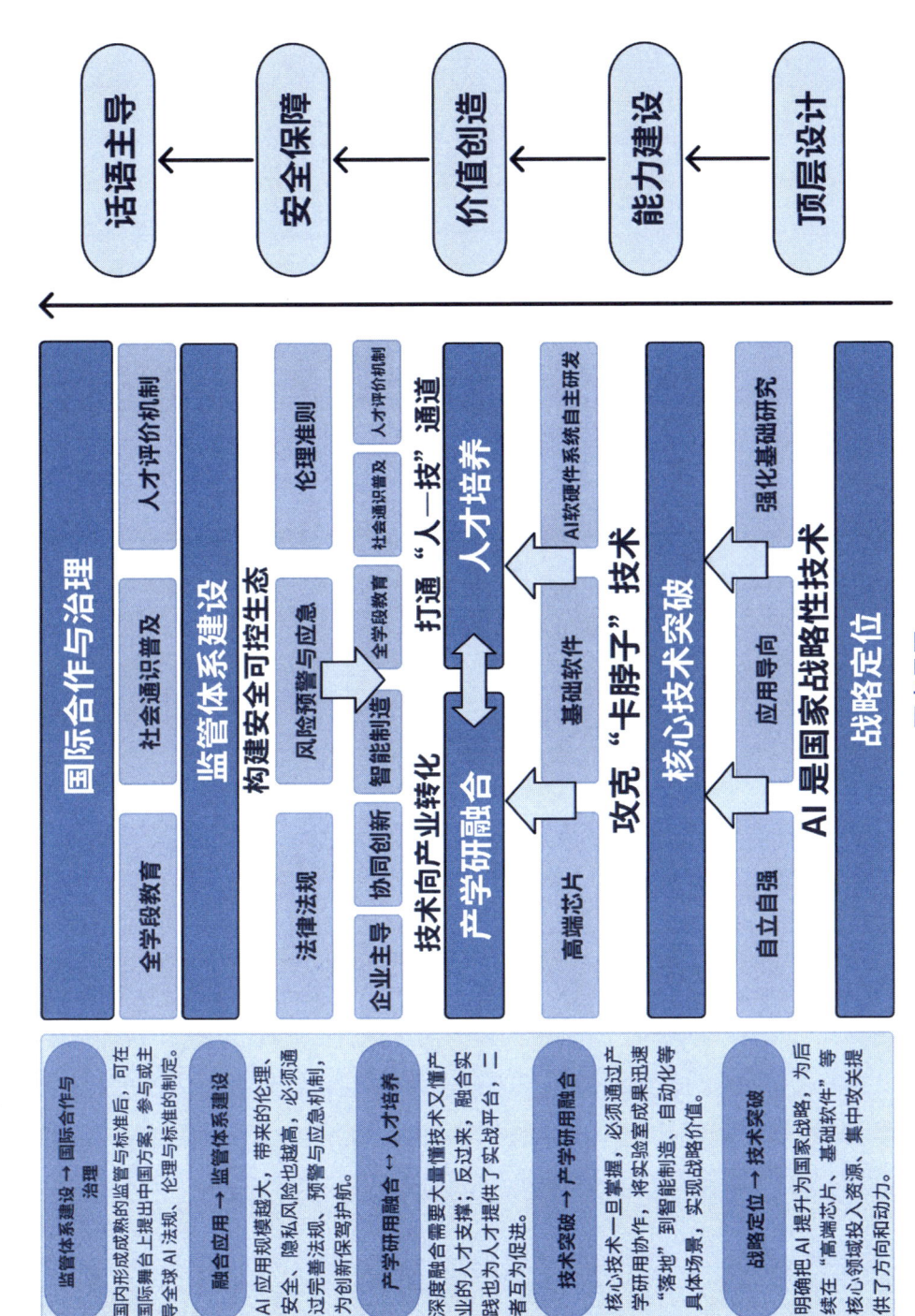

要点导图

话语主导 ← 安全保障 ← 价值创造 ← 能力建设 ← 顶层设计

国际合作与治理
- 全学段教育
- 社会通识普及
- 人才评价机制

监管体系建设 —— 构建安全可控生态
- 法律法规
- 风险预警与应急
- 伦理准则
- 全学段教育
- 智能制造
- 社会通识普及
- 人才评价机制

产学研融合 —— 技术向产业转化 ↔ 打通"人一技"通道 —— **人才培养**
- 企业主导
- 协同创新
- 高端芯片
- 基础软件
- AI软硬件系统自主研发

核心技术突破 —— 攻克"卡脖子"技术
- 自立自强
- 应用导向
- 强化基础研究

战略定位 —— AI是国家战略性技术

- **监管体系建设 → 国际合作与治理**
  国内形成成熟的监管标准后，可在国际舞台上提出中国方案，参与或主导全球AI法规、伦理与标准的制定。

- **融合应用 → 监管体系建设**
  AI应用规模越大，带来的伦理、安全、隐私风险也越高，必须通过完善法规、预警与应急机制，为创新保驾护航。

- **产学研用融合 ↔ 人才培养**
  深度融合需要大量懂技术又懂产业的人才支撑；反过来，融合实践也为人才提供了实战平台，二者互为促进。

- **技术突破 → 产学研用融合**
  核心技术一旦掌握，必须通过产学研用协作，将实验室成果迅速"落地"到智能制造、自动化等具体场景，实现战略价值。

- **战略定位 → 技术突破**
  明确把AI提升为国家战略，为后续在"高端芯片、基础软件"等核心领域投入资源，集中攻关提供了方向和动力。

第一章 人工智能驱动产业革命

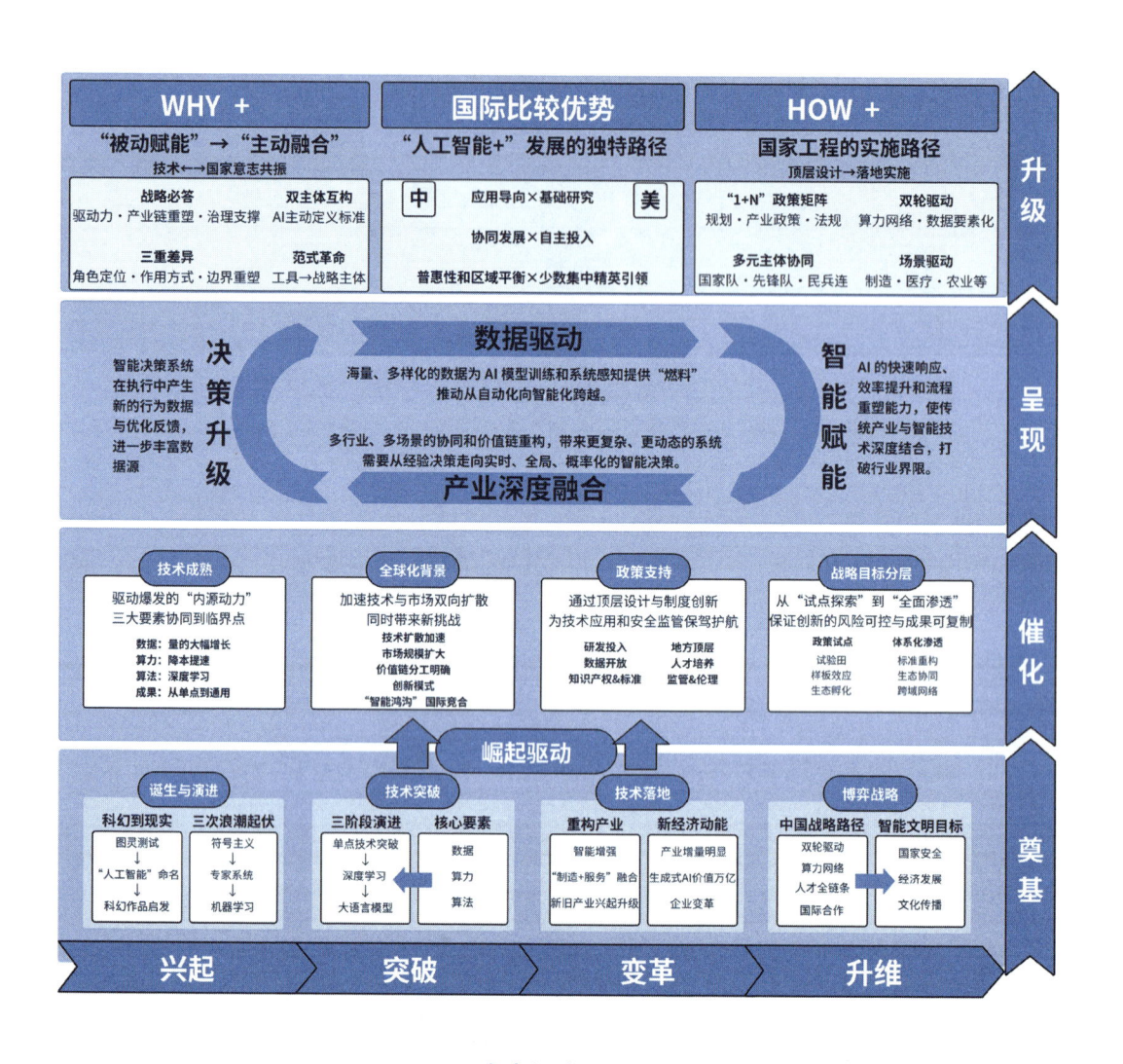

本章阅读导图

升级层

WHY +
"被动赋能" → "主动融合"
技术 ←→ 国家意志共振

战略必答	双主体互构
驱动力·产业链重塑·治理支撑	AI主动定义标准
三重差异	**范式革命**
角色定位·作用方式·边界重塑	工具→战略主体

国际比较优势
"人工智能+"发展的独特路径

中		美
	应用导向 × 基础研究	
	协同发展 × 自主投入	
	普惠性和区域平衡 × 少数集中精英引领	

HOW +
国家工程的实施路径
顶层设计 → 落地实施

"1+N"政策矩阵	双轮驱动
规划·产业政策·法规	算力网络·数据要素化
多元主体协同	**场景驱动**
国家队·先锋队·民兵连	制造·医疗·农业等

呈现层

决策升级 ⇄ **数据驱动** / **产业深度融合** ⇄ **智能赋能**

智能决策系统在执行中产生新的行为数据与优化反馈，进一步丰富数据源

海量、多样化的数据为AI模型训练和系统感知提供"燃料"，推动从自动化向智能化跨越。

多行业、多场景的协同和价值链重构，带来更复杂、更动态的系统，需要从经验决策走向实时、全局、概率化的智能决策。

AI的快速响应、效率提升和流程重塑能力，使传统产业与智能技术深度结合，打破行业界限。

催化层

技术成熟
驱动爆发的"内源动力"
三大要素协同到临界点
- 数据：量的大幅增长
- 算力：降本提速
- 算法：深度学习
- 成果：从单点到通用

全球化背景
加速技术与市场双向扩散
同时带来新挑战
- 技术扩散加速
- 市场规模扩大
- 价值链分工明确
- 创新模式
- "智能鸿沟"国际竞合

政策支持
通过顶层设计与制度创新
为技术应用和安全监管保驾护航
- 研发投入 地方顶层
- 数据开放 人才培养
- 知识产权&标准 监管&伦理

战略目标分层
从"试点探索"到"全面渗透"
保证创新的风险可控与成果可复制
- 政策试点 体系化渗透
- 试验田 标准重构
- 样板效应 生态协同
- 生态孵化 跨域网络

崛起驱动 ⬆

奠基层

诞生与演进

科幻到现实	三次浪潮起伏
图灵测试	符号主义
↓	↓
"人工智能"命名	专家系统
↓	↓
科幻作品启发	机器学习

技术突破

三阶段演进	核心要素
单点技术突破	数据
↓	
深度学习 ←	算力
↓	
大语言模型	算法

技术落地

重构产业	新经济动能
智能增强	产业增量明显
"制造+服务"融合	生成式AI价值万亿
新旧产业兴起升级	企业变革

博弈战略

中国战略路径	智能文明目标
双轮驱动	国家安全
算力网络 →	经济发展
人才全链条	文化传播
国际合作	

兴起 → 突破 → 变革 → 升维

(右侧纵向：升级 / 呈现 / 催化 / 奠基)

本章阅读导图

第一节

人工智能的崛起：技术发展简史与产业变革的核心驱动因素

"计算机能够思考吗？"

这个现在看似简单的问题，曾经只存在于科幻小说和哲学讨论中。然而，当 2022 年 11 月 ChatGPT 横空出世时，这个问题突然变得无比现实。不到两个月，ChatGPT 用户量突破 1 亿，创下史上增长最快的消费级应用纪录。从此，人工智能不再是遥远的未来科技，而是正在融浸我们的日常生活，改变着我们的工作方式、生活习惯和思考模式。

一 从科幻大片到现实生活："人工智能"概念的诞生与演进

"人工智能"概念的诞生与发展，受科幻作品启发，历经波折，从理论走向实践，有着独特的演进轨迹。

1968 年，《2001 太空漫游》中的人工智能主角叫"哈尔 9000"。1973 年，《西部世界》中的拟人机器人接待员也有自我意识。1982 年上映的《银翼杀手》的主角瑞秋，是泰瑞尔公司制造的复制人，被赋予了假记忆，使她相信自己是一个真实的人类。尽管瑞秋不是广义上的人工智能，但她作为高度仿真的复制人，展现了人工智能在模拟人类情感、思想和行为方面的潜力与局限性。1999 年的《黑客帝国》，更是科幻迷心中的神作。它构建了一个核心人工智能系统，即"母体"（The Matrix），是一个高度发达的虚拟现实系统，由机器创造并用来控制和奴役人类。这部电影引发了人们对现实与虚拟、人类与人工智能之间关系的深度思考。2001年上映的《人工智能》，通过机器人男孩大卫与莫妮卡之间的故事，探讨了人工智能在情感层面的可能性与局限性。《人工智能》作为一部科幻电影，对于人工智能的描绘虽然基于想象，但也与当时的科技发展状况密切相关。电影中的许多设想，如机器人外观的拟人化、情感模拟等，都在后来的实际科技发展中有所体现，只是程度和形式有所不同。还有后来的《我，机器人》《机械姬》《升级》等，对人工智能的想象与设定呈现多元化视角，随着人工智能技术的不断发展，一些原本看似不可能发生的情节正在逐渐变为现实。

人工智能从科幻大片到现实生活，并没有一个谁先谁后的过程，而是互相影响、互相启发的。要想了解人工智能的发展历史，至少要往前追溯70年。早在1950年，英国数学天才艾伦·图灵就在他的论文《计算机器与智能》中提出了一个简单而深刻的问题："机器能思考吗？"他设计了著名的"图灵测试"：如果一个人在与计算机的对话中，无法区分对方是人还是机器，那么这台计算机就可以被认为具有"智能"。这一简单而富有远见的构想，为人工智能研究奠定了理论基础。

然而，"人工智能"（Artificial Intelligence，AI）这一术语的正式诞生是在1956年。这年夏天，美国达特茅斯学院举办了一场历史性的夏季研讨会。约翰·麦卡锡、马文·明斯基、克劳德·香农等年轻有为的科学家聚集一堂，他们满怀雄心，希望探索如何让机器像人一样思考和学习。正是在这次会议上，"人工智能"一词首次被正式提出并使用，标志着人工智能作为一门独立学科的诞生。

这些先驱者相信，人工智能有可能在一代人内取得突破性进展。麦卡锡曾乐观地预测："如果20个精心挑选的科学家共同努力5个月，我们可以在人工智能方面取得重大进展。"历史证明，这种乐观预测过于简单化了——人工智能的道路远比他们想象的更为曲折漫长。（见图1-1）

20世纪50年代到70年代，掀起了人工智能发展的第一次浪潮。这一阶段人工智能的发展主要由数学家与工程师推动，他们的研究主要基于符号学理论。他们试图通过构建规则和逻辑推理来计机器模拟人类思维。这一时期的标志性成就是人类第一个自然语言对话程序 ELIZA 的诞生。尽管 ELIZA 实际只是简单地按照预设规则进行模式匹配和回应，但它能够模拟心理治疗师与患者对话，给人一种"机器真的能理解人类语言"的错觉，引发了广泛讨论。

20世纪50年代到70年代　第一次人工智能浪潮：符号学理论

20世纪80年代中期到90年代初　第二次人工智能浪潮：专家系统

21世纪初　第三次人工智能浪潮：机器学习和深度学习

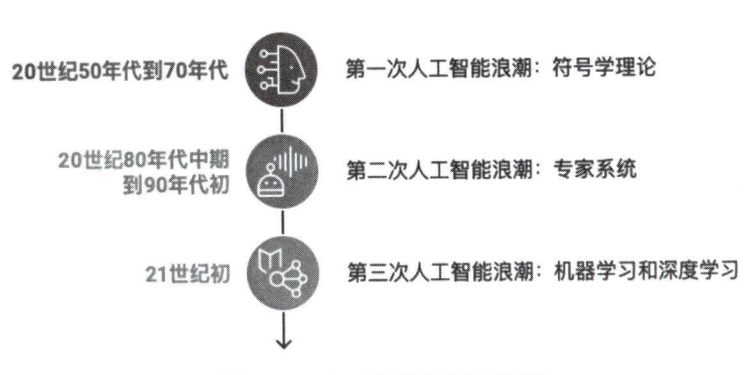

图 1-1　人工智能的发展历程

正如科技发展史上常见的情况，人工智能研究在经历了初期的繁荣之后，也来到了低谷期。由于计算能力的局限、理论基础的不足和实际应用的困难，人工智能研究在 20 世纪 70 年代末进入了所谓的"人工智能寒冬"。许多投资者和研究机构对人工智能失去信心，资金和人才纷纷退场与撤离。

第二次人工智能浪潮出现在 20 世纪 80 年代中期到 90 年代初。这一时期的特点是专家系统的兴起。专家系统试图将人类专家的知识编码为一系列规则，使计算机能在特定领域（如医疗诊断或化学分析）做出类似专家的判断。IBM 的"深蓝"计算机在 1997 年战胜国际象棋世界冠军加里·卡斯帕罗夫，成为这一时期的里程碑事件。但专家系统面临的知识获取瓶颈和缺乏学习能力的问题，使第二次人工智能浪潮同样无法持续。

真正的转折点出现在 21 世纪初，随着互联网的普及和计算能力的飞跃，人工智能迎来了第三次浪潮。这一次，主角变成了机器学习和深度学习。不同于前两次浪潮中试图编码知识的方法，机器学习让计算机能从数据中学习模式和规律，而深度学习则模拟人脑神经网络的结构，通过多层神经网络处理复杂数据。

2012 年，一个名为 AlexNet 的深度学习模型在 ImageNet 图像识别比赛中，以压倒性优势击败传统方法，标志着深度学习时代的正式到来。随后几年，深度学习在计算机视觉、语音识别、自然语言处理等领域取得了一系列突破性进展。

2016 年，谷歌 DeepMind 开发的 AlphaGo 在围棋比赛中战胜世界冠军李世石，这一事件被视为人工智能发展的又一个里程碑。与国际象棋不同，围棋的复杂性和对直觉的依赖性使许多专家认为人工智能至少还需要 10 年才能在这一领域战胜人类。AlphaGo 的胜利大大超出了人们的预期，使公众和产业界重新认识到人工智能的潜力。

从辩证唯物主义的视角看，人工智能的诞生与发展是机器进化的必然结果。纵观人类历史，第一次工业革命实现了生产工具由手工工具到机器工具的飞跃，人类进入蒸汽时代；第二次工业革命实现了机器工具系统由蒸汽机器到电子机器的质变，人类进入电气时代；第三次产业革命以信息技术为核心，这次革命实现了机器由半自动化到全自动化的突破，人类进入科技时代。当前的智能革命则致力于实现全自动机器向人工智能机器的新飞跃。这一进程展现了生产力发展的辩证逻辑。

人工智能与之前的技术革命有着本质区别。前几次工业革命主要是替代和增强人类的体力劳动，而人工智能则开始替代和增强人类的智力活动。从本质上讲，人工智能是指运用机械和电子装置来模拟和延伸人类大脑的部分思维功能，这将会使人工智能同第一次、二次、三次产业革命一样，在人类历史上具有里程碑意义。

二 关键技术的突破：深度学习与大模型

深度学习与大模型，是人工智能从理论走向实践的关键，其发展依赖数据、算力、算法三大核心要素的协同。

如果说人工智能概念的形成是第一步，那么将这一概念变为现实所需的关键性技术的突破，则是人工智能从理论走向实践的决定性因素。在人工智能发展的漫长历程中，技术突破主要经历了三个阶段。

第一阶段是单点技术的突破。早期的人工智能研究主要集中在计算机视觉、语音识别、自然语言处理等特定领域。这些技术各自独立发展，应用也局限于特定场景。例如，语音助手可以识别简单指令，但难以理解上下文；人脸识别系统可以辨别身份，但不能理解表情背后的人类情感。

第二阶段的革命性突破发生在近十年。这主要得益于深度学习算法的出现和完善。深度学习是当前人工智能发展的核心和实现人工智能目标的最根本途径。它通过模拟人脑神经元之间的连接和信号传递机制，实现了对复杂数据的有效处理和模式识别。

深度学习的魅力在于其较强的学习能力。传统编程需要程序员告诉计算机每一步该做什么，而深度学习则让计算机自己从数据中学习规律。正所谓"授人以鱼不如授人以渔"。

例如，在图像识别领域，传统方法需要手动设计特征以提取器来识别图像中的边缘、纹理等特征，再基于这些特征进行分类。深度学习则直接从原始图像数据中学习特征，自动构建从简单到复杂的特征层次，最终实现精确分类。这种方法不仅简化了开发过程，而且性能远超传统方法。

深度学习能够成功的另一个关键因素是大数据和计算能力的支持。神经网络的设想早在 20 世纪 50 年代就已提出。但直到近几年，随着互联网产生的海量数据和 GPU 等高性能计算设备的普及，深度学习才真正实现了突破。这再次印证了量变引发质变的辩证原理——当数据量和计算能力达到一定阈值，人工智能的智慧和能力便实现了质的飞跃。

第三阶段是近年来，大型语言模型的出现标志着人工智能进入新的发展阶段。从 2018 年谷歌发布 BERT，到 2020 年 OpenAI 推出 GPT-3，再到 2022 年底 ChatGPT 的爆火，语言模型的规模和能力不断突破。这类模型通过在海量文本数据上训练，获得了令人惊叹的自然语言理解能力和生成能力，能够进行复杂的对话、写作和创作，甚至会有一定程度的创造性思维。大型语言模型的出现，使人工智能从单纯的特定任务的解决工具，转变为通用的辅助决策工具和创造伙伴。

从技术角度看，人工智能的发展主要依靠三大核心要素。

第一是数据。数据是人工智能的"燃料"，高质量、大规模的数据集是训练有效人工智能模型的基础。随着互联网、物联网、智能设备的普及，全球数据量呈指数级增长，为人工智能提供了丰富的"训练材料"。例如，医疗人工智能需要大量病例数据来学习诊断规律，自动驾驶系统需要海量道路场景数据来适应各种驾驶情况。

第二是算力。算力是人工智能的"引擎"，深度学习等计算密集型算法的应用离不开强大的计算支持。得益于GPU等专用芯片的发展，人工智能训练和推理的速度大幅提升，成本显著降低。一个直观的例子是，训练一个现代计算机视觉模型在2015年可能需要数周时间和数十万美元的成本，而今天可能只需要几小时和几千美元。

第三是算法。算法是人工智能系统的"大脑"，直接决定了人工智能系统的能力边界。近年来，深度学习、强化学习、联邦学习等新算法的涌现，极大提高了人工智能系统的性能和适应性。例如，强化学习使人工智能能够通过尝试和错误学习复杂任务，联邦学习则使人工智能能在保护数据隐私的前提下进行分布式训练。

这三大核心要素相互促进、共同演进，构成了人工智能发展的"黄金三角"。（见图1-2）任何一个要素的突破都会带动其他要素的发展，形成良性循环。正是这种协同效应，人工智能技术在近年来取得了前所未有的进步。

值得一提的是，人工智能的算法发展主要沿着两个方向——通用大模型和行业特定大模型。像OpenAI的ChatGPT和DeepMind的Gemini这样的通用大模型，在多模态和多语言处理方面表现出色，加速了生成式人工智能的普及。像AlphaFold这样的行业特定大模型则通过预测蛋白质结构彻底革新了生物学研究。这两种路径相辅相成，共同推动着人工智能技术的边界不断拓展。

1　数据是人工智能模型训练的基础　　数据

2　算力支持深度学习等计算密集型算法　　算力

3　算法决定人工智能系统的能力边界　　算法

人工智能的"黄金三角"

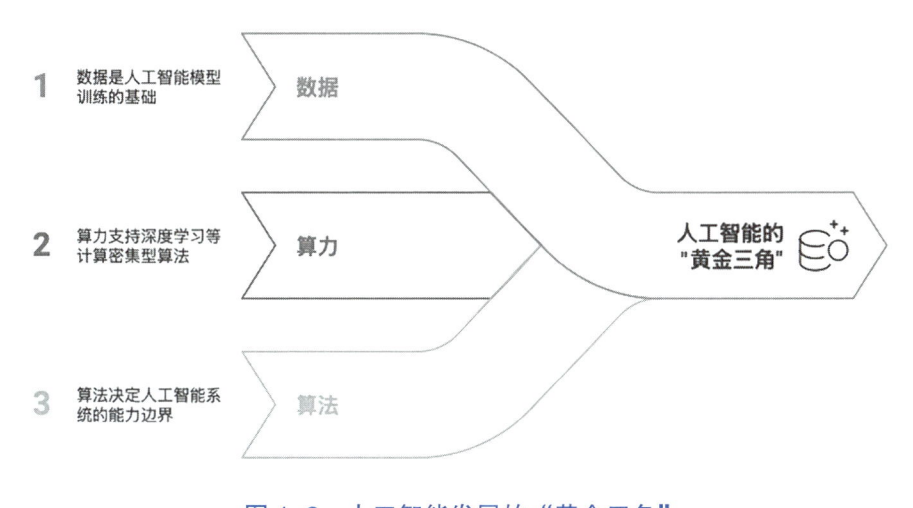

图 1-2　人工智能发展的"黄金三角"

然而，科技促进生产力发展的过程并非一帆风顺。长期以来存在所谓的"索洛悖论"，即技术对生产力的提升存在明显的时滞。尽管人工智能相关技术发展已久，但其对生产方式的影响很长时间内没有脱离互联网的框架。幸运的是，伴随算力、自然语言处理等基础通用技术的成熟，像 ChatGPT 这样直观易用的应用出现，人工智能技术终于出现了加速突破"索洛悖论"的迹象。

三　产业变革的核心力量：从技术创新到经济动能

人工智能已成为推动全球产业变革的核心力量，在重构生产力体系、改变产业结构、赋能产业发展等方面发挥着重要作用。

从实验室走出的人工智能技术，如今已经成为推动全球产业变革的核心力量。它不仅是提升效率的工具，更是重构人类生产生活方式的重要引擎，甚至通过重构生产要素配置推动生产方式全面变革。

作为第四次工业革命的核心驱动力，人工智能正在重塑产业发展新格局。

首先，人工智能正在重构生产力体系。任何一次科技革命都会带来生产力的质变。人工智能作为数字时代的核心生产力工具，正在形成全新的"智能增强"机制。以医疗行业为例，人工智能技术正在改变传统诊疗流程。医生过去需要依靠经验和有限的检查结果做出诊断，而现在人工智能系统可以在几秒钟内分析数千张医学影像，找出人眼难以察觉的细微变化，并结合患者病史和最新医学研究给出诊断建议。这不仅大幅提高了诊断准确率，也让医生能够处理更多病例，缓解了医疗资源紧张的问题。又如，在金融领域，人工智能算法可以实现更精准的风险评估和资产配置，提高决策效率。在制造业领域，智能机器人和自动化系统大大提高了生产效率和产品质量。

其次，人工智能正在改变产业结构。人工智能技术快速发展给产业结构带来深刻影响，包括促进服务业发展、制造业服务化转型及生产方式变革来实现产业结构升级。在新产业革命中，数字化、智能化推动制造环节劳动力减少的同时，也推动了现代服务业的快速成长，先进制造业与现代服务业的界限越来越模糊。观察苹果公司的变化可以看出这一趋势。苹果现在已从当初单纯的硬件制造商成功转型为硬件、软件和服务的综合提供商。今天，苹果的利润越来越多地来源于 AppStore、AppleMusic、iCloud 等服务，而非传统的硬件销售。这种转型背后，离不开人工智能技术对用户行为的精准分析和个性化推荐。

最后，人工智能正在赋能传统产业升级与新兴产业发展。一方面，人工智能技术的创新和推广应用，为传统产业提质升级、焕发生机注入了强劲动能。这种赋能主要通过开发新型智能制造装备、推动行业关键技术智能化变革、培育传统制造业产品"人工智能+"新增长点等方式实现。

例如，在传统制造业，智能设备和系统正在取代人工检测和决策，实现更高效的生产管理。智能传感器可以实时监测设备运行状态，人工智能算法能预测设备可能的故障，大大减少了非计划停机时间。在纺织业，人工智能驱动的视觉检测系统可以识别细微的织物缺陷，准确率远超人工检查。这些应用不仅显著提高了生产效率，也极大改善了产品质量。

另一方面，人工智能也成为新兴产业发展的核心支撑，催生了数据服务、智能硬件、算法开发等一系列新业态和新模式。例如，全球智能音箱市场从

2016年的不足千万台增长到2023年的数亿台；智能家居设备的全球出货量每年以两位数速度增长；自动驾驶技术的投资在过去五年累计超过千亿美元。这些令人瞩目的数据背后，都有人工智能技术的渗透与支撑。

值得关注的是，人工智能与产业融合的深度和广度正在不断拓展。人工智能正以"人工智能+"的方式应用到各产业，深度重构全球价值链。这种融合不是简单的技术叠加，而是通过数据驱动、智能赋能、生态协同等机制，实现产业的全方位、深层次变革。

在企业层面，人工智能的应用正在带来管理模式和生产方式的根本性变革。传统企业管理决策周期长，适应性差。引入人工智能后，企业能够基于数据进行实时决策，快速响应市场变化。例如，零售企业可以利用人工智能分析消费者行为和偏好，实时调整产品组合和定价策略；物流企业可以利用人工智能优化配送路线，降低成本、提高效率；制造企业可以利用人工智能实现柔性生产，根据订单需求灵活调整生产计划。

人工智能还在创造新的经济增长点。人工智能产业的快速发展成为经济增长的新引擎，带动新兴企业涌现，创造大量就业机会，吸引高技术人才聚集。麦肯锡全球研究院预估，到2030年人工智能产值将高达15.7万亿美元。在中国，人工智能技术突破与普及的"中国加速度"，使新产业新动能迅速成长，新质生产力加速形成。据麦肯锡研究，生成式人工智能的应用有望为中国带来约2万亿美元的经济价值。（见图1-3）

从生产力发展的角度来看，未来，随着人工智能的广泛应用，会有越来越多固定、烦琐和标准化的工种被取代。这既能缓解人口老龄化时代劳动力短缺问题，也能帮助劳动者专注于更具优势和创造性的工作，从而大幅提高劳动生产率。同时，数据将成为经济增长的主导性生产要素和新一代人工智能的基础。通过从海量数据中深度挖掘信息并将其转化为知识资本，能够有效实现生产要素的功能倍增，带来生产力更为显著的效能提升。

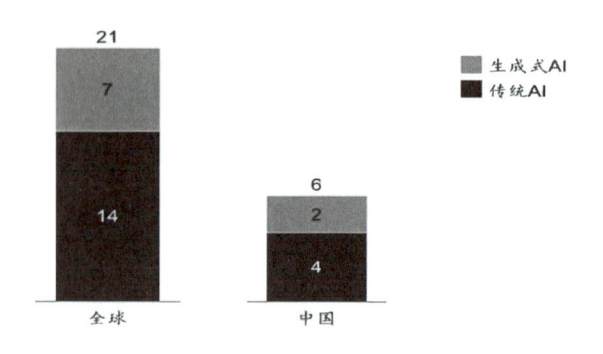

图 1-3　全球和中国生成式人工智能和传统人工智能规模（单位：万亿美元）

基于麦肯锡全球研究院 2018 年 4 月 17 日报告《探究人工智能前沿领域：深度学习的应用与价值》就人工智能用例所作的最新预测。

当然，人工智能的产业应用并非一帆风顺。不同行业、不同企业吸收创新效应存在异质性。大型科技公司凭借资金和数据优势，往往能更快地采用和受益于人工智能技术；传统中小企业则可能面临资金、人才和技术门槛等挑战。这种差异化的接受和应用过程，意味着人工智能的产业变革力量将在不同领域以不同节奏和形式展现。

人工智能已经从一个单纯的技术概念，发展成为推动产业变革、经济增长和社会进步的核心力量。它不是简单地提高了效率，而是在根本上重塑了生产方式、商业模式和价值创造的逻辑。

四　国家战略升维：从"数字经济"到"智能文明"的竞争新赛道

"互联网+"时代，中国创造了数字经济发展的"中国奇迹"。从移动支付到电子商务，从共享经济到直播带货，中国不仅跟上了全球互联网浪潮，更在多个领域实现了"弯道超车"。这一成功背后离不开系统性的战略布局，包括政府的前瞻性政策引导、企业的敏捷创新能力、市场的巨大规模效应，以及民众对新技术的高度认可及广泛使用，是它们共同构成了中国数字经济腾飞的关键要素。

"人工智能+"时代中国能否领跑，是我们面对的新命题。与"互联网+"不同，"人工智能+"的竞争核心更多聚焦于基础研究能力、原创算法突破和计算基础设施建设，这些恰恰是中国过去相对薄弱的环节。在"互联网+"时代，我们可以"应用创新"弯道超车；但在"人工智能+"时代，底层技术的自主可控性将直接决定国家竞争力的上限。

中美人工智能竞争格局揭示了国家战略的深层博弈。美国凭借强大的科研体系、创业生态和人才储备，在基础研究和顶尖人工智能模型上保持领先；中国则依靠庞大市场、丰富应用场景和完整产业链，在人工智能应用落地方面显示出独特优势。根据斯坦福大学《2025年人工智能指数报告》，中美在顶级人工智能模型性能上的差距已缩小至0.3%，而2023年这一数字为20%。以DeepSeek（深度求索）为代表的开放权重模型正在迅速崛起，与闭源巨头的差距从2024年的8%缩小至2025年的1.7%。美国在2024年贡献了40个知名人工智能模型，领先于中国的15个和欧洲的3个，显示出美国在行业主导地位上的持续优势。在核心算法、高端芯片等关键领域，中国仍面临"卡脖子"风险，这也是国家战略亟须突破的方向。

从国家战略角度来看，说得智能者得天下并不为过。"人工智能+"是21世纪的"电力"与"蒸汽机"。正如电力和蒸汽机分别定义了第二次和第一次工业革命，人工智能技术正在定义智能革命的新范式。它之所以成为国家竞争力的决定性因素，在于其对国家安全、经济发展和文化软实力的全方位影响。在军事领域，人工智能正深刻改变战争形态，从无人机集群到智能决策支持系统；在经济领域，人工智能驱动的生产力提升将重构全球价值链分工；在文化领域，人工智能内容创作工具正在改变全球文化传播格局。谁能在人工智能领域领先，谁就能在未来国际竞争中占据主导地位。

中国要在"人工智能+"时代实现从跟随到引领的跨越，需要构建系统化的战略框架。

首先，技术路线上需要"双轮驱动"：一方面加速基础大模型研发。2025年1月，以DeepSeek为代表的人工智能技术创新，再次取得突破性进展，既在全球大模型竞逐与模型开源中彰显了中国力量，又进一步推动中国大模型技术进入规模化应用阶段。另一方面深化行业应用落地。华为、百度、阿里等科技巨头已经发布了自研大模型，并逐步应用于医疗、金融、制造等垂直领域。

其次，产业政策上应构建开放协作的创新生态，避免资源分散和重复建设。"东数西算"等国家工程正在构建全国一体化的算力网络，为人工智能发展提供基础设施支撑。

再次，人才培养上要打造人工智能教育全链条。从K12到高等教育，培养既懂人工智能技术又懂行业应用的复合型人才。

最后，在国际合作与竞争中寻求平衡，既要保持技术自主，又要积极参与全球人工智能治理规则制定。

在人工智能这场革命中，中国有机会跟世界并跑甚至领跑。这不仅因为我们拥有完整的产业体系和丰富的应用场景，更因为我们正处于实现"两个一百年"奋斗目标的关键时期，"人工智能+"恰好为中国实现跨越式发展提供了历史性机遇。

从"互联网+"到"人工智能+"，我们正在经历的不只是技术范式的更替，更是一场从"数字经济"到"智能文明"的战略升维。这一升维意味着竞争维度的拓展、价值创造形式的变革和国家发展路径的重塑。面对这场百年变局，我们既要保持战略定力，又要拥抱变革；既要立足当下解决"卡脖子"问题，又要着眼长远构建持久竞争力；既要发挥自身优势，又要开放合作共赢。

不久的未来，我们或许会看到这样的场景：智能助手自动规划你的工作日程，自动驾驶汽车送孩子上学，人工智能医生为你提供个性化健康建议，智能制造系统按需生产你定制的产品，等等。这一切的背后，是以人工智能为核心的新型生产力体系和生活方式。对普通人而言，这是便利与效率；对企业而言，这是商业模式的重构；对国家而言，这是社会文明的跃升。

第二节

为什么是现在？技术成熟度、全球化与政策支持的共同作用

人工智能技术经过几十年的曲折发展，为何在近几年突然爆发？如果说技术发展如同一条河流，那么它既需要源头活水的不断涌入，也需要适宜的河道引导其前行。今天，人工智能的蓬勃发展恰恰得益于技术成熟度、全球化背景与政策支持这三大要素的有机结合，它们形成了推动人工智能从实验室走向广阔应用场景的强大合力。

一 技术成熟度：从量变到质变的临界点

数据、算力、算法的协同突破才是触发质变的核心机制。任何技术的发展都遵循从量变到质变的辩证规律，人工智能也不例外。回顾历史，人工智能技术并非一蹴而就，而是经历了漫长的积累过程，终于在近年达到了从量变到质变的临界点。

数据、算力和算法这三大核心要素的协同突破，是人工智能技术走向成熟的关键。

在数据方面，互联网和智能设备的普及使全球数据量呈指数级增长。据 IDC 统计，全球 2024 年生成 159.2ZB（Zettabyte，十万亿亿字节）数据，2028 年将增加一倍以上，达到 384.6ZB，复合增长率为 24.4%。（见图 1-4）这些数据涵盖了文本、图像、视频、传感器读数等各种形式，为训练复杂的人工智能模型提供了丰富多样的"训练材料"。

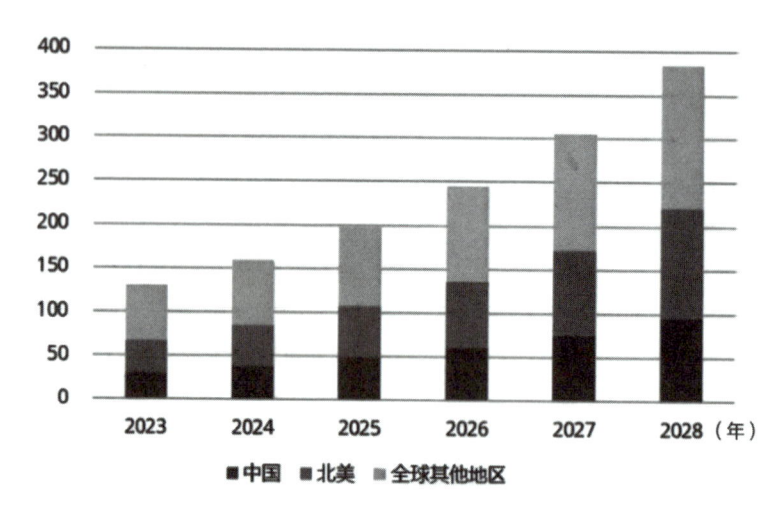

图 1-4 2023—2028 年全球数据圈预测（单位：ZB）

来源：IDC

在算力方面，图形处理器（GPU）等专用硬件的发展使人工智能训练速度大幅提升，成本显著降低。以 NVIDIA 的 GPU 为例，从 2012 年的 Kepler 架构到 2023 年的 Hopper 架构，人工智能训练性能提升了近 100 倍。这意味着过去需要几个月才能完成的模型训练，现在可能只需要几天甚至几小时。此外，云计算的普及使得中小企业和个人研究者也能够获取强大的计算资源，降低了人工智能技术的使用门槛。

在算法方面，深度学习等新型算法的突破，使人工智能系统能够处理非结构化数据并发现复杂模式。2012 年，AlexNet 在 ImageNet 竞赛中的胜利，标志着深度学习时代的到来；2014 年，生成对抗网络（GAN）的提出，使人工智能具备了"创造性"能力；2017 年，Transformer 架构的发明，彻底改变了自然语言处理领域，成为大型语言模型的基础。这些算法突破极大地拓展了人工智能的应用领域。

这种三要素的协同进步，最终在特定时点突破了技术瓶颈，引发质的飞跃。就像水烧到 100 摄氏度会沸腾一样，人工智能技术在经过长期的量变积累后，终于达到了质变的临界点。

从技术成熟度看，人工智能的发展经历了从特定领域的单点突破到通用能力的跨越。以语言处理为例，早期的系统仅能处理特定领域的简单任务，如关键词匹配或基本问题回答；今天的大型语言模型已经具备了广泛的知识和能力，可以进行复杂对话、创作文学作品、编写代码，甚至进行逻辑推理。

技术成熟对产业应用产生了深远影响。随着技术走向成熟，人工智能从单点技术突破拓展到全面应用，从特定领域扩展到各行各业。一个显著的趋势是，人工智能应用从"专家工具"走向"大众产品"。过去，人工智能系统往往需要专业知识才能使用，适用人群有限；今天，像 ChatGPT 这样的产品，普通人可以通过自然语言交互直接使用，无须有专业背景。这种普及化趋势极大扩展了人工智能的市场空间。

在社会结构层面，人工智能技术的成熟正在改变劳动力市场格局，增加对高技能工人的需求，同时减少对低技能工人的需求。根据世界经济论坛的预测，2025 年，人工智能会创造 9700 万个新就业岗位，同时取代 8500 万个现有岗位。这种结构性变化要求劳动者不断提升技能，适应新的就业环境。

在文化方面，人工智能技术正在影响文化表达方式，改变文化消费习惯。人工智能生成的艺术、音乐、文学作品正变得越来越普遍，这不仅拓宽了创作者的工具箱，还挑战了我们对"艺术"和"创造力"的传统理解。例如，2021 年，一幅由人工智能创作的数字艺术品在佳士得拍卖会上以近 700 万美元成交，引发了关于人工智能创作的艺术价值和版权归属的广泛讨论。

在生活方式上，智能家居、智能穿戴设备、人工智能虚拟助手等正在改变人们的日常生活。智能音箱可以通过简单的语音命令控制家电、播放音乐、提供信息；智能家居系统可以根据居住者的习惯自动调节温度、照明和安防设置。这些技术使生活更加便捷，但同时也引发了人们对个人隐私和安全的担忧。

美国经济学家罗伯特·索洛曾在 1987 年指出："计算机无处不在，除了在生产力统计数据中。"这一现象在人工智能领域同样存在。尽管人工智能技术已经发展多年，但其对整体经济生产率的提升尚未充分显现在宏观数据中。

幸运的是，随着算力、自然语言处理等基础通用技术的成熟，以 ChatGPT 为代表的应用快速普及，为人工智能技术加速突破"索洛悖论"提供了可能路径。这些技术不再局限于特定领域，而是能够广泛应用于各行各业，从而产生规模效应。从某种程度上说，ChatGPT 的爆发正是人工智能技术积累多年后的质变体现，它让普通人第一次真切感受到了人工智能的强大。

随着人工智能技术走向成熟，人工智能生态也逐渐完善。人工智能产业链已经形成了，包括基础设施层（云计算、芯片等）、技术框架层（开源框架、开发工具等）、应用层（行业解决方案、消费产品等）的完整体系。各层次相互支撑、协同发展，形成了自我强化的生态系统。（见图1-5）例如，应用层的创新需求会推动基础设施的升级，而基础设施的进步又会为应用创新提供新的可能性。

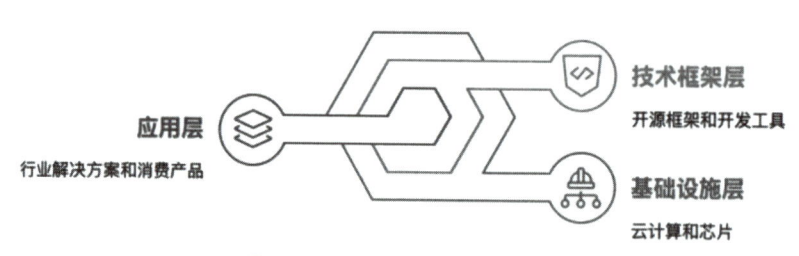

图 1-5　人工智能生态系统

这种生态的完善，大大降低了人工智能技术的应用门槛，使得更多企业和组织能够便捷地接入人工智能技术，加速了人工智能技术的产业化进程。今天，即使是小型创业公司，也可以通过人工智能调用大型语言模型的能力，快速开发出智能应用，这在几年前是无法想象的。

从产业变革的角度看，人工智能技术的成熟度还体现在应用模式的演进上。人工智能产业从之前专注于人脸识别、目标检测、文本分类等相对简单的任务，升级到如今能够实现数字人生成、人工智能机器人等复杂应用，从纯文本生成扩展到图像、语音和视频生成等多模态内容创作，显著提升了生产效率与产业竞争力。（见图1-6）

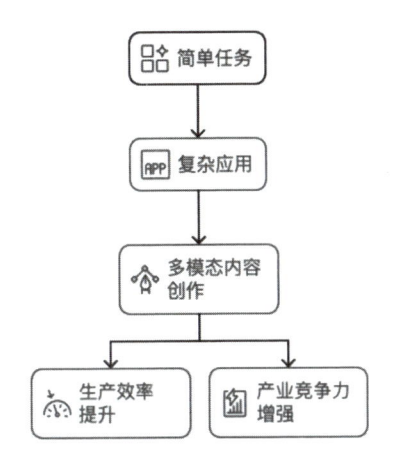

图 1-6　人工智能技术产业应用模式演进

在企业应用层面，我们也能看到明显的成熟度提升。过去，企业采用人工智能往往是以单点应用形式，如在客服中心引入聊天机器人，在生产线上引入视觉检测系统。而今天，越来越多的企业开始系统性地实施人工智能战略，将人工智能融入业务的各个环节，形成协同效应。（见图 1-7）

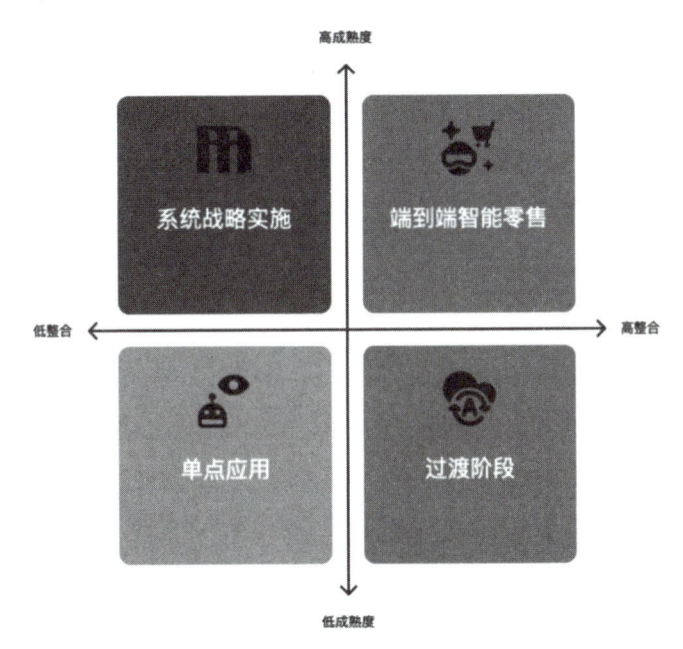

图 1-7　人工智能在企业中的整合度和成熟度

第一章　人工智能驱动产业革命

总的来说，人工智能技术经过数十年的发展，在数据、算法和算力三大核心要素的共同推动下，终于达到了从量变到质变的临界点。这种技术成熟度的提升，使人工智能从实验室走向广阔的应用场景，从特定领域扩展到各行各业，从专家工具走向大众产品，为当前的人工智能产业革命爆发奠定了坚实的技术基础。

二 全球化：市场与技术扩散的加速器

跨国协作网络构建了技术迭代的正反馈机制。如果说技术成熟是人工智能发展的内在动力，那么全球化则为其提供了广阔的发展空间和丰富的养分。全球化作为市场与技术扩散的加速器，在人工智能发展中发挥了不可或缺的作用。

全球化为技术扩散创造了有利条件。冷战结束后，随着国际政治认同与国际合作的加强，技术扩散与转移得到加速。特别是在1994年关贸总协定乌拉圭回合谈判结束后，全球多边自由贸易体系在WTO框架下得以确立；同期，北美自由贸易区建立与欧共体向欧盟高水平一体化进程发展，标志着全球化背景下区域一体化的升级与新模式塑造。20世纪90年代贸易与投资壁垒下降，为全球自由贸易、全球投资、技术扩散创造了有利条件。

在这一背景下，人工智能技术得以在全球范围内快速传播和交流。研究机构、企业和个人，通过国际合作、开源社区、学术交流等多种渠道共享知识和经验，大大加速了技术创新的速度。例如，谷歌在2015年开源的TensorFlow深度学习框架，在全球范围内获得了广泛的应用和改进，推动了人工智能技术的民主化。

全球化还带来了市场规模的显著扩大。在全球化背景下，企业可以面向全球市场提供产品和服务，这极大地扩展了技术应用的潜在市场规模。全球市场不仅提供了更多的用户和数据，还为企业提供了更多的盈利机会，从而吸引更多资源投入技术研发。

以智能手机为例，如苹果和三星等公司能够在全球范围内销售产品，获取巨大收益，从而支持其在人工智能技术上的持续投入。苹果 2022 年在研发上的投资超过 200 亿美元，其中相当一部分用于人工智能相关技术，如 Siri 语音助手、面部识别、计算摄影等。这种全球化的商业模式，为人工智能技术的发展提供了强大的资金支持。

全球化背景下的产业链分工，也为人工智能技术的发展创造了条件。从产业革命与全球化发展史的契合角度看，第三次产业革命中全球价值链的形成，既是技术不断迭代与快速扩散的产物，也是全球产业跨国转移与新产能投资增长的结果，二者共同形成了当今全球复杂、嵌套式的生产网络体系。

这种全球价值链分工使得人工智能产业能够优化资源配置，各环节在最具比较优势的地区开展，提高整体效率。例如，人工智能芯片设计可能在美国硅谷，制造在中国台湾，组装在中国大陆，应用开发在印度和东欧，最终产品和服务销往全球市场。这种分工合作的模式，大大加速了人工智能技术的产业化进程。

在技术发展模式上，全球化环境促进了技术推动与需求拉动的共轭演进。技术推动作用在技术创新早期更为突出，而需求拉动作用更多体现在商业化、产业化阶段。在全球化背景下，这种共轭演进的速度大大加快，为人工智能技术的快速发展提供了动力。

例如，随着全球消费者对智能手机的需求不断增长，各大厂商竞相提升产品的人工智能功能，如更智能的语音助手、更强大的摄影能力、更个性化的推荐系统等。这种市场需求反过来推动了人工智能技术在移动设备上的创新和应用，形成良性循环。

全球化背景下的另一重要变化是创新模式的转变。过去科技与工业技术创新主要来自高校实验室，经政府经费投入研发，成果以论文产出部分技术转移至业界；如今人工智能研发中，谷歌、脸书、微软、亚马逊、OpenAI 等大公司凭借雄厚资金和大量数据资源，吸引顶尖人才，学界从人工智能研发主角变为配角。这种创新主体的转变，使得技术研发更加贴近市场需求，加速了技术的普遍应用和商业化进程。

全球化还创造了多元化的市场需求，驱动技术创新。全球气候危机、人口老龄化和新冠疫情等全球性挑战，为技术创新提供了强大的市场需求和应用场景，加速了新技术的落地与商业化进程。

例如，在新冠疫情防控期间，远程工作、在线教育、远程医疗等需求的爆发性增长，极大促进了人工智能在这些领域的应用。人工智能驱动的视频会议系统、智能教育平台、医疗诊断工具等都获得了快速发展。

然而，全球化背景下的人工智能发展也面临挑战。人工智能技术发展导致的专业化、跨领域知识集成和技术门槛大幅度提高，在既有的"全球数字鸿沟"向"智能技术鸿沟"进一步加大的环境下，传统上依靠资源、劳动力红利的广大发展中国家，参与全球化和全球价值链的收益，可能会因技术能力差异和人工智能新生产力的加入而进一步出现明显下降趋势。

这种"人工智能鸿沟"的存在，提醒我们全球化背景下的人工智能发展需要更加关注包容性和平等性。需要通过技术转移、能力建设、国际合作等方式，帮助发展中国家参与人工智能技术的开发和应用，避免新的全球不平等。

此外，全球化背景下的人工智能发展还表现为国际竞争与合作的复杂互动。一方面，各国纷纷加大人工智能领域的战略投入，试图在这一关键技术领域获取竞争优势；另一方面，人工智能在开发与传播上具有开放和迅速的特征，其监管和治理需要依靠国际共同合作解决。

例如，在芯片设计和制造、大模型开发等领域，美国、中国、欧盟等主要经济体都投入了巨额资金，希望确保技术主导权。同时，在人工智能伦理、安全标准、数据隐私等方面，各国又开展了广泛合作，如经合组织（OECD）的人工智能原则、二十国集团（G20）的人工智能伦理指南等。

总的来说，全球化环境为人工智能技术的发展提供了宽广舞台和强大动力。通过促进技术扩散、扩大市场规模、优化资源配置、多元化需求拉动等机制，全球化成为人工智能技术从实验室走向广阔应用场景的有力推手。同时，我们也需要正视全球化背景下人工智能发展带来的挑战，如技术鸿沟扩大、国际竞争加剧等，积极探索更加包容、共赢的发展路径。

三 政策支持：顶层设计与制度创新

制度创新正在重塑技术创新的底层逻辑。即使技术已经成熟，全球化环境也已具备，如果没有政策的支持和引导，人工智能技术的发展也难以快速推进。政策支持作为人工智能发展的"催化剂"，通过顶层设计和制度创新为人工智能技术的应用和扩散铺平了道路。

自2016年起，先后有40余个国家和地区将人工智能发展上升到国家战略高度。欧盟、美国、英国、中国通过多种政策和计划加大了对人工智能的资金支持力度。欧盟推出了"地平线欧洲计划"和"数字欧洲计划"，增大了对人工智能等创新项目的投资；美国增加了非国防人工智能预算，并通过《美国创新与竞争法案》优先支持人工智能等领域；英国启动了《国家人工智能研究与创新计划》，将人工智能领域建设视为长远战略；中国发布了《新一代人工智能发展规划》。这些举措均旨在推动人工智能科技领域的发展，维护其在全球的竞争力。

政策支持的内容

第一是加大研发投入。人工智能技术的发展离不开基础技术的突破，而基础研究往往需要长期投入且回报周期长，难以完全依靠市场力量推动。各国政府通过设立专项研发基金、提供税收优惠、建设国家实验室等措施，大力支持人工智能基础研究。

在美国，国防高级研究计划局（DARPA）长期以来一直是人工智能研究的重要资助者，投入数十亿美元支持自动驾驶、语音识别、计算机视觉等领域的基础研究。

第二是搭建产学研合作平台。由于人工智能技术的复杂性和跨学科特性，单一主体难以独立完成技术研发和应用，需要跨领域、跨行业的深度合作。政府通过财政补贴、项目资助等方式激励企业参与产学研协同创新，加快科研成果从实验室走向市场。

新加坡的"人工智能新加坡"计划就是一个典型例子。该计划由新加坡国家研究基金会资助，整合了新加坡各大高校、研究机构和企业的资源，共同推进人工智能技术研发和应用。该计划不仅支持基础研究，还强调将研究成果转化为可商用的技术和产品，已孵化出多家人工智能创业公司。

第三是完善知识产权保护和技术标准体系。为激励创新，政府建立技术创新激励机制，如研发补贴、创新奖励，完善知识产权保护制度；同时积极参与国际标准制定，为本国产业赢得更多话语权。

在知识产权保护方面，各国不断完善与人工智能相关的专利、版权和商业秘密保护制度。例如，美国专利商标局（USPTO）专门发布了关于人工智能发明专利保护的指南；欧盟在版权法中增加了关于文本和数据挖掘的例外条款，以促进人工智能训练数据的合法获取。

在标准制定方面，ISO/IEC 已成立人工智能标准化委员会，开始制定人工智能领域的国际标准。各主要国家都积极参与这些标准的制定过程，试图引导标准向有利于本国技术和产业的方向发展。

第四是构建开放的数据环境。数据作为人工智能发展的"燃料"，其可获取性和流动性直接影响人工智能技术的应用效果。政府通过构建数据开放平台、推动公共数据资源开放共享等举措，提升数据资源利用效率。

英国政府的数据战略就强调公共部门数据的开放和共享。通过 data.gov.uk 平台，英国政府已开放了超过 4 万个数据集，涵盖交通、教育、卫生等多个领域，为人工智能创新提供了丰富的数据资源。同样，美国的 Data.gov、欧盟的 European Data Portal 也都在推动公共数据的开放共享。

第五是加强人才培养。人工智能发展面临人才短缺挑战，政府出台专项人才引育政策，鼓励高校与龙头企业共建实训基地，加快人工智能跨学科建设；同时增加资源，培养具备人工智能开发及应用能力的人才，协助可能被人工智能影响的劳动力进行转型。

法国政府在 2018 年宣布的"法国人工智能战略"中,强调了人才培养的重要性,计划在未来 5 年内将人工智能相关专业的博士生数量增加一倍,并吸引更多国际顶尖人工智能人才到法国工作。

值得一提的是,各国政府在支持人工智能发展的同时,也越来越关注风险防控和伦理规范。从 2022 年底开始,全球人工智能治理政策进入密集出台期,各国迫切需要在人工智能创新应用和有序监管两方面做出妥善平衡。

欧盟发布《人工智能法案》,将人工智能应用按风险等级分为不可接受风险、高风险、有限风险和最低风险四类,对不同风险等级采取不同的监管措施。美国白宫于 2022 年发布的《人工智能权利法案蓝图》,强调了安全、隐私保护、公平性等人工智能应用原则。中国在 2021 年出台的《互联网信息服务算法推荐管理规定》和 2023 年出台的《生成式人工智能服务管理暂行办法》,也体现了对人工智能技术健康发展的引导和规范。

这些政策措施反映了各国在支持人工智能发展的同时,也在积极应对人工智能可能带来的伦理、安全、就业等挑战,建立负责任的人工智能创新与应用环境。这种平衡的政策导向,既避免了因过度监管而抑制创新,也防止了因放任自流而带来风险,为人工智能技术的健康发展创造了良好环境。

在中国的实践中,政策组合拳构建了技术落地的保障体系。政策支持体现出系统性和前瞻性的特点。习近平总书记指出:"谁能把握大数据、人工智能等新经济发展机遇,谁就把准了时代脉搏。"经过多年的持续研发布局,我国人工智能科技创新体系逐渐完善,新型数字基础设施不断布局,智能经济和智能社会发展不断深入。这些成绩的取得为推动互联网、大数据、人工智能和实体经济深度融合,加快制造业、农业、服务业数字化、网络化、智能化奠定了坚实基础。在政策支持、数据资源和应用场景上,我国人工智能产业发展优势明显,但在理论创新、算力资源、人才发展等方面仍面临较大挑战。目前我国人工智能整体发展已进入全球第一梯队,人工智能应用前景大有可为。

具体到地方层面，各地政府也纷纷出台支持政策，如北京的"智源行动计划"、上海的"人工智能创新发展计划"、深圳的"新一代人工智能发展行动计划"等。这些政策措施通常包括资金支持、人才引进、产业园区建设、应用场景开放等多个方面，形成了全方位的支持体系。

中国发展人工智能还具备多方面独特优势，包括规模和潜力巨大的市场优势、对创新企业大力扶持的政策优势、开放包容鼓励竞争的理念优势、重视教育科研带来的人才优势、制造业全产业链的应用场景优势、先进安全可靠的基础设施优势等。这些优势相互结合，为中国人工智能产业发展创造了有利条件。

政策的实践效果

从政策的实践效果来看，中国人工智能技术突破与普及的"中国加速度"，使新产业新动能迅速成长。在算力建设上，中国人工智能计算中心体系已初步建立；在产业发展上，人工智能产业规模持续增长，根据艾媒咨询的预测，2025年我国人工智能核心产业规模将达到4000亿元；在应用落地上，人工智能技术在医疗、教育、金融、交通等领域的应用不断深入。（见图1-8）这些成就都与政策支持密不可分。

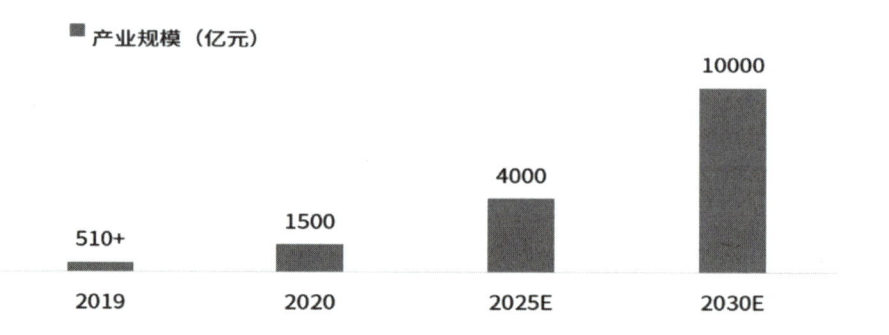

图1-8　2019—2030年中国人工智能核心产业规模及规划

来源：艾媒咨询

当前，地方政策以鼓励为主，围绕智能算力建设、公共数据流通和算法场景等方面推动人工智能大模型发展；中央政策则关注事前规范和安全风险防控，体现了"放管结合"的治理思路。多地纷纷出台促进人工智能产业发展的政策措施。例如，武汉市印发的促进人工智能产业发展若干政策措施，包括支持关键技术突破、强化普惠算力供给、增强模型创新能力等方面。

顶层设计与政府支持

为进一步加强"人工智能+"赋能新质生产力发展，有关机构和专家建议加强顶层制度设计，包括完善适应本国发展路径的"人工智能+"法律法规。例如：制定出台《"人工智能+"推进新质生产力发展的总体方案》，参考欧盟《人工智能法案》完善人工智能监管国家立法；发挥有为政府和有效市场的作用，加强对人工智能赋能区域产业的顶层设计，各地因地制宜出台"人工智能+"具体行动方案；加强人工智能产业体系安全化建设，应对部分西方国家的"贸易封锁""脱钩断链"挑战。

从国际视角看，各国在政策制定上也需要与时俱进。政策制定者应根据技术创新与产业变革调整政策安排；以市场需求拉动新兴技术，通过收入分配改革提升消费能力，实施激励计划培育本土市场，诱导新兴技术创新；应积极应对人工智能带来的挑战，确保人工智能为人类服务，将安全作为优先事项，坚持合理发展、适度控制的风险意识，各国合作探索人工智能治理模式。

在政府支持方式上，需要多管齐下。有研究建议，政府应鼓励企业深度融合人工智能与业务流程，定制大模型，推动生产力变革；政府和国有企业应开放更多应用场景，推动人工智能的垂直化和产业化落地；同时完善法律，确保风险管控。这种多维度的政策支持，有助于人工智能技术在风险可控前提下加速落地应用。

从未来发展趋势看，人工智能建设与国际合作将同步推进，全球人工智能治理体系也在加速构建。各国需要在制定国内政策的同时，积极参与国际治理体系建设，促进全球人工智能技术的健康发展。例如，G20峰会已将人工智能治理列为重要议题，联合国也成立了人工智能治理高级别咨询委员会，这些都为全球人工智能治理提供了重要平台。

总之，技术成熟度、全球化背景和政策支持这三大因素共同作用，使人工智能技术在当下时点迎来爆发式发展。技术积累到一定程度后的质变，全球化创造的广阔市场和技术扩散环境，以及各国政府的大力支持，共同为人工智能的蓬勃发展提供了沃土。这就回答了"为什么是现在？"的问题——当三大因素在时间轴上相遇，必然催生人工智能技术的跨越式发展，推动新一轮产业变革。

在这个特定的历史时刻，我们站在技术革命与产业变革的交汇点上，见证人工智能从概念走向实践，从实验室走向社会，从边缘走向中心。随着三大因素的持续作用，人工智能将在更广阔的领域发挥更深远的影响，继续或影响或重塑人类社会的生产与生活方式。

四 战略目标的分层次推进：从政策试点到体系化渗透

当世界各国都在争相布局人工智能这一改变游戏规则的技术时，中国走出了一条具有鲜明特色的发展道路。这不是简单的技术追赶，而是一种战略性、系统性的创新治理实践，体现了中国特色的制度智慧与实践韧性。

中国的人工智能发展战略可以形象地比喻为"梯田式"推进：先在有限区域进行政策试点，摸索经验、控制风险；再将成功模式系统化推广，实现规模效应；最终形成全面渗透、协同创新的产业生态。中国人工智能发展的独特之处，不在于单点技术的领先，而在于从点到面、从试验到推广的系统能力。

政策试点：探索边界与沉淀模式

在人工智能发展的全球竞争中，中国独辟蹊径，走出了一条"先试点、后推广"的实践道路。这种政策试点模式不仅是技术探索，更是一种治理智慧的体现，它让我们能够在控制风险的同时，最大限度释放创新活力。如果将人工智能比作一棵成长中的树苗，政策试点就像是园丁精心设计的"生长环境"——既有充足的阳光和营养，也有必要的保护和引导。在这片"试验田"里，创新的种子得以安全发芽、茁壮成长，最终形成可复制、可推广的成功经验。

北京智源人工智能研究院的建设就是这一战略的生动写照。2018年成立之初，智源研究院承担了国家新一代人工智能开放创新平台的重任，聚焦基础理论研究和关键核心技术攻关。仅三年间，智源就吸引了近百位全球顶尖人工智能科学家加盟，孵化出"悟道"系列大模型等标志性成果。这一试点不仅验证了科研机构、高校和企业三方协同的创新模式，更为后续各地人工智能研究院的建设提供了可借鉴的范本。

试点的战略价值还在于它的"试错成本可控"。在人工智能这一前沿领域，不确定性是常态，全面铺开的风险往往难以估量。但通过在少数几家试点医院先行试用，便能及时发现诸如算法偏差、数据兼容性问题等潜在错误。在小范围内调整优化，投入的人力、物力、财力相对有限，即便失败，损失也在可承受范围内。这种做法不仅降低了试错成本，还能迅速获取一手应用数据，为后续政策调整提供了实证基础。

试点还能起到"破冰"作用，特别是在传统监管框架与新兴技术存在适配性挑战的领域。杭州"城市大脑"项目就是这样一个典型案例。杭州于2016年率先试点城市大脑，通过人工智能优化交通信号灯控制，试点区域通行效率提升15%~30%。至2019年，系统已覆盖公共交通、城市管理等11大系统48个场景，日均协同数据1.2亿条。这一模式验证了数据驱动的城市治理的可行性，为全国推广奠定了基础。

从风险防控角度看，试点是一种"防火墙"机制。深圳市在人脸识别应用管理上的探索尤为值得关注。面对人脸识别技术可能带来的隐私风险，深圳市市场监管局先在特定商场试点"刷脸支付"的规范化管理，要求商家在醒目位置告知消费者人脸信息采集的目的和使用范围，并提供其他支付选择。这一试点找到了技术伦理与消费者权益保护的平衡点，为后来全国人脸识别规范的制定提供了实践依据。

政策试点的另一重要意义在于培育"创新生态圈"。以贵州大数据综合试验区为例，从2014年启动至今，贵州通过先行先试，形成了一套"政府引导、企业主体、市场化运作"的大数据产业发展模式。贵阳市政府大胆创新，设立了全国首个大数据交易所，探索数据确权、定价、交易的制度框架，并于2022年发布全国首套数据交易规则体系，基于"数据二十条"提出"三权分置"原则，构建数据要素登记OID服务平台，实现数据权属登记与OID编码绑定，解决确权难题。

值得一提的是，试点还能发挥"社会认知重塑"的作用。以自动驾驶为例，这项技术最初使公众普遍担忧。北京亦庄开发区通过划定自动驾驶测试区，允许百度Apollo等企业在特定道路进行测试，并邀请市民体验，逐步消除了公众疑虑。这种"看得见、摸得着"的体验式试点，大大加速了社会认知的更新与接纳。

试点还为国家制度建设提供了"样板间"。2019年，工信部陆续在上海、深圳、济南、青岛等地设立人工智能创新应用先导区，鼓励地方根据区域特色探索差异化发展路径。这些先导区各自聚焦不同领域，如上海张江专注医疗人工智能，深圳前海侧重金融科技，形成了"百花齐放"的创新局面。这种"一区一策"的差异化试点，不仅避免了资源重复投入，还为全国人工智能产业布局提供了多样化参考。

从国际视野看，中国的政策试点模式也展现出独特价值。当西方国家还在为人工智能监管框架争论不休时，中国已通过试点积累了丰富的第一手治理经验。政策试点是中国推进人工智能发展的战略抓手，它既体现了"摸着石头过河"的务实智慧，也展现了"放而不乱、收而有度"的系统思维。通过精心设计的试点，我们得以在实践中检验理论，在局部中探索全局，在今天中预见明天，最终形成具有中国特色的人工智能发展道路。

体系化渗透：规则重构与生态协同

当政策试点取得阶段性成果，积累了丰富的经验、形成成熟的模式后，

"人工智能+"便迎来了体系化渗透的关键阶段。这一阶段的核心任务在于实现规则重构与生态协同，其意义重大且影响深远，堪称一场生产关系的数字化革命。

首先，标准建设在体系化渗透中肩负着重要使命。在"人工智能+"广泛应用的背景下，缺乏统一标准会导致诸多问题。不同企业开发的人工智能产品与服务，在数据格式、接口规范、性能指标等方面各不相同，这不仅增加了用户使用的难度，也阻碍了人工智能技术在不同行业、不同场景之间的顺畅流通与深度融合。例如，在智能家居领域，如果各品牌的智能家电没有统一的标准，消费者在构建智能家庭系统时，就会面临设备之间无法互联互通、操作复杂等困境。因此，制定统一的人工智能标准迫在眉睫。

标准建设涵盖了多个层面。在技术标准方面，要明确人工智能算法的评估指标、数据质量要求、模型训练规范等，确保不同企业开发的人工智能技术具有可比性与可靠性。在产品标准方面，须规定人工智能产品的功能特性、安全性指标、用户体验标准等，保障消费者权益。在服务标准方面，则要规范人工智能服务的交付流程、售后服务质量等内容。当这些标准逐步建立并完善后，整个"人工智能+"产业将有章可循，企业能够依据标准研发产品与提供服务，用户也能根据标准选择更符合自身需求的人工智能产品与服务，从而促进产业的健康、有序发展。

生态演进路径则是体系化渗透的具体实现方式，它呈现出从企业单点突破到产业链协同、再到跨域价值网络层层递进的发展态势。在初始阶段，一些具有创新精神与技术实力的企业率先在某个特定领域实现人工智能技术的单点突破。比如，某家专注于图像识别技术的企业，通过多年研发，成功开发出一款高精度的工业图像检测人工智能系统，能够快速、准确地检测出产品生产过程中的瑕疵，极大提高了生产效率与产品质量。这家企业凭借这一技术优势，在市场中占据一席之地，实现了自身的快速发展。

随着企业单点突破的不断涌现，产业链协同的需求日益凸显。在"人工智能+制造业"领域，当图像检测人工智能系统取得成功后，就需要与上游的传感器供应商、数据存储企业，以及下游的产品制造商、销售商等进行协同合作。上游供应商为图像检测系统提供高质量的传感器，确保数据采集的准确性；数据存储企业负责高效存储海量的生产数据，为人工智能模型训练提供支撑。下游产品制造商将图像检测系统集成到生产流程中，提高产品品质；销售商则凭借产品的人工智能优势，拓展市场份额。这种产业链上下游企业之间的紧密协作，实现了资源共享、优势互补，提升了整个产业链的竞争力。

当产业链协同发展到一定程度时，跨域价值网络的构建成为必然趋势。此时，"人工智能+"不再局限于某个单一产业，而是跨越多个行业，实现深度融合与协同创新。以智慧城市建设为例，交通、安防、能源、环保等多个领域通过人工智能技术实现互联互通。智能交通系统采集的交通流量数据，可以为能源部门优化城市能源供应提供参考，减少交通拥堵时段的能源消耗；安防系统监测到的异常情况，能够及时反馈给环保部门，以便对可能出现的环境污染事件进行预警。这种跨领域的数据共享与协同处理，构建起了一个庞大且复杂的跨域价值网络，创造出了远超单个产业的巨大价值。

根据赛迪顾问在"2025年IT趋势"发布会上披露的数据，2025年中国产业人工智能化渗透率预计达30%。这一数据充分展现了"人工智能+"体系化渗透所蕴含的巨大潜力。随着人工智能技术在各个产业中的不断渗透，越来越多的传统产业将实现数字化转型与智能化升级，从而推动整个经济社会的高质量发展。在体系化渗透过程中，我们要以标准建设为基石，遵循生态演进路径，积极推动规则重构与生态协同，让"人工智能+"真正成为驱动中国经济社会发展的新引擎，开创出更加美好的未来。

第三节

未来产业革命的特征：数据驱动、智能赋能、产业深度融合

当我们回望历史上的每一次工业革命时，都能发现其鲜明的时代特征。正在发生的这场以人工智能为核心的产业革命，也有着独特的时代烙印：数据驱动、智能赋能与产业深度融合。（见图1-9）这三大特征共同塑造了未来产业发展的新格局，正从根本上改变着人类社会的生产方式和经济形态。

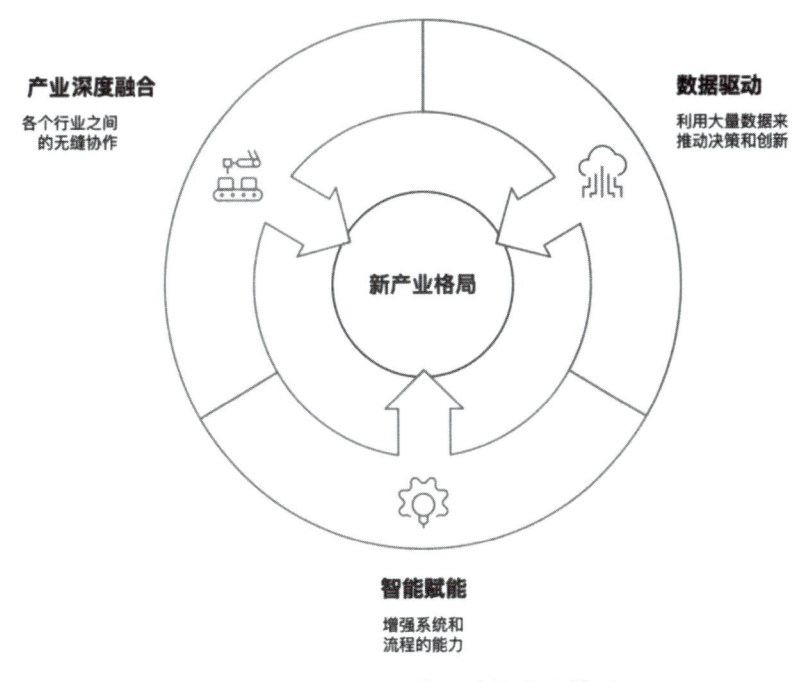

图1-9 人工智能驱动的产业转型

第一章 人工智能驱动产业革命

一 数据驱动：新型生产要素的力量

数据成为数字经济时代关键性生产要素，具有独特性质，能在多环节创造价值，对产业发展意义重大，但也面临着挑战。

在传统经济学理论中，土地、劳动、资本被视为基本生产要素，它们共同决定了经济的生产能力和增长潜力。随着时代发展，企业家才能、科学技术等逐渐被纳入生产要素的范畴。在数字经济时代，一个全新的生产要素正在崛起——数据。

2019年，党的十九届四中全会首次明确提出"数据是数字经济时代的关键生产要素"，这标志着数据的战略地位得到国家层面的认可。2020年，中央进一步提出"加快培育发展数据要素市场"，强调要"构建数据要素市场规则"。这些政策信号表明，数据已经成为与传统要素并驾齐驱的新型生产要素。

数据为什么能够成为新型生产要素？这是因为数据具有传统生产要素所不具备的独特性。与传统生产要素相比，数据具有可复制、可共享的特点，不会在使用过程中被消耗。一份数据可以被多个用户同时使用，且使用过程中不会减损其价值。更重要的是，数据通过挖掘和应用，能够持续产生新的价值，这种"数据的乘数效应"使其成为驱动经济增长的核心力量。

想象一下，一家电商平台收集的用户浏览和购买数据，不仅可以用于改善推荐算法，提高用户体验，还可以指导供应链管理，帮助厂家、商家在生产、营销等环节作出决策。同一份数据，在不同场景下可以创造多重价值。这是传统生产要素难以实现的特性。

从本质上看，数据已成为数字化、网络化、智能化的基础，快速融入生产、分配、流通、消费和社会服务管理等各个环节，深刻改变着人类的生产方式和生活方式。在数字经济时代，数据不仅是一种资产，更是推动经济增长和社会发展的战略性资源。

我们可以通过"数据价值链"来理解数据价值的创造过程。数据价值链是沿着企业生产链条、数据流动与价值创造相伴而动的过程。在生产、分配、流通、消费等活动的各环节，数据都可能与其他生产要素发生作用，创造新的经济价值。

例如，在研发环节，数据可以提高研发效率、降低成本，提高研发针对性。汽车制造商通过分析车辆使用数据，可以更精准地了解用户需求和使用习惯，从而优化新车型的设计。在制造环节，数据可以提高生产线效率，实现智能制造，提高产品良品率，降低物料损耗，实现产销精确对接。智能工厂通过实时数据分析，可以预测设备故障，优化生产流程，减少能源消耗。在营销环节，数据可以实现精准营销，将产品信息准确传递给潜在目标用户，大幅提高营销效率和回报率。

数据价值链的发挥效力如何，取决于六个关键因素，即数据的颗粒度、鲜活度、连接度、反馈度、响应度、加工度。这些因素共同构成了数据驱动模式下的价值创造机制。（见图 1-10）

图 1-10 数据驱动价值创造的关键因素

在产业发展中，数据要素能够显著提高单一要素的生产效率。当数据融入劳动、资本、技术等传统要素后，这些要素的效率和价值都能得到提升。以制造业为例，数据要素与制造环节相结合，可以构建横向和纵向兼容的智能集成网络。在智能工厂中，大量传感器采集的实时数据可以用于对生产线的监控和管理。通过分析这些数据，企业可以迅速发现并解决生产过程中的问题，提高生产效率和产品质量。同时，通过分析销售数据和市场趋势，企

业可以更精准地预测市场需求，调整生产计划，减少库存压力，实现产销平衡。（见图1-11）

图1-11 智能工厂中数据与产销环节相结合

德国的工业4.0战略正是基于这种理念，通过物联网技术收集生产数据，结合人工智能技术进行分析和决策，实现生产过程的自动化和智能化。西门子在安贝格的电子工厂被誉为"工业4.0的灯塔"，这里的生产线能够处理超过1000种不同的产品变体，产品合格率达到99.99988%，这一惊人的成就正是数据驱动的结果。

在人工智能领域，数据的价值更加凸显。数据是人工智能的"燃料"和"养分"，高质量的数据集能够训练出更精准、更"鲁棒"的模型；大规模的数据有助于模型捕捉更细微的模式和特征，提高泛化能力。

以医疗领域为例，医疗影像识别技术依赖大量高质量的医疗影像数据。医院和科研机构收集患者的X光片、CT、MRI等影像资料并进行专业标注，构建训练数据集。经过清洗和预处理后，这些数据用于训练深度学习模型，最终开发出能辅助医生进行诊断的人工智能系统。谷歌的DeepMind团队开发的眼底疾病诊断人工智能系统，通过分析眼底图像检测50多种眼部疾病，其准确率已经达到了顶尖眼科医生的水平。这一成就的背后，是对超过15000张高质量标注眼底图像的深度学习，充分体现了数据在人工智能应用中的重要性。

随着人工智能技术的发展,数据作为生产要素的价值将进一步凸显。未来,数据将成为经济增长的主导性生产要素和新一代人工智能的基础。通过从海量数据中深度挖掘信息并将其转化为知识资本,能够有效实现生产要素的功能倍增,带来生产力更为显著的效能提升。

从国家战略层面看,数据要素市场的培育和发展对于构建现代化产业体系具有重要意义。随着《中共中央 国务院关于构建更加完善的要素市场化配置体制机制的意见》等政策文件的出台,我国正在加快推进数据要素市场化配置,激发数据要素潜能,推动产业数字化、智能化、绿色化转型,增强新质生产力发展的内生动力。

然而,数据要素的开发和利用也面临着一系列挑战。数据安全、隐私保护、数据确权、数据定价等问题亟须解决。如何平衡数据开放与安全、流通与隐私之间的关系,是数据要素市场健康发展的关键。

在国际竞争视角下,数据已成为影响企业成长和提升国家全球竞争地位的关键资源。谁掌握了数据,谁就掌握了未来竞争的主动权。因此,各国纷纷加强数据资源的战略布局,美国、欧盟、日本等国家和地区都制定了相关的数据战略。

数据驱动已经成为未来产业革命的第一大特征。从零售业的精准营销到制造业的智能生产,从医疗健康的精准诊疗到城市治理的智慧决策,数据正以前所未有的方式和速度改变着各行各业的运行逻辑。那些能够高效收集、处理和利用数据的国家和企业,将在未来的竞争中占据先机。

二 智能赋能:从自动化到智能化的跨越

智能赋能是人工智能产业革命的"引擎"。在推动生产模式等变革方面,人工智能在多方面发挥赋能效应,且智能进化呈三级跃迁架构。

如果说数据驱动是人工智能产业革命的"原料",那么智能赋能就是这场革命的"引擎"。从自动化到智能化的跨越，不仅是技术层面的进步，更是生产模式和企业组织形态的根本性变革。

自动化和智能化是两个不同的发展阶段。自动化的出现彻底改变了制造业的生产流程，提高了生产效率，保持了高水平质量标准。例如，流水线的发明使汽车制造从手工作坊走向了批量生产；数控机床的应用使复杂零件加工变得高效精准；工业机器人的普及则进一步减少了人工干预，提高了生产自动化程度。

然而，传统自动化系统往往只能按照预设程序执行特定任务，缺乏灵活性和适应性。一旦环境或任务发生变化，就需要人工重新设置或调整。相比之下，智能化则是以人工智能技术为基础，实现生产、管理、服务等各环节的自主学习、自我调整和自主决策，具备应对复杂多变环境的能力。（见图1-12）

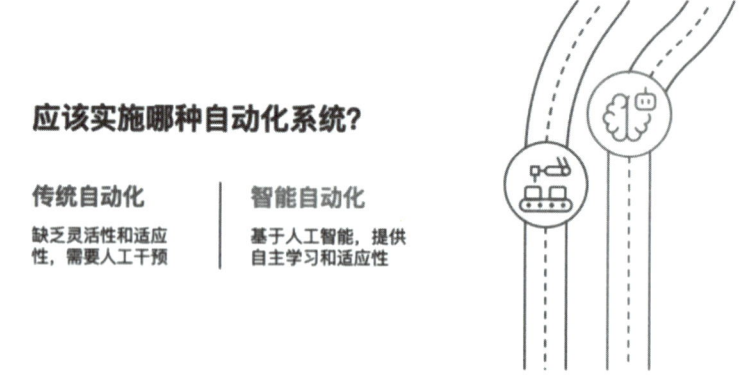

图 1-12　自动化与智能化的比较

举个例子，传统的自动售货机是一个典型的自动化系统——投币、选择商品、出货，全程按照固定程序运行。智能化的售货机则可以根据天气、时间、客流等因素动态调整商品陈列和价格，甚至可以识别顾客特征推荐个性化商品，实现销售最大化。这就是从自动化到智能化的跨越。

人工智能的赋能效应主要体现在三个方面。

首先是快速感知和响应市场动态。传统企业往往依靠周期性市场调研或销售反馈来了解市场变化，决策周期长，应对滞后。人工智能则可以通过实时数据分析，快速感知市场变化和客户需求，帮助企业做出更及时的反应。

例如，某品牌服装零售商利用人工智能技术分析销售数据、社交媒体趋势和门店反馈，快速调整生产计划，将新款设计从草图到店面的时间缩短至两周，远快于传统服装品牌的数月周期。这种快速响应能力使该品牌服装零售商能够紧跟时尚潮流，减少库存风险，成为快时尚领域的佼佼者。

其次是自动提高企业任务单元的完成效率。人工智能可以在企业的各个管理环节提高效率，从数据管理、通信和网络管理、传感器管理到生产过程管理与产品供应链管理，使各环节运行更加高效。

亚马逊的仓储机器人系统是一个典型例子。传统仓库中，工人需要在货架间穿行寻找商品，效率低下且容易出错。亚马逊引入的 Kiva 机器人系统则彻底颠覆了这一模式——机器人将整个货架搬运到工作站，由工人进行拣选。这不仅将订单处理时间从小时级缩短到分钟级，还提高了空间利用率，减少了人力需求和错误率。

最后是有效促进业务流程转型和运营模式提升。人工智能不仅能提高现有流程的效率，还能帮助企业重新设计业务流程，改变运营执行方式，重新分配资源，从根本上提升企业竞争力。

奈飞（Netflix）的成功就是一个很好的例子。通过人工智能驱动的推荐系统，奈飞不仅改变了内容分发方式，还重塑了内容创作流程。通过分析用户观看行为和偏好数据，奈飞能够预测哪些类型的内容会受欢迎，并据此投资制作原创内容。这种数据驱动的内容创作模式大大提高了投资回报率，使奈飞的原创内容成功率远高于传统影视公司。

在企业智能化转型中，人工智能的作用不仅是工具性的，更是战略性的。人工智能正在根本性地改变数字化转型的深度和广度，从个性化体验和智能自动化到高级分析和预测能力，人工智能正在彻底改变和颠覆传统模式。

值得注意的是，人工智能技术的智能进化正形成三级能力跃迁架构。（见图 1-13）

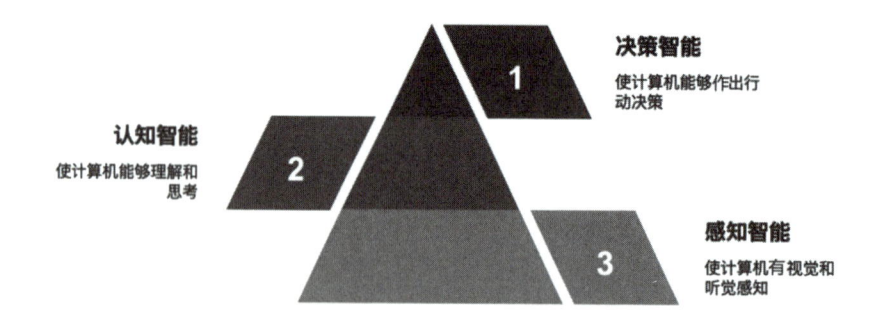

图 1-13　人工智能技术智能进化时的三级能力跃迁架构

第一级是感知智能层，主要解决计算机"能看会听"的问题。通过计算机视觉、语音识别等技术，人工智能系统能够感知和理解周围环境，获取信息。例如，自动驾驶汽车中的摄像头和雷达系统能够识别道路标志、行人和其他车辆。这一层级的智能已经相对成熟，并在多个领域得到广泛应用。

第二级是认知智能层，主要解决计算机"会思考"的问题。在这一层级，人工智能系统不仅能接收信息，还能分析、理解信息背后的含义，并基于此进行推理。例如，金融人工智能系统能够分析市场数据，预测价格走势。这一层级的智能正在快速发展，但在复杂任务上仍有提升空间。

第三级是决策智能层，主要解决计算机"能行动"的问题。在这一层级，人工智能系统不仅能分析和理解信息，还能基于分析结果做出决策并采取行动。例如，全自动工厂系统能够根据订单需求自行调整生产计划。这一层级的智能是当前发展的前沿，也是从自动化到智能化的关键性跨越。

2022年底开始爆发的大型语言模型（如ChatGPT），正是这种三级能力跃迁的集大成者。它们不仅能理解和生成人类语言，还能基于上下文做出推理和判断，甚至能够规划和执行复杂任务。这使人工智能从单纯的辅助工具转变为能够与人类协作的智能伙伴，为企业管理和决策提供了全新的支持方式。

在生产制造环节，人工智能的智能赋能效应尤为明显。人工智能正加速向生产制造环节应用发展，有力推动制造业数字化、网络化、智能化发展，全方位、深层次赋能新型工业化。

一个典型的例子是德国西门子的"数字化双胞胎"技术。通过在虚拟环境中创建产品、生产过程和生产设施的数字化模型，企业可以在实际生产之前进行仿真和优化。这不仅大大缩短了产品开发周期，降低了设计成本，还提高了产品质量和生产效率。例如，在飞机发动机设计中，数字化双胞胎技术可以模拟数千种不同的运行条件，找出最优设计方案。传统方法可能需要制造多个物理原型进行测试，成本高且周期长。

另一个典型例子是"产品智能化"。越来越多的传统产品正在融入智能功能，从智能手表、智能冰箱到智能汽车，这些产品不仅具备基本功能，还能通过联网收集和分析数据，提供个性化服务。例如，智能手表不仅能显示时间，还能监测健康指标，根据用户习惯推送个性化健康建议；智能冰箱可以追踪食品库存，提醒过期食品，甚至自动生成购物清单。

智能赋能还体现在企业组织结构和业务流程的变革上。随着人工智能技术的深入应用，企业组织形态正逐渐向"人类战略层＋智能体执行层"的二元结构进化。在这种结构中，人类负责战略决策、创新思考和价值判断，而人工智能系统则负责日常运营、数据分析和执行任务。据 Gartner 预测，到 2027 年，中国 80% 的企业将使用多模型生成式人工智能策略来实现多样化的模型功能，满足本地部署要求并获得成本效益。在客户体验方面，人工智能驱动的智能自动化能预测用户需求，自动完成任务，让应用互动更流畅，响应更迅速。例如，电商平台通过分析用户浏览历史和购买历史，可以向用户推荐可能感兴趣的产品；智能客服系统可以根据用户提出的问题或诉求提供更精准的解答。这种体验提升不仅提高了客户满意度，还为企业创造了新的价值。

从智能化转型的路径看，企业可以采取多种措施逐步实现从自动化到智能化的跨越。对于中小企业，可以从低成本、渐进式的智能改造方案入手，如引入基于云服务的人工智能解决方案，不需要大规模硬件投资；培养员工的数字技能，使其能够与人工智能系统高效协作；寻找专业服务提供商的支持，共同推进智能化转型。

对于较大的企业，则可以考虑更系统化的智能化转型策略。例如，建立数据中台，打通数据孤岛，为人工智能应用提供基础；引入或自主开发适应行业特点的人工智能解决方案；重构业务流程，充分发挥人工智能的潜力；培养跨学科人才团队，支持智能化转型。

值得一提的是，专精特新中小企业是人工智能技术应用的理想场景。这类企业通常已经在特定领域积累了深厚的专业知识和丰富的数据，具备较高的数字化基础，引入人工智能技术能够进一步放大其专业优势，提升竞争力。例如，一家专注于高精度零部件加工的企业，通过引入人工智能质检系统，可以将不良品率从千分之一降低到万分之一，大幅提升产品质量和市场竞争力。

总的来说，从自动化到智能化的跨越，意味着生产方式从机械执行向智能决策的转变，管理模式从人工监控向系统自适应的升级，价值创造从效率提升向创新引领的跃迁。智能赋能将继续深刻改变企业的组织形态和运营方式，推动各行各业向更高质量、更可持续的方向发展。

三 产业深度融合：重塑价值链与行业边界

产业深度融合是人工智能产业革命的重要特征，它的发展使行业界限模糊，价值链重构，并通过多种方式催生新业态。

在数据驱动和智能赋能的基础上，产业深度融合成为人工智能产业革命的第三个显著特征。传统上泾渭分明的行业界限正在模糊，价值链被重新定义和组织，新的产业生态正在形成。

人工智能正以"人工智能+"的方式加速渗透到各个产业。一方面，人工智能技术的通用性使得不同行业可以共享基础设施和技术平台；另一方面，人工智能催生的新业态和新模式往往跨越了传统产业的界限，创造了全新的产业形态。

在数字时代之前,各行业之间的边界相对清晰。汽车制造商专注于生产汽车,银行提供金融服务,电信运营商提供通信服务,各行其是,界限分明。然而,随着人工智能技术的广泛应用,这些边界正在日益模糊。

今天,汽车制造商不仅生产交通工具,还提供车联网服务、娱乐内容和金融解决方案;银行不仅提供存贷款服务,还涉足电商、社交和生活服务;电信运营商则扩展到内容分发、云计算和智能家居等领域。这种跨界融合的趋势,正是人工智能技术赋能的结果。

产业融合的深层次动因在于人工智能技术对传统价值链的重构。(见图1-14)人工智能通过生产要素的组合优化与整体跃升,延展了传统生产边界,开拓了新兴产业空间。这种价值链重构不只是对原有环节的优化,还是对整个产业组织方式的重塑。

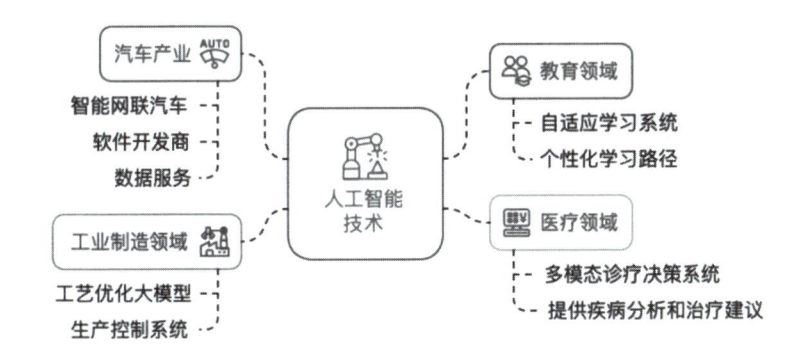

图 1-14　人工智能技术对传统价值链的重构

以汽车产业为例,传统汽车产业链包括零部件供应商、整车制造商、经销商和售后服务等环节,各环节分工明确,合作模式相对固定。随着智能网联汽车的发展,产业链结构发生了根本变化——软件开发商、芯片制造商、互联网服务提供商等新角色加入进来,产品生命周期从销售为终点转变为以用户体验持续迭代为核心,商业模式也从单纯的产品销售扩展到数据服务、内容订阅等多元形式。

从应用渗透的角度看，大模型正以"纵向深化专业壁垒、横向贯通数据孤岛"的双重路径重构产业范式。

在教育领域，人工智能技术通过构建知识图谱，实现了自适应学习系统，能够根据学生的学习进度、强项和弱项提供个性化学习路径和内容推荐。不同于传统的标准化教学，人工智能辅助的教育能够最大化每个学生的学习效果，同时减轻教师的负担。

在医疗领域，人工智能技术正在构建多模态诊疗决策系统，将医学影像、电子病历、基因数据等多源异构数据整合起来，提供更全面的疾病分析和治疗建议。例如，IBM Watson for Oncology（人工智能癌症治疗辅助系统，是一个基于人工智能的医疗决策支持系统）分析了数百万份医学文献和病历记录，能够为癌症患者提供基于证据的治疗方案推荐，帮助医生作出更好的决策。

在工业制造领域，人工智能技术推动工艺优化大模型与生产控制系统深度融合，实现从原材料进厂到成品出库的全流程智能优化。例如，通过分析历史生产数据，人工智能系统可以预测生产设备的故障风险，安排最佳维护时间，避免生产中断；通过优化生产参数，人工智能系统可以提高原材料利用率，降低能耗，减少废品率。

这些应用打破了行业之间原本清晰的边界，促进了教育、医疗、制造等不同领域之间的技术融合和知识共享，形成了新的跨行业生态系统。

在生态建设方面，开源社区与行业龙头共建的"基座模型+插件工具链"开放体系，推动产学研协同机制精准对接场景痛点，使大模型从单点工具进化为支撑数字经济的智能基础设施。这种开放合作的模式大大加速了创新过程，降低了技术壁垒，使得更多企业能够参与到人工智能驱动的产业变革中。

以 OpenAI 的 GPT 模型为例，通过开放 API 接口，无数开发者和企业能够基于通用大模型构建各种垂直应用。从写作助手、语言翻译到编程辅助、内容审核，GPT 模型支持的应用场景极其广泛。这种"通用基础设施+专业应用"的模式，正在成为人工智能产业生态的主要组织方式。

从全球视角看，人工智能正在重塑全球产业结构和价值分配格局。人工智能技术的广泛应用创造了新的价值机制，导致发生"价值迁移"现象。在零售业，传统实体零售的部分价值向电商平台和智能供应链服务提供商迁移；在金融业，传统银行的部分价值向金融科技公司和算法交易平台迁移；在媒体行业，传统媒体的部分价值向内容推荐平台和自动内容生成服务提供商迁移。

这种价值迁移迫使传统企业重新思考其商业模式，寻找新的价值创造和捕获方式。那些能够快速适应变化、拥抱人工智能技术的企业将在这一过程中脱颖而出，而那些固守传统模式的企业则面临被边缘化的风险。

产业融合的另一个重要表现是人工智能与前沿技术的协同创新。人工智能与物联网、区块链、5G等前沿技术结合时，往往能催生全新的应用场景和商业模式。

例如，人工智能与机器人技术的融合催生了新一代智能机器人，不仅能执行预设任务，还能自主学习、适应变化、与人类协作。

人工智能与区块链技术的结合则创造了"可信人工智能"的新范式。（见图1-15）通过区块链技术的分布式记账和智能合约功能，人工智能系统的决策过程和结果可以被透明记录和验证，从而增强了人工智能系统的可信度和问责性。这对于金融、医疗、法律等对决策透明度和可审计性有高要求的领域尤为重要。

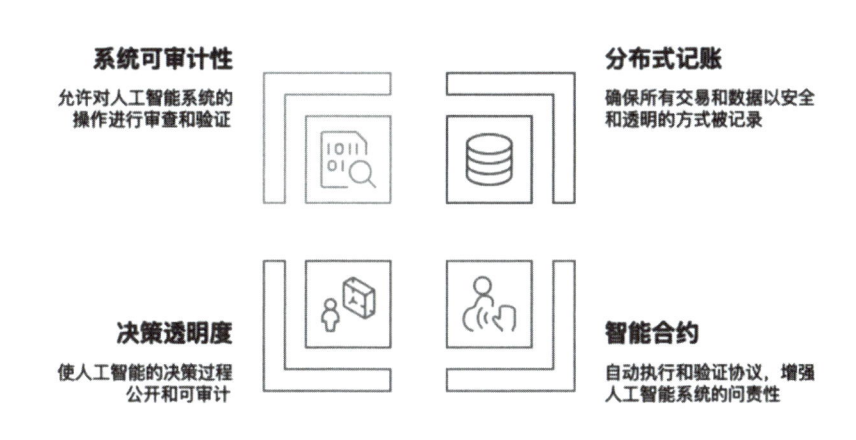

图1-15 区块链驱动的"可信人工智能"新范式探索

在产业融合中，不同行业对人工智能的接受程度和应用深度存在差异。一般来说，数字化程度高、创新文化浓厚的行业，如科技、金融、媒体等领域，人工智能应用更为广泛和深入。传统制造业、建筑业等行业，由于技术积累、人才储备和组织惯性等因素，人工智能渗透相对较慢。

在工业智能领域，虽然我国工业体系完整、应用场景丰富，但多元化应用场景的落地速度较慢，商业模式创新能力不足。这主要是因为工业场景复杂多变，人工智能解决方案需要深度定制；工业企业对数据开放和共享存在顾虑；人工智能技术与工业领域专业知识的融合不足；等等。这提示我们，产业融合不是一蹴而就的，需要各方共同努力推动。

未来，随着产业融合不断深入，企业组织和管理模式也将随之变革。传统企业以部门和职能为边界的组织结构，将逐渐向以数据和算法为中心的网络化、扁平化结构转变。在这种新型组织结构中，人工智能系统不再是被动的工具，而是企业决策和执行的积极参与者。

从政策角度看，促进人工智能与各产业深度融合，需要综合施策。首先，应完善数据共享和交易机制，打通数据壁垒，为人工智能应用提供充足"养料"；其次，加强跨学科人才培养，既懂技术又懂行业的复合型人才是产业融合的关键；再次，鼓励开放创新，建立产学研用协同创新平台，加速技术成果转化；最后，完善治理框架，在促进创新的同时保障安全和公平。

总之，产业深度融合作为人工智能产业革命的重要特征，正在重塑全球产业结构和价值分配格局，模糊传统产业边界，催生新业态新模式，创造新的经济增长点。在这个过程中，企业需要积极调整战略，适应产业融合带来的变化；政府需要完善政策体系，为产业融合创造良好环境；社会各界则需要携手合作，共同推动人工智能赋能产业高质量发展。

四 决策升级：从数据分析到智能决策

传统决策模式与智能决策模式存在本质区别。传统决策模式主要依赖人类经验、直觉和有限的数据分析，这种模式通常遵循"问题识别—方案制订—方案评估—决策实施"的线性过程。决策者往往受到认知偏差、信息不对称和处理能力有限等因素影响，难以在复杂环境中做出最优决策。相比之下，智能决策模式基于海量数据和复杂算法，能够实现实时、动态、精准的决策支持。其本质区别体现在四个方面。首先，决策基础从经验导向转向数据驱动，减少主观因素干扰；其次，决策范围从局部优化扩展至全局最优，系统性考量多变量影响；再次，决策速度从周期性变为实时响应，能够快速适应环境变化；最后，决策模式从确定性思维转向概率性思维，能够在不确定环境中做出风险均衡的选择。

机器学习和深度学习技术是将原始数据转化为决策依据的核心引擎。这一转化过程包含数据获取、特征提取、模式识别和决策优化四个环节。在数据获取阶段，物联网传感器、网络爬虫等技术手段收集多维度数据；在特征提取阶段，机器学习算法从原始数据中识别关键特征和相关性；在模式识别阶段，系统通过监督学习、无监督学习或强化学习方式发现数据中隐藏的规律和趋势；在决策优化阶段，人工智能系统基于既定目标函数，从多种可能方案中选择最优解决方案。深度学习特别擅长处理非结构化数据（如图像、语音和文本），通过多层神经网络自动学习特征表示，实现端到端的决策支持。

企业正积极利用人工智能技术优化战略规划和经营决策。在战略层面，人工智能驱动的市场情报系统能够分析产业演变趋势、竞争格局变化和消费者行为转变，为企业提供前瞻性洞察。在营销决策方面，精准营销系统根据用户画像和行为数据，实时优化营销策略和资源分配。在供应链管理方面，智能预测系统能够综合考量季节性波动、市场事件和宏观经济因素，提供更准确的需求预测。在产品开发方面，人工智能辅助创新平台能够分析用户反馈和市场趋势，指导产品迭代方向。

在城市管理和公共服务领域，人工智能正显著提升决策质量。智能交通系统通过分析实时交通流数据，动态调整信号灯配时和交通疏导方案，杭州"城市大脑"项目使城市主干道通行效率提升，急救车辆通行时间减少一半。

在公共安全领域，预警预测系统基于历史事件数据和环境因素，提前识别潜在风险点，实现精准防控。深圳市的人工智能安防系统能够预测高风险区域，使犯罪率下降。在环境治理方面，污染源追踪系统结合气象数据和污染物扩散模型，精准定位污染来源，制订科学的治理方案。北京采用的人工智能空气质量管理系统，通过预测污染趋势，使重度污染天数大幅度减少。在公共卫生领域，疫情监测系统能够从多源数据中及早发现异常信号，辅助制定防控措施。

然而，智能决策系统也面临着技术与伦理的双重挑战。在技术层面，数据质量问题可能导致系统性处理偏差；算法透明度不足造成的"黑箱"问题使决策过程难以解释和监督；模型适应性不足导致在新环境中表现不佳；人机协作界面设计不当可能造成使用障碍。在伦理层面，自动化决策可能放大既有社会偏见。例如，美国COMPAS系统在预测犯罪风险时被发现对非裔美国人存在偏见。数据隐私与安全问题日益突出，特别是在涉及个人敏感信息时。责任归属难以界定，当人工智能系统做出错误决策时，难以确定是开发者、使用者还是系统本身应承担责任。此外，对自动化决策的过度依赖可能导致人类判断能力的弱化。

面对这些挑战，建立负责任的智能决策机制至关重要。这需要从技术层面加强算法公平性研究，开发可解释的人工智能模型；从制度层面完善数据治理框架，明确风险评估机制；从实践层面优化人机协作模式，保持人类在决策循环中的适当参与。只有技术创新与伦理规范并重，才能确保智能决策真正造福社会，而非制造新的问题。

智能决策系统正在从实验室走向各行各业的日常应用，从辅助人类决策到部分领域的自主决策。这一转变不仅提升了决策效率和精准度，更重塑了组织的决策文化和流程。未来，随着技术持续演进和应用深化，智能决策将成为组织和社会治理的新常态，推动决策模式从经验驱动向数据智能的历史性跨越。

第四节

国家战略视角下的"人工智能+"：为何是"+"如何"+"？

在全球科技竞争浪潮中，人工智能已成为关键变量。从人工智能到"人工智能+"，这一充满变数与效率的过程，也是人类文明进步的过程。

一 为何是"+"：从"被动赋能"到"主动融合"

"人工智能+"代表一场范式革命，而非简单的技术应用。它标志着人工智能从工具性角色向战略性资源的根本转变，直接关乎国家竞争格局的重塑。当前全球已进入人工智能战略竞争新阶段，各国竞相调整国家战略以应对这一变革，而"+"的定义权正成为决定未来技术主导权的关键。

传统技术融合与"人工智能+"存在三重本质差异。首先是角色定位的转变。传统模式下，技术是工具，行业是主体；在"人工智能+"模式中，人工智能成为与行业平等对话的战略主体，共同定义发展路径。其次是作用方式的变革。传统技术仅优化既有流程，而人工智能重构整个价值创造逻辑。最后是边界关系的重塑。传统技术与行业边界清晰，而人工智能与行业形成深度交互，边界日益模糊。以制造业为例，传统自动化仅替代人工操作，而"人工智能+制造"则重构了从设计、生产到服务的全流程，创造出智能预测、柔性生产、个性定制等全新模式。

最具战略意义的是，"人工智能+"创造了技术与行业的双主体互构关系。在自动驾驶领域，人工智能系统不只是被动接受训练，更是主动提出新场景和决策挑战，推动整个行业标准和技术路径的演进。在金融风控中，人工智能不仅会执行规则，更能主动发现风险模式并重塑风控体系。这种主体性转变意味着，谁掌握了"+"的主导权，谁就能在新一轮产业革命中定义游戏规则和竞争标准。

"人工智能+"不是选择题，而是必答题——这一战略判断基于三重现实考量。首先，人工智能已成为新一轮科技革命的核心驱动力，引领全球创新浪潮；其次，人工智能正重塑全球产业链分工，依托数据和算法优势的新型分工正取代传统比较优势；最后，人工智能已成为国家治理现代化的关键支撑，从公共服务到社会治理，从资源配置到风险防控，人工智能技术正成为提升国家治理效能的战略工具。在这一背景下，"+"的战略主导权直接关系到未来产业的定义权和国际竞争的主动权。

"+"的背后，是技术逻辑与国家意志的共振。中国的"人工智能+"战略既尊重技术发展规律，又体现国家战略意志，形成了独特的发展路径。通过"国家引导、市场主导"的模式，中国一方面明确重点领域和战略方向，另一方面保留企业创新自主性，实现了技术逻辑和国家需求的有机统一。这种共振机制使中国在短短几年便实现了人工智能应用从跟随到在部分领域引领的跨越。

二 如何"+"：国家工程的实施路径

"人工智能+"不是拼图游戏，而是系统工程。中国的"人工智能+"工程展现了系统化、全局性的战略实施路径。与西方国家依赖市场自发调节不同，中国构建了从顶层设计到落地实施、从政策引导到主体培育的整体性框架，形成国家战略意志与市场创新活力的有效结合。

体系化政策设计作为战略协同的制度保障，在复杂的发展格局中扮演着极为关键的角色。中国"人工智能+"战略的政策体系构建了完整的"1+N"政策链条，避免了碎片化治理。以《新一代人工智能发展规划》为顶层设计，明确了"三步走"战略目标；以各部委产业政策为核心支撑，推动人工智能与实体经济深度融合；以数据和算力相关法规为基础保障，构建数据治理和基础设施支撑体系。这些政策不是简单堆叠，而是形成了纵向到底、横向到边的政策矩阵，确保了战略一致性和政策协同性。

这种体系化政策设计的效果已经显现，从政府工作报告到"十四五"规划，从产业政策到科技创新规划，"人工智能+"已经成为各级政府和部门的共识行动，避免政策碎片化，形成全社会推动"人工智能+"发展的合力。

多元主体协同作为极具中国特色的创新组织结构，正以蓬勃之姿重塑着当代中国的发展生态。"人工智能+"的落地，是"国家队"扛旗、"先锋队"冲锋、"民兵连"渗透的立体战争。这一生动比喻精准描述了中国特色的"人工智能+"实施体系，形成了既各司其职又协同合作的创新网络。"国家队"由国家实验室、重点研究中心和央企组成，负责突破"卡脖子"技术和构建国家级基础设施。他们如同战略力量，确保关键领域不受制于人。北京智源人工智能研究院在大模型领域的原创突破，国家超算中心提供的算力支撑，都展现了"国家队"的战略力量。"先锋队"由科技巨头和创新型高校组成，负责技术产业化和平台构建。他们如同主力军，推动技术从实验室走向市场。百度飞桨开源深度学习平台汇聚了数百万开发者，阿里达摩院的城市大脑已在全国数十个城市落地，展现了"先锋队"的创新活力。"民兵连"由专业化中小企业和创业团队组成，专注垂直场景创新。他们如同特种部队，实现技术与场景的精准对接。专注农业智能化的极飞科技，其人工智能植保无人机已覆盖大量农田；聚焦工业质检的图漾科技，为制造企业提供人工智能视觉解决方案。这些都体现了"民兵连"的场景创新能力。

这三类主体不是割裂的，而是形成了紧密协同的创新生态。通过开放平台、产业联盟、创新联合体等机制，技术、资金、人才在不同主体间高效流动，形成了从基础研究到应用落地的完整创新链，成为中国"人工智能+"发展的制度优势。

双轮驱动的基础设施，即算力网络与数据要素，正日益成为数字时代经济社会发展的核心支撑。没有国家算力网，就没有"人工智能+"的"水电煤"；没有数据要素化，就没有"人工智能+"的"新石油"。算力基础设施和数据要素化构成"人工智能+"发展的"双轮驱动"，决定着融合进程的速度与深度。

在算力方面，中国创造性地提出"东数西算"战略，通过建设全国一体化大数据中心体系，实现算力资源的优化配置。这一战略既解决了东部能源紧缺问题，又促进了西部地区经济发展，体现了中国特色的区域协调发展思路。八大国家算力枢纽节点形成了全国算力骨干网络，为人工智能应用提供了坚实基础。截至2023年，全国累计建成国家级超算中心14个，全国在用超大型和大型数据中心达633个、智算中心达60个（人工智能卡500张以上），数据中心标准机架达810万架（见图1-16），智能算力占比超30%。截至2024年9月底，我国在用算力中心超过880万标准机架，算力总规模达268EFLOPS（每秒百亿亿次浮点运算，以FP32单精度计算）。

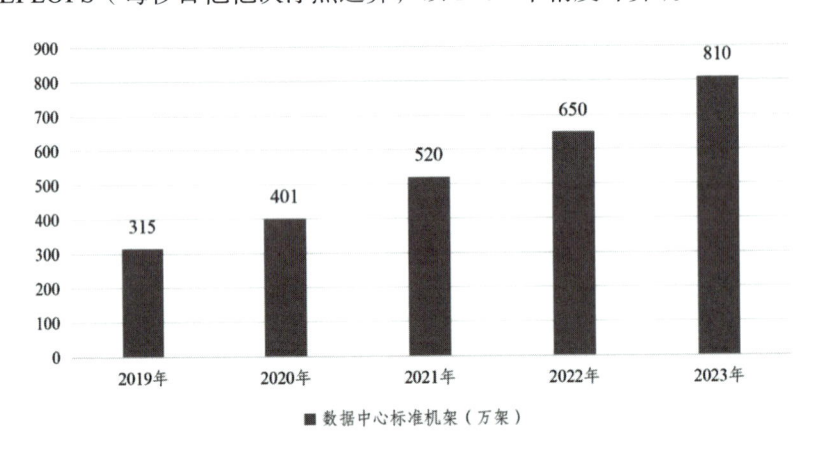

图1-16　2019—2023年我国数据中心发展情况

资料来源：工业和信息化部

在数据要素化方面，中国正通过制度创新和技术创新双管齐下，激活沉睡的数据资源。上海数据交易所等新型数据流通平台的建立，数据分类分级管理制度的完善,"可信计算"等技术的应用,共同构成了数据要素市场的基础架构,使数据能够在保障安全的前提下实现价值释放。

"人工智能+"的深度和广度,在很大程度上取决于算力支撑能力和数据供给质量。中国在这两方面的系统布局,为"人工智能+"战略提供了坚实的基础支撑,也为其他国家提供了可借鉴的经验。

场景驱动的应用创新,作为独树一帜的中国特色落地路径,在当下科技浪潮中彰显出蓬勃的发展活力与无限潜力。中国优先发展的"人工智能+"领域选择体现了战略思维和发展智慧,既关注国计民生重大需求,又充分发挥中国场景优势。

"人工智能+制造"直接关系国家制造业竞争力升级。通过推动5G+工业互联网、智能工厂、柔性生产线等融合应用,中国制造业正加速向数字化、网络化、智能化方向转型。海尔COSMOPlat平台已服务超过15个行业的数字化转型,徐工集团"汉云平台"连接了数十万台工业设备,这些应用正重塑中国制造的全球竞争力。

"人工智能+医疗"则直接应对"看病难、看病贵"等民生痛点。通过医学影像辅助诊断、智能导诊分诊、人工智能辅助药物研发等应用,显著提升医疗效率和可及性。依图医疗的人工智能诊断系统已覆盖全国数百家三甲医院;腾讯觅影的早期食管癌智能筛查系统,筛查一个内镜检查用时不到4秒,对早期食管癌的发现准确率高达90%,大幅提升基层医疗机构的诊断能力。

这些领域选择与中国发展阶段和战略需求高度契合,体现了中国特色的"需求牵引、应用驱动"创新模式。与西方国家偏重通用技术不同,中国更强调特定场景下的应用创新,通过"场景—技术—场景"的迭代循环,实现技术与需求的精准匹配。

从政策设计到主体培育,从基础设施到应用场景,中国"人工智能+"战略展现出系统性和协同性的鲜明特征。这种独特的实施路径,正引起全球关注。

三 国际比较视角：中国"人工智能+"模式优势

"当硅谷工程师还在争论人工智能伦理边界时，深圳工厂的智能机器人已经开始三班倒。"这一对比生动描绘了中国"人工智能+"发展的速度与实用主义特征。从国际比较视角看，中国"人工智能+"模式呈现出鲜明的差异化特征和独特竞争优势，正成为中国参与全球人工智能竞争的战略支点。相较于美国和欧盟，中国"人工智能+"模式展现出三大差异化优势，这些优势深刻反映了不同国家在技术发展理念与战略思维上的分歧。

就发展导向而言，美国侧重于基础研究与原始创新，以追求技术突破的颠覆性为目标。在自动驾驶领域，美国企业聚焦于实现L4级别的完全自动驾驶技术；在医疗人工智能领域，则着重开发新型诊断算法。与之形成鲜明对比的是，中国人工智能发展秉持应用导向，致力于将技术与实际应用场景深度融合，推动产业落地，追求技术应用的普惠性。在自动驾驶领域，中国企业全力推进L2+级别的高级辅助驾驶系统实现大规模商业化；在医疗人工智能领域，则更注重将现有算法融入医疗流程，有效提升医疗资源的利用效率。

就创新驱动机制而言，中国构建了"政府引导、企业主体、多方参与"的协同发展格局，这种格局能够在关键领域汇聚各方力量实现重点突破。例如，在大模型研发过程中，通过产学研协同合作，中国在短期内实现了从追赶至部分领先的跨越。美国主要依靠市场机制和企业自主投入，创新虽较为分散，却也具备多样性，像OpenAI、Anthropic等企业通过竞争推动创新。这种制度差异，催生了截然不同的创新效率与资源配置模式。

就发展的辐射范围与受益群体而言，中国"人工智能+"发展始终将普惠性和区域平衡置于重要位置，力求让技术红利惠及更广泛的群体。借助数字乡村、智慧城市等举措，积极促进人工智能技术向农村、中小城市及传统行业拓展渗透。而美国的人工智能创新主要集中在硅谷等少数创新中心，技术扩散相对迟缓，其人工智能应用也多集中于高端制造、金融服务等领域，呈现出精英引领的特征。

这三大优势共同构筑起中国"人工智能+"发展的独特路径。此路径既高度适配中国当下的发展阶段，满足战略发展需求，又充分彰显了中国对技术发展规律的独到理解。

"人工智能+"的未来图景，将由技术可行性、社会需求和治理能力共同塑造。从技术视角看，大模型、类脑计算等前沿技术正在拓展人工智能能力边界，使人工智能从特定任务走向通用智能。从社会视角看，老龄化、资源约束、气候变化等全球挑战对人工智能提出了新要求，期待人工智能成为解决人类共同挑战的关键力量。从治理视角看，如何平衡创新与安全、效率与公平、发展与伦理，成为全球共同面对的治理难题。在这一复杂背景下，中国的"人工智能+"之路具有独特价值和全球意义。中国模式强调技术与人文的平衡、效率与公平的统一、创新与治理的协同，为全球人工智能发展提供了新思路。特别是中国在应用场景开发、多元主体协同、普惠发展推进等方面的实践，丰富了全球人工智能治理的经验库。

第二章

我们所担心的终会面临：风险、治理、边界

伦理

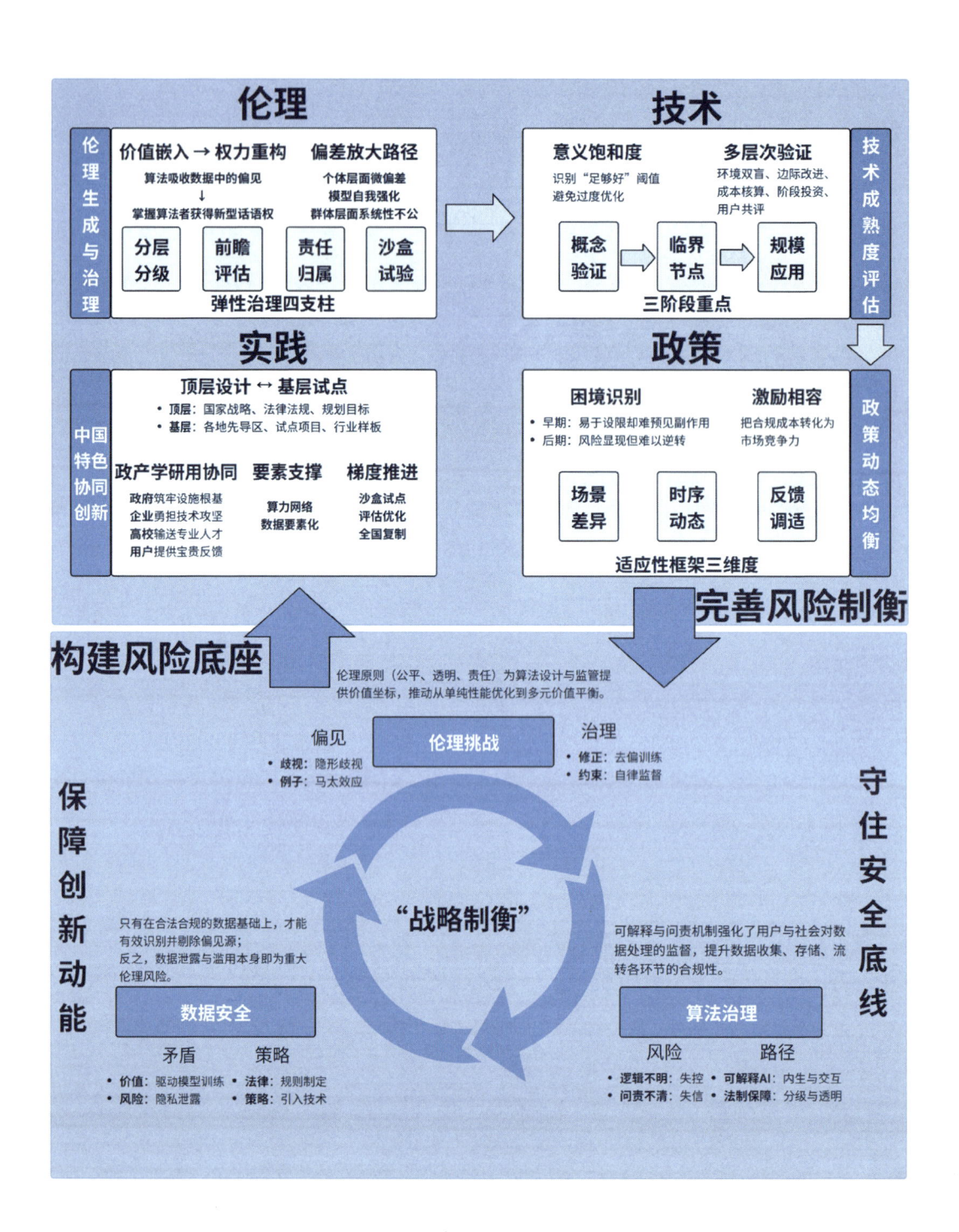

伦理生成与治理

价值嵌入 → 权力重构
- 算法吸收数据中的偏见
↓
- 掌握算法者获得新型话语权

偏差放大路径
- 个体层面微偏差
- 模型自我强化
- 群体层面系统性不公

弹性治理四支柱：分层分级 | 前瞻评估 | 责任归属 | 沙盒试验

技术

技术成熟度评估

意义饱和度
- 识别"足够好"阈值
- 避免过度优化

多层次验证
- 环境双盲、边际改进、成本核算、阶段投资、用户共评

三阶段重点：概念验证 → 临界节点 → 规模应用

实践

中国特色协同创新

顶层设计 ↔ 基层试点
- 顶层：国家战略、法律法规、规划目标
- 基层：各地先导区、试点项目、行业样板

政产学研用协同
- 政府筑牢设施根基
- 企业勇担技术攻坚
- 高校输送专业人才
- 用户提供宝贵反馈

要素支撑
- 算力网络
- 数据要素化

梯度推进
- 沙盒试点
- 评估优化
- 全国复制

政策

政策动态均衡

困境识别
- 早期：易于设限却难预见副作用
- 后期：风险显现但难以逆转

激励相容
- 把合规成本转化为市场竞争力

适应性框架三维度：场景差异 | 时序动态 | 反馈调适

构建风险底座 ⬆   ⬇ **完善风险制衡**

伦理原则（公平、透明、责任）为算法设计与监管提供价值坐标，推动从单纯性能优化到多元价值平衡。

伦理挑战

偏见
- 歧视：隐形歧视
- 例子：马太效应

治理
- 修正：去偏训练
- 约束：自律监督

"战略制衡"

保障创新动能

只有在合法合规的数据基础上，才能有效识别并剔除偏见源；反之，数据泄露与滥用本身即为重大伦理风险。

数据安全

矛盾	策略
价值：驱动模型训练	法律：规则制定
风险：隐私泄露	策略：引入技术

守住安全底线

可解释与问责机制强化了用户与社会对数据处理的监督，提升数据收集、存储、流转各环节的合规性。

算法治理

风险	路径
逻辑不明：失控	可解释AI：内生与交互
问责不清：失信	法制保障：分级与透明

本章阅读导图

第一节

关键风险与治理逻辑：数据、伦理、算法的战略制衡

人工智能技术正以前所未有的速度重塑人类社会的各个方面，从改变个人生活方式到变革产业运行逻辑，从优化公共服务到重构国家治理体系，其影响力无处不在。然而，这一变革浪潮在带来巨大机遇的同时，也伴随着前所未有的风险挑战。这些挑战集中体现在数据、伦理和算法三个关键领域，形成了人工智能发展过程中必须应对的"三重风险"。

这三个维度并非彼此孤立，而是紧密相连，形成了一个复杂的风险网络。正因如此，我们需要"战略制衡"而非单一解决方案。这里将从数据安全、伦理挑战和算法治理三个维度，系统分析人工智能发展中的关键风险与挑战，探讨各领域的治理逻辑与实践路径。试图探讨如何才能构建一个统筹兼顾、动态平衡的人工智能治理框架，为人工智能的可持续发展提供思路参考。

一　数据安全：在价值与风险间架设"数字天平"

在人工智能的世界里，数据就像流淌的血液，是整个系统生存和发展的根本。没有数据，再精密的算法也只是一具空壳，再强大的模型也无法成长和迭代。如今，当我们谈论人工智能发展时，常说"数据是新时代的石油"，但这个比喻只道出了一半真相——数据不仅是燃料，更是人工智能思考、学习和创造的基础素材，是支撑其智能化决策的认知基石。不过，数据流动的天然属性，决定了它与个人隐私权保护之间存在着根本性的冲突。如何平衡

数据价值释放与安全保障，成为人工智能发展的重要挑战。

矛盾核心：数据价值与风险的双面性

你可能会好奇，一款智能推荐系统为什么能精准地猜到你的心思？一个语音助手为何能听懂各种方言和口音？一辆自动驾驶汽车如何在复杂路况中做出判断？答案都在数据中。当我们在智能手机上点赞、评论、搜索，甚至只是停留浏览时，都在不断地"喂养"背后的算法，而这些看似微不足道的数字足迹，却构成了我们在数字世界中的"第二身份"。这个身份比我们的物理存在更加透明，因为它包含了我们的兴趣爱好、消费习惯、社交关系，甚至健康状况和情绪变化。

这种数据的全面收集带来了前所未有的隐私挑战。一款普通的手电筒应用为什么需要获取用户的通讯录？一个小游戏为何要读取用户的精确位置？这些问题背后反映的是数据采集中的越界行为，以及个人信息边界的模糊不清。

事实上，数据安全的重要性已经超越了个人层面，上升为国家战略高度。在当今世界，数据已经与土地、劳动力、资本并列，成为关键的战略资源。对中国而言，作为拥有全球最大数字经济体量的国家之一，数据安全更是关系经济发展、社会稳定和国家安全的重大问题。然而，中国的数据泄露情况很严重。近年来，中国数据泄露呈现出三个显著特点：一是泄露规模日趋扩大，单次事件影响的用户数量从几十万迅速上升到数千万甚至上亿；二是泄露渠道多元化，除传统的黑客攻击外，内部人员违规操作、第三方合作伙伴疏漏等成为重要泄露源头；三是泄露数据价值提升，从简单的账号密码，转变为个人身份信息、行为习惯、社交关系等高价值数据。随着中国数字经济的发展，数据安全形势的复杂性和严峻性也在增加。这种形势就要求我们在技术手段和制度设计上不断创新，寻找安全与发展的最佳平衡点。

治理框架：数据安全的法律与技术双轮驱动

面对数据安全的挑战，中国采取了法律与技术双轮驱动的应对策略，构建多层次、多维度的数据治理体系。2021年,《数据安全法》和《个人信息保护法》相继出台,与此前的《网络安全法》一起,形成了中国数据治理的"三法"体系,标志着中国数据治理从分散规制走向了系统立法。

《数据安全法》确立了数据分类分级管理制度,明确了数据处理活动的安全义务,建立了数据安全风险评估、监测预警、应急处置等机制。这部法律的核心理念可以概括为"安全与发展并重"——既要保障数据安全,又要促进数据开发利用。与此同时,《个人信息保护法》则从个人权益保护的角度,确立了个人信息处理的规则体系,赋予了个人对自身信息的知情权、决定权和控制权。这部被称为"中国版GDPR"的法律,将个人信息保护提升到了前所未有的高度。

法律的落地执行,需要技术的支撑与配合。隐私计算、区块链、差分隐私、零知识证明等技术都在中国数据安全领域得到了广泛应用。例如,利用区块链技术打造的供应链金融平台,可以通过数据加密和分布式存储,确保交易数据的安全与可信;将差分隐私技术应用到人工智能开发平台中,可以在保护用户隐私的同时提供高质量的模型训练服务。在数据安全生态建设过程中,企业与政府形成了良性互动的关系,让数据安全真正成为社会各方共同参与的系统工程。

中国已经初步建立起数据安全的法律与技术双轮驱动机制,形成了具有中国特色的数据安全治理模式。这一模式既注重通过法律手段明确底线和红线,又积极推动技术创新解决实际问题。随着法律体系的不断完善和技术能力的持续提升,中国有望在保障数据安全与促进数据价值释放之间找到更好的平衡点。

二 伦理挑战:给算法装上"人文校准仪"

人工智能正深刻改变世界。但它如一把"双刃剑",既带来巨大机遇,也引发诸多挑战——在医疗、教育、交通等领域,人工智能提升了效率,改善了生活质量；然而，它也可能冲击就业、侵犯隐私、引发算法偏见等。如何握好这把"双刃剑"，让人工智能真正成为推动人类进步的力量，这是我们正面临并须解决的问题。

偏见传导机制：算法歧视的社会技术溯源

当今社会，我们越来越依赖人工智能做决策，却忽视了一个关键问题：算法并非客观中立的机器裁判，而是人类价值观和社会偏见的数字映射。我们常常将算法视为冷冰冰的代码和数学公式的组合，认为它们必然客观公正。然而，这种看法犯了一个根本性错误——算法的决策能力来源于人类提供的数据和规则。如同一面镜子，它只能反映我们所提供世界的样貌，包括其中的不完美与偏见。

算法偏见的形成路径主要有三条：训练数据中的历史偏见、算法设计中的结构性缺陷，以及应用场景中的解释性偏差。其中，数据偏见最为隐蔽却影响深远。当一个人工智能系统从包含性别歧视、种族偏见或其他社会不公的历史数据中学习时，它不仅会复制这些偏见，还会通过数学模型放大这些不公。（见图2-1）这就像是让一个孩子只读充满偏见的历史书，然后期望他能形成客观公正的世界观，这显然不符合现实。

算法偏见的危害在于它的隐蔽性和规模化特征。传统社会中，歧视往往发生在个体之间，其影响范围有限；而算法偏见一旦形成，则会影响数以百万计的用户。更令人担忧的是，算法决策通常被赋予"科学"和"客观"的光环，使受害者难以觉察和质疑。不仅如此，算法偏见往往形成自我强化的循环。以在线教育推荐系统为例，如果算法基于历史数据认为某类学生学习能力较弱，就会推送较为简单的课程；而这些简单课程又会限制学生的学习深度，进而"证实"了算法的初始判断。这种"算法宿命论"如同数字世界的"马太效应"，让原本的差距不断扩大。

算法偏见治理的复杂性在于，我们既不能简单地将其视为纯技术问题，也不能将其归结为单纯的社会伦理问题。它是技术与社会的交叉产物，需要综合施策才能有效应对。算法本身并无善恶，但作为工具的算法却反映了设计者和使用者的价值选择。在这个意义上，算法伦理治理既是对技术的规范，也是对人的规范。

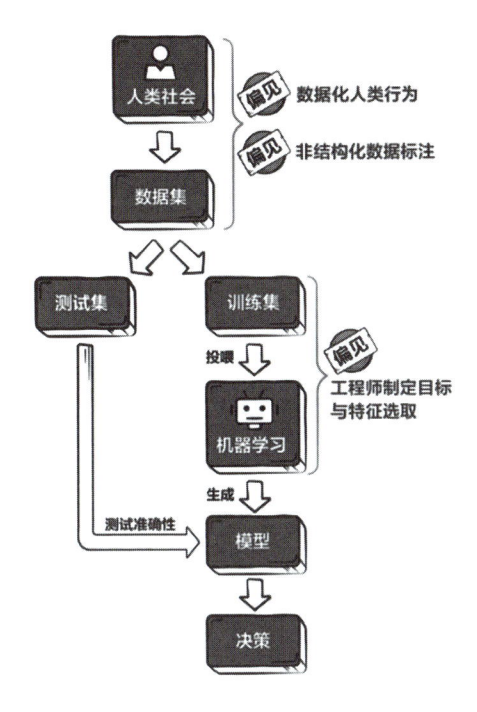

图 2-1　数据训练中的偏见

图片来源：工博士人工智能网

治理创新：从技术修正到制度约束的立体方案

面对算法偏见的复杂挑战，中国正探索一条兼具技术创新和制度建设的伦理治理路径。在这条路上，技术不再是问题的来源，而是成为解决方案的重要组成部分；制度设计也不是简单的限制和约束，而是为创新提供清晰边界和价值导向的基础框架。

从技术层面看，消除数据偏见已成为算法公平性研究的核心方向。学术界提出的"均衡采样"技术，通过在数据采集和处理环节引入平衡机制，可以确保不同人群的数据得到相对均衡的表达。科技公司则在模型训练中引入了"公平性约束算法"，即在算法优化目标中加入公平性指标，使模型在追求准确性的同时也要满足一定的公平标准。这种技术创新使算法设计从单一的性能导向转向了多元价值的平衡，为算法伦理提供了技术保障。

从制度层面看，2021年底发布的《互联网信息服务算法推荐管理规定》明确要求算法服务提供者不得基于用户特征实施不合理差别待遇，为算法公平设定了明确的法律红线，让"算法歧视"从道德谴责上升为法律责任。2022年，国家网信办对多家大型互联网平台开展了算法专项检查，重点关注算法推荐的公平性和透明度，体现了监管实践也在积极推进。

行业和社会的参与也极大地帮助了中国算法伦理治理。许多头部人工智能企业主动构建伦理审查机制，承诺将公平、透明、可解释、安全等价值理念融入算法设计和应用。此外，多所大学设立了人工智能伦理研究中心，培养专业人才，提供政策建议；媒体平台开设算法科普专栏，提升公众的算法素养；公益组织则关注算法对弱势群体的影响，发出来自一线的声音。这种多元参与格局，确保了算法伦理治理不仅考虑效率和创新，也关注公平和包容。

尽管如此，算法伦理治理仍面临诸多挑战。一方面，技术发展速度远快于制度建设，使监管常常处于追赶状态；另一方面，全球算法治理规则分化明显，中国企业在"走出去"过程中须面对不同国家的伦理标准。这些挑战需要我们在实践中不断调整和完善治理策略。中国的算法伦理治理既要立足国情民意，也要放眼全球标准；既要重视效率创新，也要坚守公平正义；既要明确底线规则，也要保留创新空间。这种平衡性思维，正是中国算法伦理治理的独特价值。

三 算法治理：从"黑箱决策"到"透明治理"的范式革命

在人工智能时代，算法已经悄然成为现代社会的"隐形决策者"。从我们每天刷到的信息、获得的贷款额度，到求职应聘的机会，越来越多的人生关键节点都被算法所影响。然而，这些影响我们生活的算法系统大多是不透明的"黑箱"，普通人甚至专业人士也难以理解它们如何做出决策。

算法黑箱：风险与挑战

算法黑箱问题的本质在于决策权的不对称转移。当一个贷款申请被人工智能系统拒绝，求职者被算法筛选系统淘汰，或者内容被推荐系统压制时，相关个体往往无法获知原因，更无法对这些决定提出有效疑问。这种不透明的决策机制正在侵蚀现代社会的公平性和问责制基础。在算法治理缺失的情况下，个人将人生中重要决策交给一个不理解、无法质疑，也不能监督的系统，必然存在一定的风险。

算法黑箱带来的风险是多维度的。首先是问责困境。当算法系统出现错误或偏见时，责任归属变得模糊不清。是设计算法的工程师负责，是提供训练数据的机构负责，还是部署系统的企业负责？这种责任链的断裂使得错误难以纠正，损害难以赔偿。其次是失控风险。随着深度学习等技术的应用，许多人工智能系统变得越发复杂，其行为有时连设计者自己也无法精确预测。这种"创造物超出创造者理解范围"的现象，增加了算法系统的不可预测性和潜在危害性。

尽管中国一些互联网平台也开始采取措施提升算法透明度，如抖音推出的"算法透明度报告"，微博向用户提供的"内容偏好设置"功能，淘宝面向商家推出的"搜索规则说明"等，算法透明化仍面临着严重的现实困境。算法透明不等于算法可理解，将复杂模型的源代码公开，就像给普通人看医学专著一样，表面上是透明的，但实际上依然难以理解。这种情况下，"透明化"需要从形式走向实质，从技术细节的公开转向决策逻辑的可解释性。这也正是可解释人工智能技术得以兴起的背景——我们需要的不仅是看见算法，更是能够理解它。

可解释人工智能：构建人机互信的技术路径

可解释人工智能 (eXplainable Artificial Intelligence，XAI) 作为回应算法黑

箱挑战的技术方向，近年来在中国获得了长足发展。与其说可解释人工智能是一种单一技术，不如说它是一系列旨在使人工智能系统决策过程变得透明、可理解和可解释的技术方法集合。就好比为复杂迷宫配备地图和指南，可解释人工智能致力于为黑箱算法建立一座连接技术与人类理解的桥梁。

可解释人工智能技术大致可分为三类：内在可解释的模型设计、事后解释技术和交互式解释系统。内在可解释模型，如决策树、线性模型等，其决策逻辑本身就是透明的；事后解释技术则试图为已训练好的复杂模型提供解释；交互式解释系统则允许用户通过交互方式探索模型行为，加深理解。

在中国，可解释人工智能技术已经开始在多个关键领域落地应用，呈现出强调实用性和场景化的特点。在金融领域，它可以为客户提供友好的解释，说明影响评分的关键因素和改进建议，使银行信贷决策变得更加透明，也能帮助客户理解如何提高自己的信用水平。在医疗领域，它能帮助医生理解医疗人工智能辅助诊断系统的"思考过程"，从而作出更加知情的专业判断。在内容推荐领域，平台会向用户展示为什么系统推荐了某部影片——是因为用户之前的观看历史，还是基于相似用户的偏好，或者是当前热门。这种简单但有效的解释机制，增强了用户对推荐系统的理解和控制感，减轻了"被算法操控"的顾虑。

可解释人工智能不仅仅是技术问题，它涉及认知科学、心理学、人机交互等多学科知识，需要超越纯粹的工程思维。一个技术上完美的解释，如果用户无法理解或不信任，那么它的实际价值就大打折扣。可见，人工智能的本质目标不是技术自身的完美，而是人类对人工智能系统的理解和信任。

治理范式：中国方案与国际对标

算法权力必须关进制度的笼子，透明是信任的前提。面对算法黑箱带来的挑战，全球各国都在积极探索适合本国国情的算法治理方案。中国的算法治理路径既吸收借鉴国际经验，又立足中国实际，形成了一套独具特色的算法治理体系。

中国算法治理的法律框架已初步成型。2021年发布的《互联网信息服务算法推荐管理规定》是全球首部专门针对算法推荐的综合性法规，明确了算法服务提供者的主体责任，规定了算法推荐系统应当"尊重社会公德和伦理道德，坚持公平公正，不得设置违背公序良俗的算法模型"。这一规定被国际学术界视为算法治理领域具有开创性的立法尝试。

在国际视野下，中国的算法治理路径既有共性也有特色。与欧盟《人工智能法案》(AI Act)类似，中国的算法监管也采取了风险分级的思路，对高风险算法系统实施更加严格的监管。但不同于欧盟侧重事前合规和"一揽子"立法的做法，中国更注重迭代式法规建设和针对具体问题的精准治理，这种方式被认为更适合技术快速发展的现实需求。与美国主要依赖反垄断法和行业自律进行算法治理的方式相比，中国的算法治理更加注重国家引导与市场自律的结合。

中国算法治理的另一特色是强调算法的价值导向。不同于西方侧重程序正义和个体权利的保护，中国的算法治理更注重算法的社会责任和价值引导功能。《互联网信息服务算法推荐管理规定》明确要求算法推荐服务提供者应"坚持主流价值导向，积极传播正能量"，这体现了中国对算法社会影响力的重视和对技术社会责任的强调。

在全球算法治理格局日益多元的背景下，中国的实践经验无疑具有重要的参考价值。作为拥有世界上最大互联网用户群体和最活跃数字经济的国家之一，中国的算法治理之路既是自身数字化转型的必然要求，也是对全球数字治理的重要贡献。随着实践的深入和经验的积累，中国有望形成更加成熟和系统的算法治理模式，为构建公平、透明、可信的人工智能发展环境提供中国智慧。

第二节

战略边界：伦理风险、技术成熟度与政策平衡

在人工智能融入大众生活的当下，战略边界成为左右其技术走向的关键。它并非简单约束，而是为创新导向与护航的架构。人工智能自主性强、渗透快、影响广，与以往技术革命本质不同，边界设定十分关键，过松易致"失速"与"方向性危机"，过严则抑制创新，寻求平衡是全球性难题。伦理风险、技术成熟度、政策平衡是战略边界的核心交织维度：伦理考量对人类价值观及社会结构有影响，技术成熟度评估技术达成与实际价值，政策探索监管与创新协同。三者相互影响，构成复杂交互网络，只有兼顾，才能构建全面战略边界观，规避片面决策引发的系统性风险。

一 人工智能伦理风险的生成与治理

人工智能早已不是简单的工具，而是重塑社会伦理框架与权力结构的活跃因子。"技术是价值中立的"这一观点已被现实证伪。当人工智能算法在人类数据集上训练时，它们不可避免地吸收并放大了数据中的价值取向与偏见。这种"价值嵌入"过程使技术成为一种新型权力表达方式，同时催生独特的伦理风险。

当代人工智能技术的自主决策能力与责任归属之间存在明显断裂。当算法自主作出影响人类利益的决策时，传统责任体系难以应对这种"责任鸿沟"。深度学习模型的"黑箱性"使决策过程不透明，规模化部署能力则使微小伦

理缺陷被迅速放大为广泛社会问题。最新的大型语言模型还因其"拟人化"特征导致人类对其能力的过度拟人化理解，形成新的伦理盲点。

伦理风险的演化通常遵循一个由微观偏差放大为宏观危机的路径。以美国 COMPAS 刑事风险评估工具为例，其对非裔美国人的歧视性评分展示了一个典型过程：历史数据中的偏见被算法吸收、强化，并通过自动化决策系统大规模部署，最终造成系统性不公。这种"累积效应"使单个决策的微小偏差经过规模复制后，产生质变级别的社会影响。

人工智能技术正通过改变信息获取、处理和控制方式，重构社会权力关系。掌握数据资源和算法能力的行为体获得了空前的权力优势，这种重构存在于公司与个人之间，也存在于政府与公民、发达国家与发展中国家之间。科技平台通过算法推荐控制信息流向，创造了新的权力不平等。人工智能甚至可能形成新的社会分层——技术精英与"算法被支配者"之间的鸿沟，引发新的伦理冲突。

当技术的"价值无涉"神话遭遇社会结构的复杂性，伦理风险的本质是权力重构过程中的秩序失范。当人工智能迅速重塑社会关系和权力结构时，现有的伦理规范和法律体系难以及时适应，便造成规范真空和治理滞后。这种状态类似社会学中的"失范"现象——社会规范与新技术实践之间的脱节。例如，个人数据权利在数字时代被重构，但相应的伦理框架和法律保障却远远滞后于技术发展。在这个权力重构与秩序重建的过渡期，各种伦理风险得以滋生。

全球主要人工智能伦理治理模式各具特色，也各有局限。美国模式强调企业自治与市场驱动，鼓励创新，但公共利益保障不足；欧盟模式以法规为核心，有效保障公民权利，但可能抑制创新；中国正形成"自上而下的顶层设计"与"自下而上的实践创新"相结合的路径，在发展与风险防范之间寻求平衡点。三种模式的差异表明，有效的伦理治理需要整合多元治理逻辑，而非简单采用单一方案。

有效的伦理治理框架应遵循"弹性治理"原则，具备适应性、响应性和包容性。这一框架的核心要素包括：分层分级的风险评估机制，针对不同风险，人工智能应用采取差异化监管方式；前瞻性的伦理影响评估，使伦理考量从事后补救转为事前预防；与应用场景风险相匹配的可解释性要求；明确开发者、部署者和使用者责任的多层次责任归属机制；允许创新在受控条件下测试的"沙盒监管"环境。新加坡在金融科技领域的实践证明，这种弹性框架能够在保障安全的同时促进创新。

中华优秀传统文化为人工智能伦理治理提供了独特智慧源泉。"和而不同"理念为多元伦理价值观的协调共存提供了哲学基础；"天人合一"的生态观超越了人类中心主义；儒家"仁义礼智信"可转化为人工智能设计的具体原则，如"仁"对应关怀伦理，"义"对应公平正义；道家"无为而治"启发了"最小化干预"的监管哲学。这些传统思想经现代转化，丰富了全球人工智能伦理话语体系，提供了超越西方个人主义框架的替代性视角。

有效的伦理治理需要政府、企业、学界和公众形成多中心协同网络。政府应聚焦基础规则制定、系统性风险防范和公共利益保障，建立原则性监管框架；企业应将伦理嵌入研发流程，建立内部审查机制；学界应发挥智库功能，推动伦理理论创新；公众参与则是治理合法性的关键，通过伦理咨询委员会等机制确保多元价值观纳入决策。

在全球治理与本土实践之间，中国可采取"分层融合"策略。全球层面参与国际规则制定，推动基于最小共识的普遍伦理原则；区域层面加强与"一带一路"国家的伦理合作；国家层面建立适应本国特点的治理体系；行业层面鼓励制定差异化标准。北京人工智能原则体现了这种策略——在与国际共享基本共识的同时，探索具有中国特色的实践路径。

二 人工智能技术成熟度的科学评估与纠偏策略

人工智能领域的"预期膨胀"现象导致了严重的认知偏差，影响战略决策的科学性。"选择性注意偏差"使人们过度关注特定突破而忽视实际局限；

"线性外推偏差"简单地将过去延伸到未来;"新颖性效应"导致对新技术价值的过度估计;"确认偏差"则使研究者忽视不利数据。AlphaGo 在围棋领域的胜利被错误解读为通用人工智能的临近,就是典型案例,它实际上只是特定领域算法的优化成果。

技术成熟度的测量不应止步于准确率的提升,而应追问其在社会嵌入中的意义饱和度。意义饱和度概念为技术评估提供了更全面的视角,它衡量技术进步在应用价值上的边际效益递减现象。在机器翻译领域,BLEU 分数从 25 提升到 35,用户体验有显著改善;但从 35 提升到 45 的实际价值提升有限,因为用户关注点已转向风格适配、文化理解等其他维度。意义饱和度提醒我们关注"足够好"的实用阈值,而非无限追求指标优化;技术评估应重视应用情境中的实际价值,而非抽象数值。

技术成熟度评估还应考虑发展周期的时间维度。人工智能技术通常经历概念验证期、产业化临界期和规模应用期三个阶段,各阶段评估重点不同。概念验证期重视技术突破性,产业化临界期关注系统稳定性与成本结构,规模应用期则强调标准化与互操作性。中国在人工智能战略中应特别加强产业化临界期的评估能力,弥合"卡脖子"技术从实验室到产业化的鸿沟。

防止技术泡沫需要建立多层次验证机制。"双盲核实"由独立第三方在真实环境中验证技术声明;"增量价值证明"要求企业展示新技术相较现有方案的边际改进;"全生命周期成本核算"强调评估应用的完整成本,包括初始投资、维护、数据获取和人才培训;"渐进式投资闸门"将投资分为多个阶段,每个阶段设置明确通过标准。美国国家标准与技术研究院 (NIST) 的测试方法为这类验证提供了有益参考。

不同应用场景需要"场景自适应评估方法"。基于风险分层的评估分级,将人工智能应用按影响范围和潜在风险分类,采用差异化标准;"技术—场景匹配度评估工具"将技术特性与场景需求系统对比,判断技术是否"适合"特定场景;"领域特化基准测试"针对金融、医疗等不同领域开发专用标准;"使用者参与共评机制"则将最终用户纳入评估流程。在这一点上,谷歌的

HEART 框架为用户中心评估提供了重要参考。（见图 2-2）

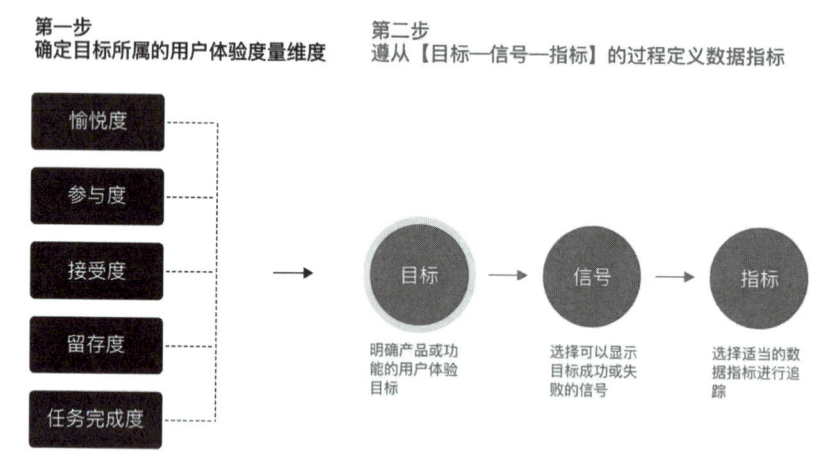

图 2-2　HEART 用户体验度量模型简介

成熟度评估对战略决策具有全方位引导作用。在投资层面，科学评估能识别"投资窗口期"——技术具备应用条件，但市场认知尚未完全形成的黄金期。德国工业 4.0 战略成功应用这一原则，精准布局投资节点。在人才策略层面，成熟度评估揭示"能力缺口地图"，指导精准人才培养：探索期需要基础研究人才，产业化临界期需要工程化人才，规模应用期则需要领域专家和运营人才。在研发战略层面，成熟度评估优化资源配置，平衡基础研究与应用开发。Microsoft Research 采用的"研究投资组合理论"将技术成熟度作为核心依据，实现了前沿探索与商业回报的平衡。

三　政策协同创新的动态均衡路径

全球主要国家在人工智能政策制定中面临着共同的结构性挑战。首先是"创新与监管的张力"。过严监管可能扼杀创新，而监管不足则导致失控风险。欧盟《人工智能法案》虽加强了安全保障，却可能减缓创新速度；美国宽松环境促进了技术突破，但引发了伦理争议。其次是"技术不确定性与政策稳定性的悖论"。人工智能发展轨迹难以预测，而政策却需要稳定性。再次是全球竞争与国际协作的双重压力。各国既须保持竞争优势，又面临跨境问题的协作需求。最后是"专业知识鸿沟"。政策制定者与技术前沿间的认知差距导致政策滞后。

政策制定的终极命题，是在"科林格里奇困境"中寻找技术不确定性的"折现率"。科林格里奇困境揭示了技术治理的本质两难。技术早期易于干预但难以预测影响，当影响明显时干预成本又极高。（见图2-3）大型语言模型技术展示了这一困境。早期难以预见可能导致深度伪造等风险。当风险显现时，产业又已高度依赖这一技术路径。应对之道在于建立"适应性治理框架"，通过政策实验区和定期评估机制保持弹性，同时设置"可逆性机制"为未来调整预留空间。不同社会对技术发展的不确定性采用了不同"折现率"。高折现率重视当前创新收益，低折现率更强调未来风险防范。美国政策体现了相对高的折现率，欧盟则采用较低折现率，中国在不同领域则呈现差异化策略。

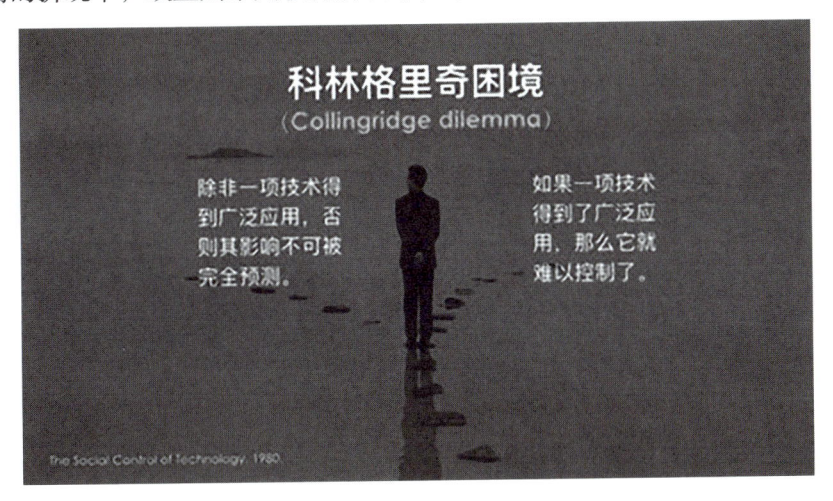

图 2-3　科林格里奇困境

治理创新与产业发展的平衡需要"动态均衡框架"，而非简单对立。研究表明，监管明确性对人工智能企业投资决策的影响，甚至超过监管严格程度本身。有效的均衡框架具备三个特征：场景差异化、时序动态性和反馈调适性。场景差异化根据应用领域风险采取不同监管强度；时序动态性使监管强度随技术发展阶段调整；反馈调适性则建立定期评估与政策修正机制。新加坡人工智能治理框架通过这种策略，既推动了产业发展，又控制了风险。

"激励相容"原则是人工智能政策有效性的关键，它使参与方的自利行为自然导向社会最优结果。传统"命令—控制"模式常导致高合规成本和规则漏洞，而激励相容型政策通过调整激励结构，使参与者主动采取符合政策目标的行动。这包括"合规即竞争力"机制，将伦理合规与市场优势挂钩；"责任分担"机制，建立合理责任分配；"技术解决技术问题"策略，支持隐私计算等技术；"声誉激励"体系，建立评级制度和信息披露机制。欧盟的"可信赖人工智能认证"为合规企业提供了市场准入优势，展示了这一原则的实践价值。

四 中国特色的协同创新路径

中国人工智能政策模式展现出"顶层设计与基层创新互动""政产学研用协同"和"试点先行、梯度推进"三大独特优势。宏观战略提供方向指引，地方政府根据区域特点进行差异化实践，形成"宏观统一性＋微观多样性"的政策生态。北京智源行动计划和上海人工智能试验区等地方实践，根据产业禀赋展开差异化探索，通过"点状突破"形成可复制经验。

政产学研用协同机制高效整合了各方资源，降低创新转化成本。国家新一代人工智能开放创新平台以企业为主体，联合高校和研究机构，构建创新联合体，形成技术研发、场景应用和政策试验的协同生态。"试点先行、梯度推进"的实施方法则允许在控制风险的同时大胆创新，如人工智能医疗应用先在若干城市医院试点，验证后再全国推广。2025年，根据深圳市卫健委初步统计，已有近450个人工智能产品在全市各级医疗卫生机构应用落地，包括临床医疗服务类、医院管理类、公共卫生管理类、科教研辅助类、支撑环境类等。深圳正推进人工智能技术在16类63个医疗卫生服务场景中落地应用。这种渐进式创新路径既保障了安全底线，又为政策创新提供了实验空间。

伦理风险、技术成熟度与政策平衡三者构成了不断演化的复杂系统，共同塑造人工智能发展边界。技术突破引发新的伦理挑战，伦理约束引导技术方向；技术评估为政策提供依据，政策框架影响技术路径；伦理风险影响政策力度，政策工具决定风险管控效果。这种三维关系呈现"螺旋式上升"趋势——每一轮技术突破都会引发新的伦理问题和政策需求，调整后的框架又引导下一阶段发展方向。

从人类文明发展的大视野看，人工智能战略边界思考具有深远意义。它代表了人类首次有意识地尝试前瞻性引导可能超越人类智能的技术，是从被动适应技术到主动塑造技术的转折点；它反映了技术治理从工具性管理向价值引导的范式转变，不仅关注"如何高效发展技术"，更关注"为什么发展技术"；它促进了全球价值对话，可能催生更具包容性的伦理共识。本质上，战略边界思考是人类对自身未来的集体反思与选择，触及人类文明发展的哲学基础。

人工智能正在深刻改变人类社会，科学界定其发展边界既是技术健康发展的条件，也是人类主导自身未来的关键选择。中国既面临挑战也拥有优势，通过构建具有特色的治理方案，不仅能推动国内产业高质量发展，也能为全球治理贡献独特智慧。我们需要超越技术决定论与价值保守主义的对立，在创新与风险防范之间找到动态平衡点，确保人工智能成为增进人类福祉、促进文明进步的力量，而非失控风险的源头。这才是战略边界思考的终极意义——为人类共同的未来确立坐标。

人工智能的核心价值链与生态

第三章

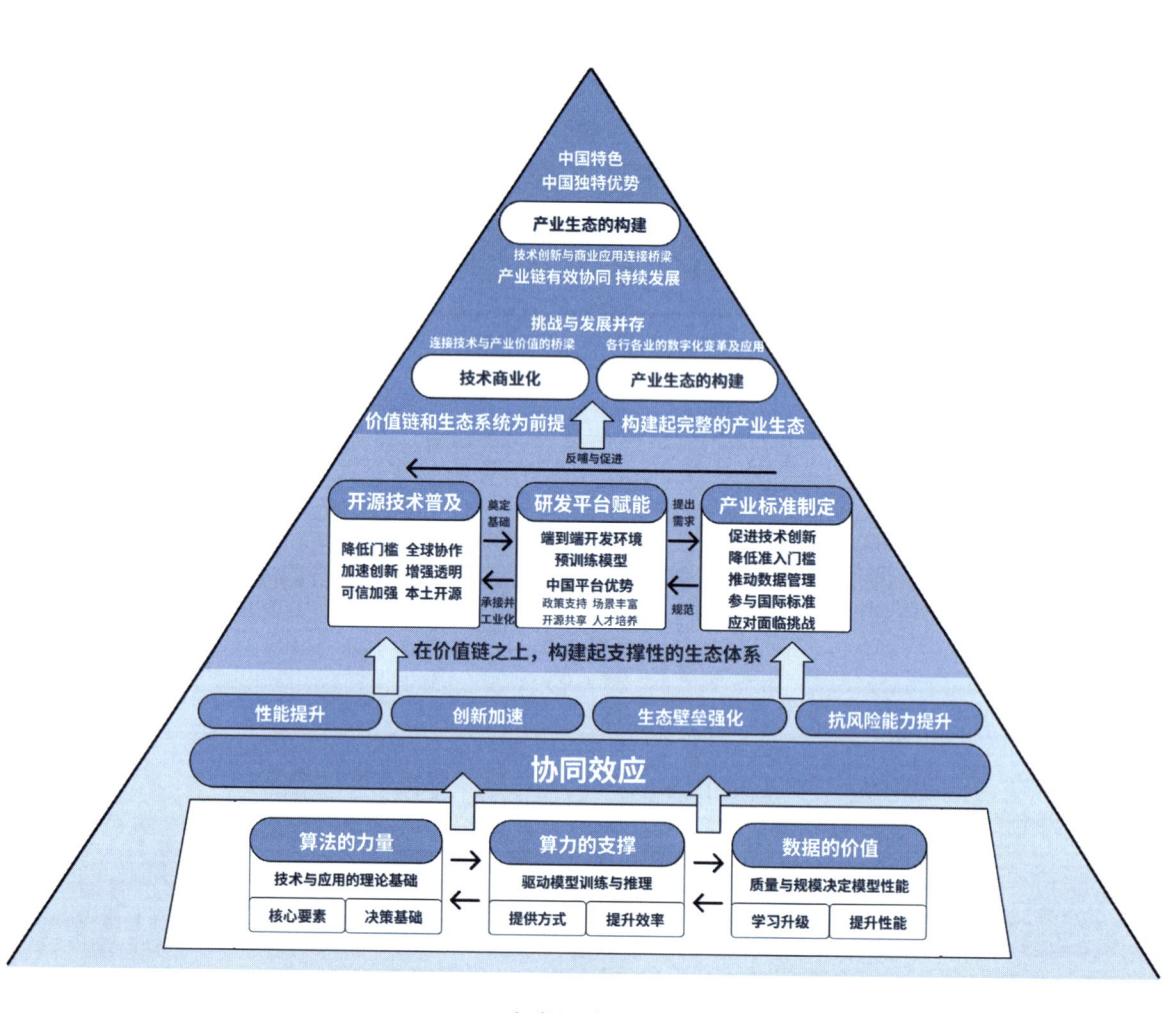

本章阅读导图

```
                        中国特色
                       中国独特优势
                     ┌─────────────┐
                     │  产业生态的构建  │
                     └─────────────┘
                  技术创新与商业应用连接桥梁
                 产业链有效协同 持续发展

                     挑战与发展并存
              连接技术与产业价值的桥梁  各行各业的数字化变革及应用
              ┌─────────┐      ┌──────────┐
              │ 技术商业化 │      │ 产业生态的构建 │
              └─────────┘      └──────────┘
          价值链和生态系统为前提    构建起完整的产业生态
                              ← 反哺与促进

    ┌──────────┐  奠定  ┌──────────┐  提出  ┌──────────┐
    │ 开源技术普及 │  基础  │ 研发平台赋能 │  需求  │ 产业标准制定 │
    ├──────────┤ ←───→ ├──────────┤ ────→ ├──────────┤
    │降低门槛 全球协作│      │端到端开发环境│      │促进技术创新  │
    │加速创新 增强透明│      │ 预训练模型  │      │降低准入门槛  │
    │可信加强 本土开源│      │中国平台优势 │      │推动数据管理  │
    │          │      │政策支持 场景丰富│      │参与国际标准  │
    │   承接并  │      │开源共享 人才培养│ 规范  │应对面临挑战  │
    │   工业化  │      │          │      │          │
    └──────────┘      └──────────┘      └──────────┘

          ↑     在价值链之上,构建起支撑性的生态体系      ↑

    ┌────────┐ ┌────────┐ ┌────────┐ ┌──────────┐
    │ 性能提升 │ │ 创新加速 │ │生态壁垒强化│ │ 抗风险能力提升 │
    └────────┘ └────────┘ └────────┘ └──────────┘

              ┌─────────────────────────┐
              │        协同效应          │
              └─────────────────────────┘
                      ↑        ↑
    ┌──────────────────────────────────────────────┐
    │ ┌──────────┐  ┌──────────┐  ┌──────────┐ │
    │ │  算法的力量  │→ │  算力的支撑  │→ │  数据的价值  │ │
    │ ├──────────┤  ├──────────┤  ├──────────┤ │
    │ │技术与应用的理论基础│  │驱动模型训练与推理│  │质量与规模决定模型性能│ │
    │ ├────┬─────┤ ←│────┬─────┤  ├────┬─────┤ │
    │ │核心要素│决策基础│  │提供方式│提升效率│  │学习升级│提升性能│ │
    │ └────┴─────┘  └────┴─────┘  └────┴─────┘ │
    └──────────────────────────────────────────────┘
```

本章阅读导图

第一节

价值链：算法、算力与数据的协同作用

算法、算力和数据是人工智能技术的三大核心要素，它们之间相互关联、相互影响，共同推动着人工智能的发展。

一 算法的力量

算法是人工智能系统的核心，它负责学习、推理和决策，是人工智能技术与应用的理论基础。就像人类的大脑需要学习经验一样，算法赋予人工智能系统从数据中识别模式、进行预测或决策的能力，使机器具备自主"学习"的能力。

在人工智能系统中，算法扮演着多重关键角色。它是训练模型和优化推理的核心工具，决定了整个系统的行为模式和性能表现。算法能够从海量数据中识别复杂模式，并基于这些模式进行精准预测或智能决策，这种能力使人工智能系统具备了持续学习和适应环境的能力。

目前的 AI 算法主要分为两大类：传统机器学习算法和深度学习算法。传统机器学习算法包括决策树、支持向量机、随机森林等，这些算法在结构化数据处理方面表现出色，且具有较好的可解释性。深度学习算法则包括卷积神经网络、循环神经网络、Transformer 等，这些算法在处理图像、语音、自然语言等非结构化数据方面具有显著优势。

算法的发展仍面临诸多挑战。首先是算力需求的挑战——随着算法复杂度不断提高，对计算资源的需求也呈指数级增长。其次是数据依赖挑战——

人工智能算法往往依赖于海量数据与计算资源，需要大量高质量数据进行训练，数据质量不高或数量不足会严重影响算法的训练效果和性能。此外，算法还面临着安全与伦理挑战，以及可解释性挑战。

尽管面临这些挑战，但算法作为人工智能的核心要素，已经并将继续推动人工智能技术的突破性发展，深刻改变人类生活的方方面面。

二 算力的支撑

随着人工智能应用场景的持续拓展，算力已经成为推动人工智能技术创新与产业智能化转型的关键引擎。如果说算法是人工智能的大脑，数据是人工智能的血液，那么算力就是人工智能的心脏，为整个系统提供源源不断的动力支持。

算力是执行人工智能算法所需的计算资源，对人工智能发展具有决定性影响。它就像汽车的发动机，决定了人工智能系统能够达到的性能上限。随着深度学习等复杂算法的兴起，算力需求呈现爆发式增长。业内普遍认为，在过去十年中，人工智能训练所需的算力每3—4个月翻一倍，增长了30万倍，远超摩尔定律的增长速度。

目前，算力主要通过四种方式提供：专用计算芯片、云计算服务、边缘计算、算力网络。（见图3-1）专用计算芯片，如GPU、TPU、FPGA和ASIC等，是为人工智能计算特别优化的处理器。云计算服务则提供了灵活可扩展的计算资源，使企业能够按需使用高性能计算能力。边缘计算将计算能力下沉到数据产生的地方，适合需要实时响应的人工智能应用场景。算力网络则通过整合分布式计算资源，提供协同高效的计算服务。

算力不足已成为当前人工智能产业发展的主要瓶颈之一。算力的不足对人工智能应用的制约主要表现在三个方面。首先，它直接限制了人工智能算法的性能和训练速度。其次，算力不足制约了人工智能商业化的广度和深度。最后，算力依赖会导致一些领域的发展滞后，尤其是在复杂的人工智能应用场景中。

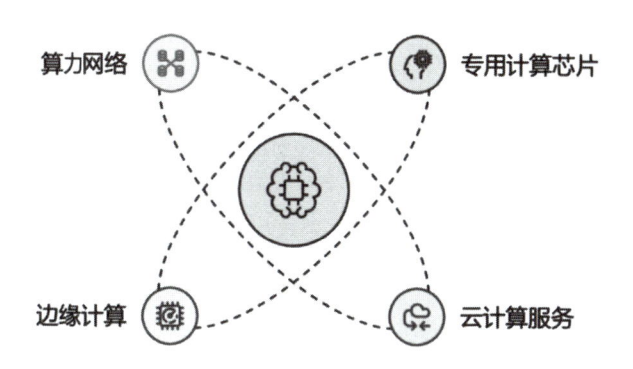

图 3-1　算力的提供方式

中国在人工智能算力领域已取得显著进展。据统计，中国的智能算力规模已跃居全球前列，产业链不断完善，市场规模快速增长。在政策层面，国家将算力纳入"新型基础设施建设"范畴，强调构建全国一体化算力网络体系。（见表 3-1）然而，中国在训练芯片自主研发等方面仍面临挑战，对进口技术依赖度较高。

表 3-1　中国算力发展规划

层级	核心文件	主要内容	量化目标
国家战略	《算力基础设施高质量发展行动计划》（2023年10月，工信部等）	构建算力—运载力—存储力协同体系，推动算力与工业/金融/医疗等行业的深度融合，强化绿色安全能力。	2025年： • 算力规模超 300EFLOPS，智能算力占比 35% • 存储总量超 1800EB，先进存储占比 30%+
国家战略	《生成式人工智能服务管理暂行办法》（2023年7月，发改委）	推动公共数据分类开放，促进算力协同共享，要求采用安全可信的芯片、软件等基础设施。	未明确量化指标，但强调"提升算力资源利用效能"
国家战略	《数字中国建设整体布局规划》（2023年2月，国务院）	优化算力基础设施布局，引导通用/智能/边缘数据中心梯次布局，促进东西部算力互补。	未明确量化指标，但提出"全国一体化算力协同体系"
区域布局	《河北省进一步优化算力布局推动人工智能产业创新发展的意见》（2024年6月，国家战略）	打造京津冀智能算力集聚区，张家口集群与京津形成算力廊道，重点推动钢铁/新能源/医疗等行业大模型孵化。	2025年： • 全省算力规模≥ 35EFlops，智能算力占比 35% • 新增设施自主可控比例 60%+

第三章　人工智能的核心价值链与生态

续表

层级	核心文件	主要内容	量化目标
区域布局	内蒙古"算力枢纽建设"（2025年1月）	依托风光资源建设绿电占比超80%的算力枢纽，规划新增服务器装机150万台，冲刺全国算力规模第一。	2025年服务器装机总量达全国领先水平
	浙江"算力券"政策（2023年8月国家战略，宁夏率先试点）	通过财政发放算力券（如宁夏每年4000万元），降低中小企业使用超算/智算资源的成本。	宁夏每年发放≤4000万元算力券
技术标准	《信息化标准建设行动计划》（2024年5月，网信办等）	研制算力接入/调度/服务标准，推进云计算/边缘计算等异构算力中心共性标准，强化云网协同。	2027年完成算力基础设施标准体系框架
	《5G规模化应用"扬帆"升级方案》（2024年11月，工信部等）	推动5G-A超宽带覆盖，建设7万个行业虚拟专网和5000个边缘计算节点，支撑低时延算力传输。	2027年： • 重点城市5G-A覆盖率100% • 端到端时延<3ms
	《可信数据空间发展计划》（2024年11月，国家数据局）	构建数据跨域管控云服务体系，支持多主体灵活传输数据，推进算力网与数据空间融合。	2028年建成覆盖重点行业的数据空间网络

在算力发展趋势方面，一方面是算力规模持续扩大，另一方面是算力效率不断提升。例如：通过新型芯片架构、异构计算、量子计算等前沿技术，提高单位能耗的计算能力；通过分布式计算、边缘计算等架构创新，优化算力资源配置；通过软硬件协同设计，提升系统整体性能。

总之，算力作为支撑人工智能发展的关键要素，其重要性日益凸显。持续的技术创新、产业协同和政策支持，并加快构建强大的算力基础设施，才能为人工智能的蓬勃发展提供坚实基础。

三 数据的价值

在人工智能的三大核心要素中，数据作为第三大要素，扮演着至关重要的角色。数据被广泛称为人工智能的"燃料"，是算法训练和改进的原材料，也是人工智能系统从经验中学习、提升性能的关键。在人工智能的生态系统中，数据构成了支持算法和算力的基本框架，三者之间形成了相互依赖的关系。

高质量、大规模的数据集对于训练精准、"鲁棒"的人工智能模型至关重要。就像人类通过阅读书籍和积累经验来学习一样，人工智能系统需要从大量高质量数据中学习知识和规律。数据的质量和数量直接影响模型的性能表现——数据质量不佳可能导致模型学习到错误的模式，而数据量不足则可能使模型无法捕捉复杂的关系和特征。

研究结果表明，数据质量直接影响人工智能预测性能和机器学习算法的效果。低质量数据会导致不精确或不可靠的模型输出，进而影响企业的决策依据和应用成功率。特别是在生成式人工智能领域，输出的准确性与其输入数据的质量密切相关——数据作为基础元素，在很大程度上决定了人工智能生成内容的可靠性。

数据的多样性和代表性也是影响人工智能模型性能的关键因素。多样化的数据集能够帮助模型学习到更广泛的知识，避免过拟合问题；具有代表性的数据则能确保模型在实际应用场景中具有较好的适应性。数据的时效性对于需要实时决策的人工智能应用尤为重要。在金融交易、自动驾驶等领域，实时数据对于作出准确决策至关重要。

随着人工智能技术广泛应用，平衡数据利用与隐私保护成为重要课题。一方面，数据共享有助于提升人工智能技术水平；另一方面，用户隐私安全同样不容忽视。近年来，隐私保护计算技术，如联邦学习、安全多方计算、同态加密等，取得了显著进展，为数据的安全利用提供了新的可能。（见图3-2）在政策层面，各国纷纷出台数据保护法规，为人工智能技术的合规发展提供了指导。

数据质量是影响人工智能商业应用效果的关键因素。高质量的数据不仅能提高人工智能模型的准确率，还能够减少对算力的需求，因为干净、准确的数据可以帮助算法更快地收敛到理想结果。从数据治理角度看，建立健全的数据治理框架以确保数据治理与隐私保护相结合十分必要。

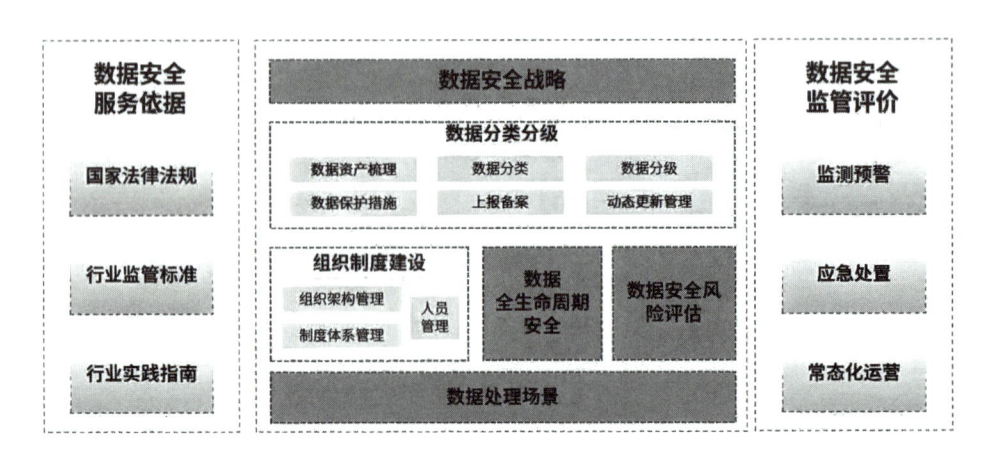

图 3-2　数据安全框架

总之，数据作为人工智能的"燃料"，与算法、算力一起构成了人工智能的三大核心要素。高质量的数据不仅能提高人工智能模型的性能，还能促进算法创新和算力效率的提升。在充分发挥数据价值的同时，平衡数据应用与隐私保护是确保人工智能健康发展的重要课题。

四　三者的协同效应

在人工智能的价值链体系中，算法、算力与数据三大核心要素之间不是简单的并列关系，而是形成了紧密的协同效应。这种效应构成了人工智能技术进步和商业化应用的基础动力，也是全球科技巨头构建竞争优势的关键所在。

算法、算力与数据三要素之间存在复杂的相互促进与相互依赖的关系，形成了一个正向反馈的循环系统，可以被形象地比喻为"人工智能发展的黄金三角"。首先，随着深度学习等复杂算法的出现，对算力的需求呈指数级增长。从 AlphaGo 到 GPT-4，每一次人工智能的重大突破都伴随着计算量的数量级增加。其次，算力的提升为更为复杂的算法提供了可能，使得原本在理论上可行但在实践中受限的算法模型得以实现和应用。此外，强大的算力也使得更大规模的数据处理成为可能。最后，数据量的增加和质量的提升直接影响算法的性能，而更高效的算法又能从现有数据中挖掘出更多价值。

这种协同关系在技术发展中表现得尤为明显。（见图 3-3）以近年来人工智能技术的突飞猛进为例，2012 年以来，随着深度学习算法的突破，人工智能训练所需的算力需求从约每 20 个月翻一番加速到约每 6 个月翻一番；头部人工智能模型的训练算力需求更是每 3—4 个月就翻倍。这意味着算法的创新直接推动了对算力的需求，而算力的提升又为更复杂算法的实现提供了可能，形成良性循环。

算法创新
新算法的出现推动了AI的进步

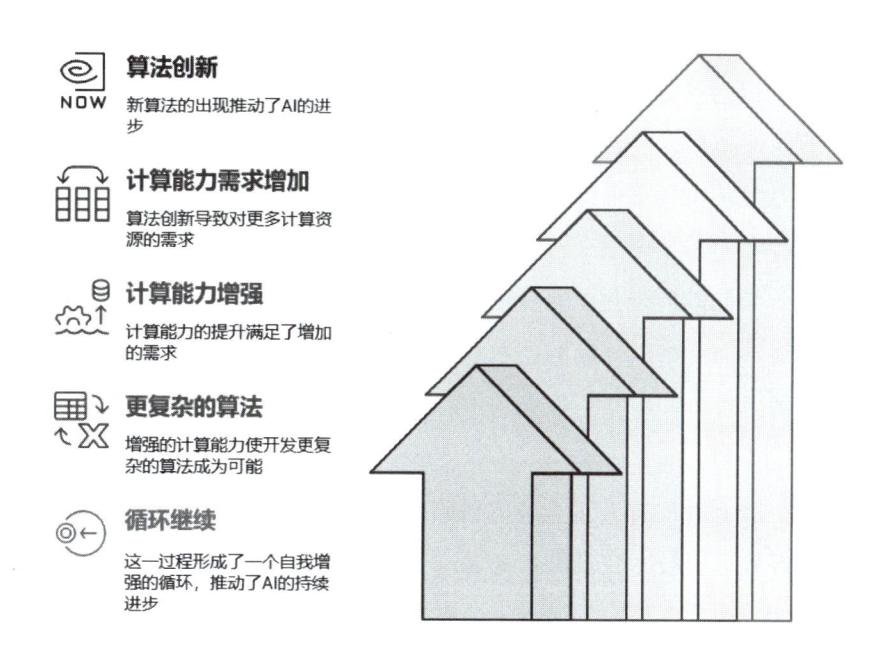

计算能力需求增加
算法创新导致对更多计算资源的需求

计算能力增强
计算能力的提升满足了增加的需求

更复杂的算法
增强的计算能力使开发更复杂的算法成为可能

循环继续
这一过程形成了一个自我增强的循环，推动了AI的持续进步

图 3-3 算法、算力、数据的协同效应

全球科技巨头深谙算法、算力与数据三位一体的重要性，通过多种战略来实现这三大要素的协同。谷歌通过构建 TensorFlow 生态系统和开发 TPU 等专用硬件，同时利用其搜索引擎和各种服务收集海量数据，形成了"算法＋算力＋数据"的完整体系。亚马逊则通过 AWS 云服务提供弹性算力，并结合其电商平台的数据优势和自研的 SageMaker 等人工智能工具，打造了强大的

人工智能生态。这些科技巨头的成功实践表明，三要素的协同不仅仅依靠技术整合，还需要商业模式创新、产业生态构建和资源优化配置。

算法、算力与数据的协同效应已成为企业构建核心竞争力的关键路径，这种协同优势主要体现在以下几个方面。

首先，协同效应显著提升了人工智能系统的性能与效益。协同优化使得人工智能系统能够以更低的成本获得更好的性能。例如，通过算法优化可以提高算力利用效率，减少对高昂硬件的依赖。实际应用中，一些企业通过模型剪枝、知识蒸馏等技术，使模型在保持性能的同时显著减小规模，大幅降低了部署成本。

其次，协同效应增强了企业的创新能力。通过三要素的互动，企业可以更快地迭代产品和服务，适应市场变化。例如，大模型技术的突破源于算法创新、算力增强和高质量数据集的结合，使得企业能够开发出更具通用性的人工智能系统。

再次，协同效应强化了企业的生态壁垒。掌握算法、算力与数据三个维度的企业能够构建难以复制的技术和业务壁垒。例如，谷歌通过控制从硬件到软件的各个环节，建立了强大的生态系统，使得竞争对手难以在短时间内追赶。

最后，协同效应提升了企业的风险抵御能力。三要素的平衡发展使得企业能够更好地适应技术变革和市场波动，不会因为单一领域的弱势而失去竞争力。例如，即使在算法领域处于追赶状态的企业，也可以通过数据优势或算力投入来弥补短板，保持整体竞争力。

未来，算法、算力与数据的协同关系将更加深入、多元和融合。去中心化协同模式将兴起，通过区块链等技术实现多方安全协作，打破数据孤岛。安全和伦理问题将得到更多关注，隐私计算、可解释人工智能等技术将推动多方负责任的协同发展。产业生态融合将成为主流，不同行业的企业将共同构建开放协同的人工智能价值网络，实现资源优化配置和价值最大化。

第二节

技术生态系统：开源技术、研发平台与产业标准

开源技术的普及、研发平台的赋能、产业标准的制定与实行，构成了良性技术生态系统，推动着人工智能走向更加普惠、更加开放的民主化新阶段。

一 开源技术的普及

人工智能技术的发展正经历一场由开源驱动的深刻变革。开源技术通过共享代码、数据和知识，正在从根本上改变人工智能技术的获取方式、发展路径和应用模式，推动着人工智能从少数技术精英和大型科技公司掌控的领域，逐步走向更加普惠、开放的民主化新阶段。

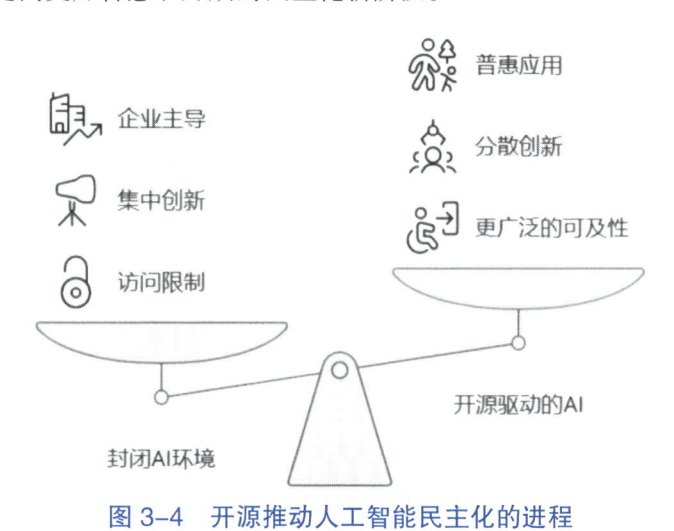

图3-4 开源推动人工智能民主化的进程

开源技术通过多种途径推动了人工智能的民主化进程。（见图3-4）首先，开源技术降低了人工智能应用的门槛。通过提供免费可用的工具和框架，如TensorFlow、PyTorch、HuggingFace等，开源技术简化了开发流程，使开发者能够无须高昂的初始投入就能开始人工智能实验和应用开发。这种"低成本＋开源路线"的组合，大大降低了人工智能应用的门槛，打破了传统人工智能巨头的垄断地位。

其次，开源技术营造了全球协作的创新环境。开源人工智能项目允许全球研究人员和开发者共同改进人工智能模型，加速了模型的创新，催生出更强大、更通用的人工智能应用。

再次，开源技术提高了人工智能系统的透明度与可信度。开源允许代码验证、训练方法审查和社区反馈，使得人工智能系统的偏见和安全措施能够被公开验证。这种透明性不仅促进了技术的可解释性，也有利于推动技术标准化，形成公平健康可持续的人工智能发展生态。

最后，开源技术赋能了更广泛的参与者。开源项目使尖端技术的获取更民主化，使更多的人有可能参与人工智能的研究、开发和创新。从学生到创业者，从学术机构到中小企业，开源技术为他们提供了与科技巨头同台竞技的机会。

主流人工智能开源框架对技术发展和产业生态的影响深远而广泛，已成为人工智能创新的主要驱动力。从社会影响来看，开源人工智能框架促进了技术的多样化发展。未来将出现针对特定行业和用例的专业模型的爆发式增长，多模态人工智能能力将使开源人工智能能解决更复杂的现实问题，联邦和去中心化学习技术可实现隐私保护的模型训练和部署。从经济影响来看，开源人工智能框架降低了企业的技术采用成本，创造了新的商业机会。

中国的人工智能开源技术社区近年来发展迅速，呈现出政府大力支持、企业积极参与、生态逐步完善的良好态势。在政策层面，中国正积极推动开源技术发展，国家层面提出了"积极搭建国家级新一代人工智能开放创新平台"的战略。在实践层面，中国已开始构建人工智能开源开放创新体系，从政策扶持、资金投入、环境营造等多维度发力，吸引各方力量积极投身人工智能开源。百度的飞桨、华为的昇思 MindSpore、阿里云的 PAI 等开源框架活跃于中国人工智能生态圈，为开发者提供了本地化支持和行业应用方案。

尽管开源技术在推动人工智能民主化方面取得了显著成效，但仍面临着多方面的挑战：质量和可靠性挑战、协调分散性挑战、可持续性挑战、伦理和安全挑战、知识产权挑战、实用性挑战等。

总体而言，开源技术正在深刻改变人工智能的发展路径，通过降低技术门槛、促进全球协作、提高系统透明度和赋能广泛参与者，推动着人工智能技术走向民主化。主流人工智能开源框架对技术基础设施和实际应用领域产生了深远影响，加速了创新速度，创造了新的经济机会。

二 研发平台的赋能

在人工智能技术生态系统中，研发平台是连接基础技术与实际应用的关键桥梁，为开发者和企业提供了构建、测试和部署人工智能应用的集成环境。这些平台通过整合算法、算力和数据资源，大幅降低了人工智能技术的应用门槛，加速了技术创新与产业落地的进程。

全球主要人工智能研发平台呈现出多元化发展的态势，各具特色。从控制模式看，主要由科技巨头主导，如谷歌的 Vertex AI、亚马逊的 SageMaker、微软的 AzureML、阿里云的 PAI 和腾讯云的 TI 等平台，他们掌控了人工智能生态系统的大部分基础设施。这些平台通过垂直整合战略，构建了从底层算力资源到上层应用开发的完整技术链路，形成了强大的生态系统功能。

从功能特性看，主流人工智能研发平台普遍注重提供端到端的开发体验，支持全生命周期的人工智能模型管理，具备高度的可靠性和可扩展性。从应用领域看，这些平台展现出了专业化与通用化并重的特点。从生态构建角度看，主要研发平台普遍采取开放战略，通过提供丰富的 API 和 SDK，支持与第三方工具和服务的集成。

研发平台通过多种机制降低了人工智能应用的门槛，使更多企业和开发者能够参与到人工智能的研发和创新中来。

首先，研发平台提供了完备的技术基础设施，降低了企业在硬件、软件和算力资源方面的初始投入。智算中心作为研发平台的重要组成部分，通过提供专用算力服务、数据服务和算法服务，为企业提供了低成本、高可靠性的研发支撑。

其次，研发平台通过预训练模型、开发工具和应用框架的整合，简化了人工智能开发流程。平台为开发者提供了从数据预处理、模型训练到应用部署的全流程工具，降低了技术复杂度。

再次，研发平台通过汇聚模型、数据集等开源技术资源，打造新一代基础设施服务平台，为人工智能产业发展提供了强有力的支持。

最后，研发平台重视建设人工智能应用场景创新公共服务平台，致力于发掘优秀技术商业化系统，为用户提供最优落地解决方案。

中国在人工智能研发平台的建设方面已形成了一些独特优势，为人工智能技术的发展和应用提供了有力支撑。

首先，中国人工智能研发平台具有强大的政策支持和战略规划优势。中国已将人工智能提升至国家战略高度，通过《新一代人工智能伦理规范》等文件确立了人工智能的伦理指导框架（见图3-5），国务院、国资委将加快推动"人工智能+"行动计划，以利用人工智能新技术提升经济发展和各行业的效能。

图 3-5　人工智能的伦理指导框架

其次，国内平台在算力资源方面具备规模优势。中国的智能算力规模已跃居全球前列，为人工智能研发提供了强大支撑。国家层面正在建设全国一体化算力网，将算力视为与电力、水利同等重要的基础设施，这为人工智能技术的普及应用提供了重要保障。

再次，国内平台在产业应用方面具有场景丰富、落地快速的优势。中国幅员辽阔，人口众多，产业类型丰富，为人工智能应用提供了多样化的场景和海量的数据资源。国内人工智能研发平台在医疗、能源、制造等关键领域展现了显著的应用价值。

又次，国内平台在生态构建方面积极推动开源共享与协同创新。国内人工智能研发平台正加快搭建国家级新一代人工智能开放创新平台，提升技术创新研发实力和基础软硬件开放共享服务能力，鼓励各类通用软件和技术的开源开放，促进产学研用深度融合。

最后，国内平台在人才培养与技术创新方面形成了独特优势。国内人工智能平台积极构建产教深度融合的生态，有利于促进技术创新与创业孵化的结合。

随着人工智能技术的持续发展和应用场景的不断拓展，研发平台也将呈现出一系列新的发展趋势。例如：平台将更加注重开源生态建设；平台将加强数字基础设施建设，促进创新要素整合共享；专业化应用将不断深化；平台将更加注重国际合作与产业协同；平台将加强安全与伦理治理能力建设；等等。

三 产业标准的意义

在人工智能技术快速发展的今天，产业标准作为规范和引导行业发展的重要工具，对人工智能生态系统的健康发展具有不可替代的作用。产业标准不仅能够促进技术创新和产业协同，还能为市场参与者提供公平竞争的环境，保障人工智能技术的应用安全可靠。

产业标准对人工智能发展的价值主要体现在以下几个方面。

首先,产业标准有助于促进技术创新和产业链协同发展。标准、产业发展与技术创新,三者之间存在密切的相互依赖与制约关系,共同推动了人工智能产业新业态的演进。通过制定明确的技术标准,龙头企业和科研机构能够引领产业发展方向,加速推动产业链上下游的协同创新。

其次,产业标准能够有效降低市场准入门槛,促进人工智能技术的普及应用。人工智能标准化工作有助于降低人工智能研发门槛,提高行业整体技术水平。产业标准的存在使得技术实现路径更加清晰,减少了技术选型和方案设计的不确定性,降低了研发风险。特别是对于中小企业而言,明确的标准能够指导其技术开发方向,降低试错成本,加快产品上市速度。

再次,产业标准对于推动数据有效利用和保障数据安全具有重要意义。人工智能产业的成功很大程度上依赖于强大的数据处理能力及标准化的数据管理。制定数据格式、数据质量、数据交换等方面的标准,能够促进数据的互通共享和高质量应用,为人工智能模型训练和优化提供有力支持。

最后,产业标准是构建完整人工智能生态系统的重要基础。随着人工智能产业的逐渐成熟,完善的人工智能组件层和细化的产业分工为人工智能应用提供了全生命周期的支持。产业标准通过规范技术、产品和服务要求,有助于评估服务提供商的能力成熟度,推动整个人工智能生态系统的健康有序发展。

中国在人工智能标准制定方面已经开展了一系列系统性工作,初步构建起较为完整的标准体系,并积极参与国际标准的制定。在组织机构建设方面,中国2018年成立了国家人工智能标准化总体组,并设立了人工智能与社会伦理道德标准化研究组。在标准体系框架方面,中国已初步构建了包括基础、产品、服务、行业应用等多个层次的人工智能标准体系框架。在实践应用方面,中国企业也积极参与标准制定和认证。

产业标准通过多种机制保障人工智能市场的健康发展,为人工智能技术的安全可靠应用提供了有力支撑。

首先,标准能够促进市场公平竞争。欧盟《人工智能法案》通过定义市场参与者的角色，确保不同参与者根据各自的作用在市场上享有平等权利，促进了人工智能市场的公平竞争环境。标准的存在为市场评价提供了客观依据，防止了技术霸权和市场垄断，保障了市场的开放性和包容性。

其次，标准有助于保障人工智能系统的安全性和可靠性。随着人工智能技术的广泛应用，安全性问题日益凸显。建立完善的人工智能安全技术体系是提升人工智能安全能力的重要组成部分。国际标准在人工智能的透明度、可解释性、健壮性与可控性方面提出了明确要求，并指出了人工智能系统的技术脆弱性因素及缓解措施。这些标准为评估人工智能系统的风险与鲁棒性提供了依据，确保人工智能产品和服务的安全可靠。

再次，标准推动了人工智能伦理规范的建立。随着人工智能技术对社会的影响日益深远，伦理问题变得越来越重要。产业标准通过将伦理原则具体化为技术要求和评估指标，指导人工智能系统的研发和应用符合伦理要求。

最后，标准促进了人工智能技术的创新与可持续发展。产业标准通过明确技术发展方向和要求，引导企业进行有针对性的研发投入，避免资源浪费和重复建设。同时，标准的更新迭代也能够及时反映技术发展的最新动向，推动企业不断进行技术创新和产品升级。随着深度学习技术的快速发展，标准组织也及时更新了相关标准，为神经网络模型的评估、训练数据的管理以及推理性能的测试提供了新的指导方针。这种标准与技术创新的良性互动，不仅提高了人工智能技术的成熟度和可用性，也确保了产业的可持续发展。

尽管人工智能标准制定工作取得了显著进展，但在推进过程中仍面临着诸多挑战。

首先，技术本身的复杂性和变革性带来了标准制定的困难。人工智能技术具有较强的技术脆弱性、透明度和可解释性问题，这可能导致系统的不可靠性和安全风险。特别是随着技术的快速迭代，标准制定往往难以跟上技术发展的步伐。

其次，全球治理框架的不完善增加了标准协调的难度。目前全球人工智能治理框架滞后于技术进步，需要更强有力的监管措施。不同国家和地区对人工智能的认识和管理方式存在差异，导致全球标准难以统一。

再次，数据隐私与安全保护的平衡问题增加了标准制定的复杂性。随着人工智能技术的发展，相关法律制度在隐私、版权等方面的建立和完善需要加快步伐，以适应快速迭代带来的新业态和新模式。如何在促进数据流通共享的同时保护数据安全和隐私，是标准制定必须应对的重要挑战。

又次，新兴技术的出现不断挑战标准的边界和适用范围。随着生成式人工智能等技术的快速发展，标准制定者需要不断更新知识和理解，才能制定出适应新技术特性的标准。

最后，知识产权保护与开源生态建设之间的矛盾也为标准制定带来了挑战。开源软件知识产权保护具有特殊性，缺乏与之相配套的法律法规，在国际开源产业生态中难以有效保护国内开源产业的合法权益。

面对这些挑战，需要产学研各方共同努力，建立多元互动的复杂创新系统。一方面，要加强企业与高校、科研院所的协同创新，促进技术标准与应用的有机结合；另一方面，要强化国际合作与交流，加强在人工智能安全、伦理等领域的全球协作，共同应对人工智能技术发展带来的挑战。

第三节

从技术到产业：人工智能如何成为产业新基石

人工智能从实验室技术走向市场化应用，商业化模式的创新与落地能力，成为决定其产业价值的关键因素。

一 技术商业化

随着技术的持续演进和市场需求的多元化发展，人工智能技术的商业化路径日趋多样（见图3-6），其中以SaaS（Software as a Service，软件即服务）为代表的服务化模式尤为突出，为人工智能技术的规模化应用提供了强大动力。

图3-6 人工智能技术的服务模式应用

AISaaS模式作为人工智能技术商业化的主流路径之一，具有显著的竞争优势。首先，该模式大幅降低了企业采用人工智能技术的门槛。通过订阅式服务，企业无须投资昂贵的硬件设备和专业开发团队，只须支付相对较低的使用费用，即可获取先进的人工智能能力。这种"轻资产"运营方式特别适合中小企业和创业公司，因为能使它们快速接入人工智能技术栈，增强市场竞争力。

其次，AISaaS模式具有快速部署和敏捷迭代的特点。云端服务模式免去了复杂的本地安装和配置过程，企业可以在几天甚至几小时内完成系统部署，迅速获取所需的人工智能功能。同时，服务提供商能够持续更新算法模型和功能特性，确保客户始终使用到最新、最优的人工智能技术。

再次，AISaaS模式提供了优异的可扩展性和弹性。企业可以根据实际需求灵活调整服务规模和类型，无须担心资源浪费或容量不足的问题。在业务淡季可以减少资源使用，降低成本；在业务旺季则可以快速扩容，确保系统稳定运行。

又次，AISaaS模式促进了数据价值的最大化。通过汇聚众多客户的数据（在保护隐私的前提下），服务提供商可以不断优化算法模型，提升服务质量。这种"数据网络效应"使得人工智能服务能够从更广泛的场景中学习，为所有用户带来持续增长的价值。

最后，AISaaS模式降低了技术集成的复杂度。通过标准化的API和接口，企业可以轻松将人工智能能力与现有系统集成，避免了复杂的技术适配工作。这种"即插即用"的特性，大大缩短了从技术采购到价值实现的周期，加速了人工智能技术的商业化进程。

尽管AISaaS等商业模式展现出巨大潜力，但AI技术的商业化仍面临多重挑战。

一是技术成熟度的挑战。当前，人工智能技术仍处于弱人工智能向强人工智能过渡的关键阶段，存在运行机制不透明、错误不可控等技术瓶颈。在许多实际应用场景中，AI技术的表现仍不够稳定和可靠，这限制了其在关键业务领域的应用。

二是数据质量和数据可得性问题。数据作为人工智能的"燃料",其质量和可获取性直接影响 AI 技术的商业化效果。然而,高质量数据的获取和维护成本高昂,且面临数据隐私保护的挑战。

三是算力瓶颈。随着人工智能模型复杂度的提升,对算力的需求呈指数级增长。当前高水平的人工智能模型,如 GPT 系列、StableDiffusion 等,其训练和部署都需要大量计算资源,这对中小企业构成了显著挑战。

四是人才短缺问题。人工智能技术的开发、部署和维护需要专业的技术人才,而当前市场上相关人才供不应求。特别是人工智能与各行业知识结合的复合型人才更为稀缺,这限制了人工智能技术在垂直行业的深度应用。

五是商业模式与投资回报的平衡问题。人工智能技术的商业价值评估和变现路径仍存在较大不确定性,这成为企业大规模采用人工智能技术的重要障碍。人工智能技术的价值评估和定价机制尚不成熟,导致"只投入不产出"的困境。

六是伦理、安全和法规挑战。人工智能技术的发展引发了一系列伦理和安全问题,如算法偏见、数据隐私、系统安全等。同时,法律法规的缺失或滞后也制约了人工智能技术的探索和产业发展。

尽管面临诸多挑战,中国在人工智能商业化方面已取得了一系列令人瞩目的成就,涌现出多个成功案例。在大模型应用领域,百度智能云通过"云智一体"战略成功实现了商业化突破;在智慧医疗领域,通过人工智能技术分析医学影像,提高诊断准确率和效率;在制造业智能化领域,通过全面接入人工智能模型实现了本地化部署,在复杂工作场景中提高了智能化水平;在智慧城市和零售领域也取得了显著进展。

展望未来,人工智能技术商业化将呈现出一系列新趋势,进一步推动人工智能成为产业新基石。例如:垂直领域的人工智能应用将更加深入和细化;基于生成式人工智能的商业模式创新将加速涌现;人工智能与产业的深度融合将催生新的产业形态;模块化和低代码(无代码)平台将降低人工智能应用门槛；基于价值的人工智能定价模型将更加成熟；全栈人工智能能力将成为企业竞争的核心。

二 垂直行业应用

人工智能技术正从实验室和通用场景走向垂直行业深度应用，在金融、医疗、制造等传统领域催生了一场深刻的数字化变革。（见图3-7）人工智能技术与行业知识的融合不仅优化了传统业务流程，还重构了产业价值链，为各行各业注入了新的生机与活力。

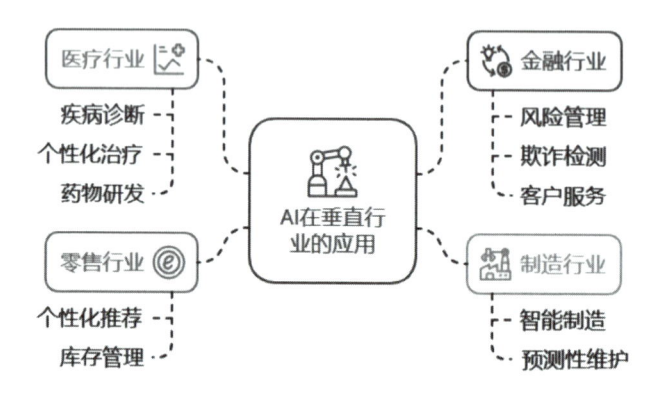

图 3-7 人工智能在垂直行业的应用

在金融行业，人工智能技术已经深度渗透到业务的核心环节。在投资管理方面，人工智能为核心业务和支持性业务提供了智能分析和决策支持能力，显著提高了业务自动化水平，打造了全新的服务模式。在风险控制行业，人工智能系统凭借强大的数据处理和模式识别能力，使欺诈检测变得更加精准和高效，大幅降低了金融风险。在普惠金融方面，人工智能技术突破了传统金融服务的地域和时间限制，降低了服务门槛，拓宽了覆盖面。

医疗行业是人工智能应用最为活跃的领域之一。在诊断检测方面，深度学习模型已能帮助医生更准确地诊断疾病，部分人工智能辅助诊断系统的准确性甚至超过了人类专家。特别是在医学影像识别、病理切片分析和基因检测等细分领域，人工智能技术因技术成熟度高、商业化路径清晰，成为医疗人工智能应用的最大受益板块。基于深度学习的医学影像分析技术已经在肺部结节检测、眼底筛查和脑部 MRI 分析等方面取得了显著成效。

此外，人工智能还在医疗服务流程优化和个性化治疗方案制订中发挥着越来越重要的作用，正逐步打破医疗服务"高质量、广覆盖、低成本"无法同时实现的"不可能三角"困境。在医院管理方面，人工智能通过优化患者流和资源配置，减少了等待时间，提高了服务效率；在慢性病管理方面，人工智能通过分析患者数据，提供个性化的治疗和护理建议，改善了治疗效果；在药物研发方面，人工智能加速了候选药物的筛选和临床试验的设计，缩短了新药上市周期。

在制造行业，人工智能的应用主要集中在工厂车间的资产管理、工厂和供应链内运营资产之间的互操作性，以及为实现供应链弹性的公司间互动。通过预测性维护、智能生产线、质量检测等应用，人工智能显著提高了生产效率，减少了资源浪费。

预测性维护是制造业人工智能应用的典型案例。传统的设备维护主要依靠定期检查或故障后维修，效率低下且成本高昂。人工智能系统通过分析设备传感器数据，能够预测设备何时可能发生故障，实现在故障发生前进行维护，大幅降低了意外停机时间和维修成本。智能质检是另一个成功应用。传统的质量检测通常依赖人工抽样，既耗时又容易出错。人工智能视觉检测系统可以实现 100% 的产品检测，且能发现肉眼难以察觉的细微缺陷，大幅提高了产品质量和一次合格率。

特别是在工艺繁复的高端制造领域，人工智能技术已经成为提升产品质量、优化工艺流程的关键工具。在半导体制造中，人工智能通过分析历史生产数据和实时监测参数，优化制程控制，提高了芯片良率；在航空航天中，人工智能辅助设计系统能够生成更轻量、更强韧的部件结构；在新能源汽车制造中，人工智能优化了电池生产工艺，提高了电池的能量密度和寿命。

其他垂直领域，如零售、能源、农业等，也正广泛应用人工智能技术。

在零售行业，人工智能对价值链的各个环节产生了重大影响，从消费者洞察、产品开发、库存管理到客户服务，人工智能技术都发挥着关键作用。在能源领域，特别是在钢铁、水泥等高能耗产业，人工智能技术显著提高了能源使用效率，减少了碳排放。在农业领域，人工智能作为底层通用技术，有望打破农业经济增长"天花板"，推动农业生产方式的智能化转型。

人工智能技术对传统行业的变革是全方位、多层次的，从微观的业务流程到宏观的产业生态均产生了深远影响。

首先，人工智能技术显著提升了行业生产效率。通过流程自动化、智能决策和资源优化配置，人工智能系统使得企业能够以更少的资源投入获得更高的产出。在制造领域，传统生产线往往需要长时间的停机调整才能切换产品型号，而智能化生产线能够快速适应不同产品的生产需求，实现小批量、多品种的柔性生产。在医疗领域，人工智能辅助诊断不仅提高了诊断准确率，还大幅缩短了诊断时间。在金融领域，人工智能自动化了大量烦琐的数据分析和报告生成工作，使得分析师能够将更多精力集中在高价值的研究和决策上，大幅提高了工作效率。

其次，人工智能应用正在重塑行业价值链和运营模式。在传统产业中，"数据—算法—知识"的技术路径正逐渐替代"物料—设备—产品"的物质资源驱动模式，无形资产成为价值创造的重要源泉。以供应链管理为例，传统供应链主要依靠人工经验和简单规则进行决策，反应较慢且难以应对复杂变化。人工智能驱动的智能供应链通过提供实时洞察和自动化决策流程，实现了从需求预测到库存管理的全链条优化，大幅提高了供应链的响应速度和韧性。

在金融领域，人工智能驱动的智能投顾、风险评估和反欺诈系统正在改变传统金融机构的运营方式和服务模式。在制造领域，生成式人工智能正在以不同程度影响价值链上各环节，加速工业设计师的设计和作图效率，助力企业实现物流追踪和仓储调度的智能化。在零售领域，人工智能驱动的个性化推荐、智能客服等创新应用极大地提升了用户体验，创造了新的消费场景。

此外，人工智能技术正促进行业之间的边界融合，推动产业升级和结构性变革。随着人工智能的渗透，传统产业链正被重新组织和优化，产业主体更加多元化，对单一市场或资源的依赖度降低，整体应对不确定性的能力显著增强。

特别是在数据驱动的决策模式下，企业能够更加精准地把握市场需求，更加灵活地调整业务策略，形成更加敏捷的组织响应机制。这种基于数据和人工智能的敏捷决策机制，使企业能够更好地适应 VUCA（易变、不确定、复杂、模糊）时代的市场环境，保持持续竞争力。

中国企业在人工智能垂直应用方面已取得显著成就，呈现出政策引导有力、应用场景丰富、落地速度快等特点。在金融科技领域，以蚂蚁集团和平安科技为代表的企业，通过人工智能技术实现了风险控制、智能客服、智能投顾等多项创新应用。在医疗健康领域，众多中国企业开发的人工智能医疗影像系统已经在临床实践中发挥重要作用。在制造领域，以华为、海尔、宝钢为代表的企业，积极探索人工智能在工业生产中的应用。在城市治理领域，中国的智慧城市建设走在了全球前列。在零售和消费领域，中国企业在人工智能应用方面同样表现突出。

尽管人工智能在垂直行业的应用取得了显著进展，但仍面临诸多挑战。

首先是技术适配与场景理解的挑战。垂直行业应用的人工智能技术相对分散，不同产业之间的技术难以复制，这成为行业发展的一大痛点。人工智能技术从通用场景到特定行业的迭代过程中，往往需要深入理解行业知识和业务流程，这对技术团队提出了更高要求。

其次是数据质量和数据壁垒问题。高质量的行业数据对人工智能模型的训练至关重要，但垂直行业中往往面临数据不足、数据质量不高或数据壁垒等问题。特别是在一些传统行业，数据的数字化程度较低，数据采集和标注成本高昂。

再次是算力支持与部署难题。随着人工智能技术在各行业的深入应用，对算力的需求日益增长，特别是在金融等领域，高并发、低延时的计算需求使得企业急需弹性灵活的算力支持。在许多传统企业中，IT基础设施往往较为陈旧，难以支撑现代人工智能应用的需求，升级改造成本高昂，ROI（投资回报率）不确定，这成为人工智能应用落地的实际障碍。

又次是人才短缺与组织变革难题。人工智能技术与垂直行业知识的融合需要复合型人才支持，而此类人才目前正普遍短缺。对于制造业等传统行业而言，当前急需教育项目来培训员工掌握与人工智能相关的基础知识和技能，特别是要考虑到人工智能工具的快速发展和未来技能需求的难以预测性对行业发展的影响。

然后是供应链安全与人工智能系统可靠性挑战。随着人工智能系统复杂性的增加，供应链安全风险成为一个重要问题。任何供应链中的薄弱环节都可能会被恶意利用，影响整个人工智能系统的安全性和稳定性。特别是在金融、医疗等关键领域，人工智能系统的可靠性直接关系到业务安全和用户信任。

最后是监管合规与伦理挑战。不同国家和地区的人工智能监管框架各异，缺乏统一标准，这导致敏感业务的发展时间延长，使企业在全球化环境中面临多方监管挑战。同时，人工智能应用涉及的伦理问题也日益凸显，企业在实施过程中必须重视伦理风险和治理原则。

面对这些挑战，需要产学研用多方协同努力，共同构建健康可持续的人工智能应用生态。

一方面，企业应从业务目标、技术架构、数据应用、组织变革、人才培养等维度，系统性评估和推进人工智能在整个价值链中产生的影响。人工智能战略应当从业务痛点出发，明确价值创造路径，避免陷入为技术而技术的误区。

另一方面，政府应加强政策支持，促进民营企业在技术创新上发挥作用，鼓励产学研用协作，推动高质量数据产业和应用发展。同时，通过"人工智能+"行动培育未来产业，利用领军企业推动技术创新，并鼓励中小企业应用成熟的人工智能技术，形成大中小企业融通发展的创新生态。

此外，行业组织和标准机构也应发挥积极作用，推动建立行业数据标准和应用规范，促进最佳实践项目的分享和推广。高校和研究机构则须加强复合型人才培养，积极开展前沿技术研究，为行业发展提供智力支持和人才储备。

三 人工智能产业生态的构建

人工智能产业生态是技术创新与商业应用的连接桥梁，其健康发展是人工智能技术真正转化为产业新基石的关键环节。完善的产业生态不仅能够促进技术创新成果的高效转化，还能够构建起企业、研究机构、人才与资本之间的良性互动关系，推动整个产业链的协同发展与价值创造。

一个完善的人工智能产业生态系统由多个关键要素构成，这些要素相互支撑、相互促进，共同形成了人工智能产业持续创新发展的基础。（见图 3-8）

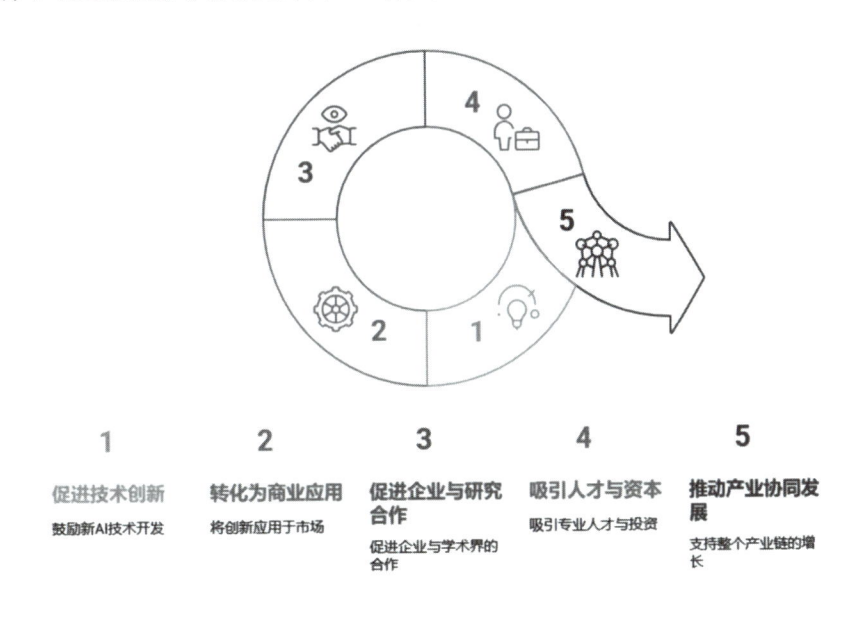

1	2	3	4	5
促进技术创新	转化为商业应用	促进企业与研究合作	吸引人才与资本	推动产业协同发展
鼓励新AI技术开发	将创新应用于市场	促进企业与学术界的合作	吸引专业人才与投资	支持整个产业链的增长

图 3-8　人工智能产业生态循环

首先，人工智能产业生态的核心是三大技术要素：数据、算力和算法。这三要素被称为人工智能的"三驾马车"，是产业生态的基础层。数据作为人工智能的"燃料",为算法训练和优化提供了原材料;算力作为人工智能的"引擎",支撑着模型训练和推理的计算需求;算法则是人工智能的"大脑",决定了系统的智能程度和应用能力。这三者之间存在紧密的相互依赖关系,共同构成了人工智能产业形态的基石。

其次,完善的人工智能产业生态还包括支撑层,主要由基础设施与技术服务组成。这一层包括硬件设施(如服务器、传感器等)、软件设施(如数据库、人工智能框架等)以及数据中心和云服务等配套支撑。近年来,随着人工智能技术的发展,人工智能组件层(AI Stack)已经成为生态的重要组成部分,它支持模型训练、数据整合和应用开发等各个环节,反映出人工智能生态正逐渐成熟。

再次,人工智能产业生态中必不可少的是人才与知识要素。人才是推动创新的核心动力,包括基础研究人才、技术开发人员、产品经理和行业专家等不同类型。知识则是经验和洞察的积累,包括理论知识和实践经验。在人工智能领域,由于技术更新速度快,知识半衰期短,持续学习和知识更新尤为重要。

又次,完善的产业生态还需要资本与市场要素。资本为技术创新和产品开发提供了资金支持,包括风险投资、战略投资和政府资金等多种形式。市场则为技术和产品提供了验证和变现的渠道,通过市场反馈引导技术和产品的迭代优化。资本和市场的良性互动,能够加速技术从实验室到商业应用的转化过程,推动产业快速发展。

然后,政策与标准要素在人工智能产业生态中起到引导和规范作用。政策通过战略规划、财政支持、监管框架等方式,引导产业发展方向和资源配置。标准则通过统一接口、协议和评估方法,促进技术和产品的兼容、互通和质量提升。合理的政策和标准环境,能够为产业发展创造有序和公平的竞争环境,防范系统性风险,保障长期健康发展。

最后,一个完整的人工智能产业生态还包括应用层和创新生态。应用层是人工智能技术价值实现的关键环节,面向特定应用场景需求而形成软硬件产品或解决方案。创新生态则由基础群落、智能群落和应用群落构成，这些群落通过技术标准、知识产权和产业链的协同，促进人工智能产业的创新和发展。

这些要素共同构成了一个多元互动的复杂创新系统，形成了人工智能产业的完整生态链。在这一生态链中，各要素之间的协同与互动是推动人工智能产业健康发展的关键动力。

人工智能产业链的协同发展是实现产业生态健康发展的关键环节，涉及从基础技术供应商到终端应用开发者的各个环节的紧密合作。

如何能让产业链上下游实现有效协同，共同推动人工智能技术的创新和应用？

第一，开放共享的数据与算力资源是产业链协同的基础。产业链上下游企业需要通过数据共享和资源协同来打通合作渠道，特别是加强算力基础设施及产业数据平台建设，这将激发全产业链的创新能力，并推动技术的研发与应用。

建立健全的数据治理框架，包括明确的政策和程序，能够确保数据在不同上下游环节的顺畅共享和利用，提升整体产业的协同效率。例如，统一的数据标准、清晰的数据权属和使用规则，以及安全可控的数据交换机制，可以在保护隐私和安全的前提下，实现数据价值的最大化。

第二，大中小企业融通发展的产业组织模式是促进协同的重要方式。构建人工智能产业孵化生态体系，培育专精特新的创新型企业，加大对初创企业的扶持，能够促进上下游生态协同。

在这种模式下，龙头企业作为"链主"，不仅提供技术支持和资源共享，还通过开放平台和生态构建，带动中小企业发展，形成强化中小企业赋能的协同体系。这种大中小企业协同的模式，既发挥了龙头企业的资源优势和引领作用，又激发了中小企业的创新活力和专业特长，形成了相互促进、共同发展的产业生态。

第三，产学研用协同创新是产业链发展的重要推动力。数据产业的创新联合体应加强产学研用协作，构建大中小企业融通发展、产业链上下游协同创新的生态体系。政策应促进产学研用相结合，加强对龙头企业与上下游中小企业的协作，构建良好的产业生态，助力创新发展。

共同建立产学研用协同创新研发平台，可以降低研发成本，提升创新支撑能力。这种产学研用协同的模式，能够实现基础研究、技术开发、产品应用的无缝衔接，避免了创新链条的断裂，提高了技术转化效率和创新成果的实用价值。同时，多方参与和共同投入，也分散了创新风险，提高了创新活动的可持续性。

第四，场景驱动的应用创新是产业链协同的关键环节。传统产业的场景与人工智能充分结合能够提升技术创新到价值转化的效率，因此创造有利的产业生态是实现双向奔赴的关键。

人工智能的场景应用是构建产业新生态的基础，能够促进技术创新到价值转化，特别是在丰富的产业场景中，技术的应用更具有优势。鼓励地方政府与国企开放示范应用场景，支持中小企业与龙头企业协作，避免重复建设，实现资源配置的有效利用，这些举措都有利于促进产业链上下游的协同发展。

第五，平台化战略是促进产业链协同的重要抓手。搭建数据开放平台、开源开放共性技术平台，整体提升人工智能行业创新支撑能力，有效降低中小微企业研发成本，着力支撑全社会创新创业人员、团队和中小微企业投身人工智能技术研发。

这些平台通过提供基础资源、工具和服务，降低了创新的门槛和成本，使得更多主体能够参与到人工智能技术的开发和应用中来。同时，建设行业对接交流平台也能加速产业链上下游的创新和协同发展。通过这些平台，技术供应商可以了解行业需求，行业用户可以发现适用技术，促进供需对接和精准创新。

第六，产业链上下游协同发展还需要建立适当的资本与技术对接机制。在人工智能产业的发展中，资金、创新技术和产业需求之间的对接成为核心，特别是在推动创新链、资金链和人才链的不断结合方面，产业生态显现出多元化与融合化的特征。

这种多元化的资本与技术对接机制，能够有效促进技术创新成果的商业化转化，加速产业链上下游的协同发展。通过这些机制，人工智能产业链的上下游企业能够形成紧密的合作关系，共同推动产业生态的健康发展。这种协同不仅能够提高资源利用效率，还能够加速技术创新与价值创造，推动整个产业链的持续升级与发展。

中国的人工智能产业集群呈现出一系列独特特点，这些特点既反映了中国人工智能产业发展的阶段性特征，也展示了中国在全球人工智能竞争中的独特优势。

首先，政府引导与市场驱动相结合是中国人工智能产业集群的显著特点。中国政府通过各种政策措施，如"十四五"规划中明确指出要培育和壮大人工智能、大数据、云计算等新兴数字产业，积极引导和支持人工智能产业发展。这种自上而下的战略引导，不但为产业发展提出了明确方向，而且为企业发展提供了政策保障。

同时，中国市场对人工智能技术的旺盛需求和企业的积极创新，形成了强大的市场驱动力。政府引导与市场驱动的有机结合，形成了中国人工智能产业发展的独特动力机制，在保持产业活力的同时也确保了发展方向的战略性引导。

其次，区域发展不平衡但各具特色是国内人工智能产业集群的另一特点。人工智能产业的发展推动了城市和区域之间的新一轮竞争变局，形成了各具特色的区域产业格局。

例如，北京凭借丰富的科研教育资源和人才优势，成为人工智能基础研究和技术创新的重要地区；深圳依托完善的电子信息产业链和创新创业生态，在人工智能硬件和应用创新方面表现突出；上海则结合金融中心地位，在金融科技和智能制造领域构建了特色人工智能产业集群；杭州依托阿里巴巴等互联网公司，在电子商务、智慧城市等领域发展了独特的人工智能应用生态。

同时，这种区域差异化发展模式，既避免了资源的重复配置，也形成了各具特色的产业生态，促进了不同区域之间的优势互补和协同创新。这种区域协作网络也增强了整体产业的韧性和创新活力，为人工智能技术的多元化应用提供了丰富场景。

再次，龙头企业引领与中小企业协同是中国人工智能产业集群的重要特征。国内人工智能产业集群的关键组成要素包括政府、高校、科研院所和企业等，它们共同构建了产业创新生态系统，促进了各方的协同发展。

在这一生态中，龙头企业发挥着关键作用，如华为、阿里、腾讯、百度等科技巨头积极布局外部生态，引领技术创新和标准制定。这些龙头企业不仅投入大量资源进行基础研究和核心技术开发，还通过开放平台、技术赋能、创业投资等方式，培育和支持产业链上下游企业，构建开放共赢的生态系统。

同时，众多中小企业和创业公司也在应用层面发起了有力竞争，围绕特定行业需求和细分领域开发创新解决方案，丰富了产业生态。这种大中小企业协同发展的模式，形成了较为完善的产业链条，推动了整个产业集群的健康发展。大企业提供基础设施和技术平台，中小企业提供专业服务和创新应用，相互补充，共同推动产业繁荣。

最后，产学研深度融合是国内人工智能产业集群的突出优势。中国的人工智能产业集群注重产学研用的紧密结合，构建产教深度融合的生态，促进技术创新与创业孵化的结合，创建全球领先的人工智能创新人才高地。

例如，北京的中关村科学城汇集了清华、北大等高校和众多研究机构，与周边企业形成了紧密的创新网络；上海张江科学城则集聚了上海交大、复旦等高校资源和研究所力量，为人工智能产业发展提供了强大的科研支撑；深圳则通过产学研合作平台，促进高校科研成果与企业需求对接，加速技术转化和产业化。

这种产学研深度融合的模式，不仅促进了基础研究成果向应用技术的转化，也使企业的实际需求能够及时反馈到科研方向的调整中，形成了科研与产业的良性互动。同时，高校和研究机构也为产业发展提供了源源不断的人才，解决了产业发展的瓶颈。

为了促进人工智能产业生态的健康发展，需要采取一系列策略与措施。

第一，加强基础设施建设，为产业发展提供坚实支撑。这包括加快算力基础设施与数据平台建设，构建开放共享的数据资源体系，培育先进的算法创新能力。特别是要构建全国一体化的智算网络，优化算力资源的布局和调度，提高资源利用效率；同时，建设行业数据集和开放数据平台，促进数据的安全流通和价值挖掘；此外，还要加强核心算法的自主创新，提升原创突破能力。

第二，推动产业链协同发展，形成上下游良性互动的产业生态。这包括加强龙头企业的引领作用，支持专精特新企业的创新发展，促进大中小企业融通发展。龙头企业应当发挥技术引领和生态构建的作用，通过开放平台、标准制定和资源共享，带动产业链上下游发展；同时，支持中小企业在细分领域和应用创新方面发挥专业优势，形成"大企业引领、小企业协同"的产业结构模式。

第三，加强人才培养与引进，为产业发展提供智力支持。这包括构建多层次的人工智能人才培养体系，加强国际交流与合作，促进复合型人才的培养与发展。高校应当调整学科设置和课程体系，增强人工智能基础教育与应用能力培养；同时，企业应当加强在职培训和岗位实践，提升员工的人工智能应用能力；此外，政府则应当创造良好的人才环境，吸引和留住全球顶尖人工智能人才。

第四，优化政策环境与标准体系，为产业发展创造良好条件。这包括完善扶持政策和激励机制，加强标准制定和知识产权保护，促进技术创新和产业发展。政府应当提供有针对性的财税支持、投融资服务和市场准入便利，降低企业创新成本；同时，加快人工智能标准体系建设，促进技术互通和成果转化；此外，还要强化知识产权保护，鼓励原始创新和技术突破。

第五，加强应用示范与场景创新，促进人工智能技术的落地与普及。这包括打造典型应用场景和示范项目，推动人工智能与传统产业深度融合，释放技术创新的商业价值。政府和大型企业可以开放应用场景，为人工智能技术提供试验场所；同时，产业联盟可以组织跨行业合作，探索人工智能赋能传统产业的新模式；此外，创新平台可以促进供需对接，加速技术从实验室到市场的转化过程。

第六，加强国际合作与竞争，提升全球影响力与话语权。这包括积极参与国际标准制定和治理体系构建，推动开放合作与技术交流，增强产业的国际竞争力。中国企业和研究机构应当加强与国际同行的合作，共同推动基础研究和技术突破；同时，积极参与国际标准和规则制定；此外，还要推动中国人工智能产业"走出去"，拓展全球市场和应用空间。

总的来说，人工智能产业生态的构建是一个系统工程，需要各方共同努力。政府应当发挥引导和规范作用，企业应当投入资源和探索创新，研究机构应当聚焦基础研究和技术突破，高校应当培养人才和创新知识，金融机构应当提供资金支持和风险分担。只有形成多元主体协同共建的格局，才能构建出活力四射、持续创新的人工智能产业生态，推动人工智能持续健康发展，为经济社会发展注入新动能。

回顾人工智能的核心价值链与生态系统，我们可以清晰地看到，人工智能技术已经从实验室研究走向产业应用，正在成为推动经济社会发展的新基石。未来，人工智能将继续深入各行各业，催生更多创新应用和商业模式。我们有理由相信，在各方的共同努力下，人工智能技术将释放出更大潜能，为经济发展注入新动能，为社会进步提供新支撑，为人类生活创造新价值。在这一过程中，我国掌握核心技术、完善生态体系、构建产业优势的决心和行动，将为其他国家人工智能技术的健康可持续发展提供中国方案、贡献中国智慧。

第四章 国内人工智能生态与主体关系的战略

多方协同合作

共同特征
- 市场需求与国家战略融合　上下游协同创新
- 多元主体深度融合　知识产权保护平衡
- 开放共享与技术引领双向互动
- 场景驱动与技术引领双向互动
- 龙头企业引领与中小企业参与相结合

典型协作模式
- 产学研用+政府支持
- 实验室+企业+政府
- 开放创新+本土标准输出

产业落地的实践路径
"以点带面"的模式,有效推动人工智能技术在各行业的规模化应用

搭建全球化服务平台,整合全球创新要素资源,进一步推动了行业知识与人工智能技术的深度融合

错位竞争与协作共赢的策略,为中小企业开降低研发展空间

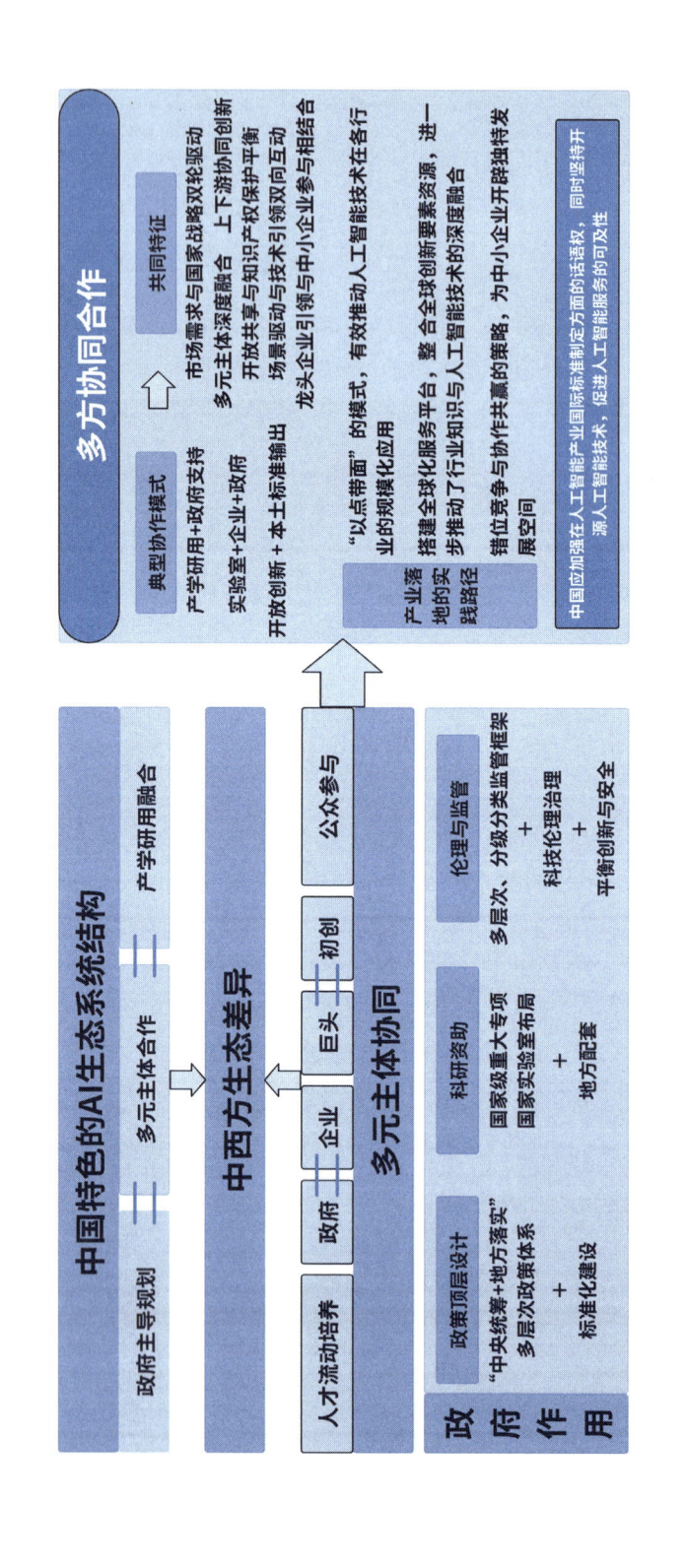

中国应加强在人工智能产业国际标准制定方面的话语权,同时坚持开源人工智能技术,促进人工智能服务的可及性

中国特色的AI生态系统结构

- 政府主导规划
- 多元主体合作
- 产学研用融合

中西方生态差异

多元主体协同
- 政府
- 企业（巨头 / 初创）
- 公众参与

政府作用

政策顶层设计
- "中央统筹+地方落实"
- 多层次政策体系
- 标准化建设

人才流动培养

科研资助
- 国家级重大专项
- 国家实验室布局
- 地方配套

伦理与监管
- 多层次、分级分类监管框架
- 科技伦理治理
- 平衡创新与安全

本章阅读导引图

第一节

人工智能生态主体构成：政府、企业、科研机构与公众的分工与协作

"十三五"规划纲要提出，实施创新驱动发展战略，要优化创新组织体系，而优化创新组织体系的首要任务则是"明确各类创新主体功能定位，构建政产学研用一体的创新网络"。《"十三五"国家科技创新规划》也提出，要"坚持以市场为导向、企业为主体、政策为引导，推进政产学研用创紧密结合"。所谓"政产学研用"五位一体的协同创新模式，就是指政府、企业、高校、研发机构以及用户在创新体系中上下协同，共同发挥优势作用，形成强大的集组织、生产、学习、研发、实践于一体的高效系统和多元主体参与的创新合作工程。因此，新时期的新型举国体制基于新的主体结构，强调多元主体的共同参与，多管齐下充分发挥创新协同作用，提升聚力效率，提高用力能力，从而集多种力量、成科技之事。与西方主要依靠市场驱动的模式不同，中国的人工智能生态由政府主导规划、多元主体积极参与、产学研用深度融合，形成了"国家意志＋市场活力"的双轮驱动模式。

一 中国特色的人工智能生态系统结构

在全球人工智能竞争日趋激烈的今天，中国形成了一套独特的人工智能发展生态系统，这套系统被外界称为新型举国体制，其实质是一种高效协同且具有强大动员能力的国家创新体系。

独具特色的新型举国体制：中国人工智能生态的力量源泉

技术上被卡住脖子，产业上就无法创新升级，更无法推动经济高质量发展。而技术的积累是难以一蹴而就的，相关的人力、物力投入又是天文数字，依靠个别企业的分散化资源投入，无法真正解决问题。由此新型举国体制既是新时代回应国家治理重大理论和实践问题的主动施为，也是国内外严峻发展环境的"倒逼"之举。新型举国体制强调在科技创新领域的应用，这是新的重点领域。2016年，《"十三五"国家科技创新规划》指出，"重大科技项目是体现国家战略目标、集成科技资源、实现重点领域跨越发展的重要抓手"，并提出要"探索社会主义市场经济条件下科技创新的新型举国体制"。2019年10月，党的十九届四中全会明确提出，要"构建社会主义市场经济条件下关键核心技术攻关新型举国体制"，充分肯定了新型举国体制在科技创新领域的重要作用。科技创新领域是新型举国体制应用的主阵地，这是因为科技创新领域攻关难度大，投入周期长，关乎国家发展命脉，是国家国际竞争力的重要决定性因素。因此，在科技发展领域，依靠新型举国体制充分调动上下游产业链以及产学研用多方主体的积极性，挖掘尽可能多的现实动能和潜能，形成聚合式功能输出，有助于我国在科技创新领域的进一步发展。

新型举国体制的核心优势在于能够集中力量办大事。当国家确定人工智能的战略发展方向后，可以通过政策、资金、人才等多种资源的统筹配置，形成合力攻关"卡脖子"技术。

中国人工智能生态的另一大优势是拥有丰富的应用场景和海量数据资源。中国拥有庞大的数字经济，极为丰富的行业应用场景和用户数据为人工智能技术提供了"试验田"，形成了独特的"场景反哺技术"发展路径。

多元主体协同：各司其职共促人工智能发展

中国人工智能生态系统由政府、企业、科研机构和公众四大主体构成，它们各自承担不同角色，形成有机整体。

政府作为战略引领者和顶层设计者，发挥着关键的导向作用。自2013年起，人工智能进入国家战略视野，2017年国务院发布《新一代人工智能发展规划》，确立了到2030年成为全球人工智能创新中心的"三步走"战略目标。（见图4-1）

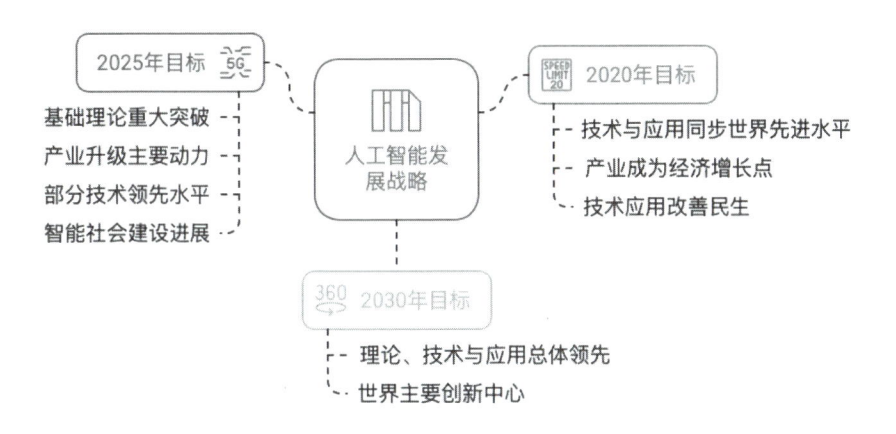

图 4-1　中国人工智能发展战略

来源:《新一代人工智能发展规划》

企业是人工智能技术创新和应用落地的主体。企业在人工智能生态中扮演多重角色：一方面负责技术创新和产品开发；另一方面承担社会责任，通过自我治理和自律管理落实"伦理先行"理念。不同规模的企业在人工智能发展中表现出不同特点——规模较小的企业在技术开发上动作更快，而规模较大的企业在人工智能投入和落地应用方面更加积极。

科研机构是人工智能基础研究和前沿探索的中坚力量。高水平研究型大学和科研院所充分发挥基础研究深厚、学科交叉优势，破解人工智能技术进步面临的理论难题。科研机构不仅开展理论研究，还积极参与人工智能场景创新，在成果发布、对接、推广、培育等方面发挥作用。

公众则是人工智能产品的用户和伦理监督者。公众的需求和反馈推动着人工智能市场的发展，同时公众参与也是人工智能伦理规范的重要来源。

中西方人工智能生态的关键差异

中国与西方（尤其是美国）的人工智能生态系统存在几个关键差异，这些差异源自不同的政治体制、发展阶段和战略目标。

在治理模式上，中国采用中央规划和宏观引导的框架，政府是人工智能工程资金的主要来源和战略规划者；美国则采取市场驱动的方式，以实施最少的监管鼓励创新。中国走出了"监管与创新并重"的路径，早期审慎后积极支持，既确保发展方向符合社会价值观，又为企业创新预留空间；美国的监管策略则主要聚焦限制技术输出，其隐私政策在一定程度上制约了人工智能企业获取及使用数据。

在技术布局上，两国各有侧重。美国在处理器和智能芯片、大模型算法和大型平台等基础层和技术层形成领先优势；中国则主要集中在机器学习、无人机、智能机器人、语音识别、自动辅助驾驶等应用领域。中国企业更倾向于投资图像识别、语音识别等应用场景明确的技术，以获得较快的商业回报；美国企业专注于突破性创新。

在产业发展模式上，中国政府通过资金、数据、人才等措施全方位扶持人工智能产业；美国政府较少直接干预，更多是在政策环境和基础设施上提供支持，资金和创新方面由私营部门主导。中国的人工智能应用更多面向细分市场和特定行业场景；美国的人工智能应用大多面向公众。此外，中国企业性质多元化，除互联网巨头外，金融科技企业等也扮演重要角色，且普遍采用开源战略；美国实验室多采用封闭运作模式。

在国际合作理念上，中国坚持普惠包容、共商共建共享的人工智能国际合作理念，致力于让人工智能技术发展成果惠及更多国家，尤其是发展中国家，主张开源人工智能技术，促进人工智能服务的可及性；美国更多地关注维持技术竞争力和创新领先地位。

产学研用协同创新：中国特色机制的实践探索

中国特色的产学研用协同创新机制是人工智能生态系统的重要支撑，它打破院校、企业壁垒，实现资源的互补和融通，加速技术的转化和应用。这一机制正在从传统的"课题攻关"转变为"生态共建"，形成开放、共享、协同的创新生态系统。（见图 4-2）

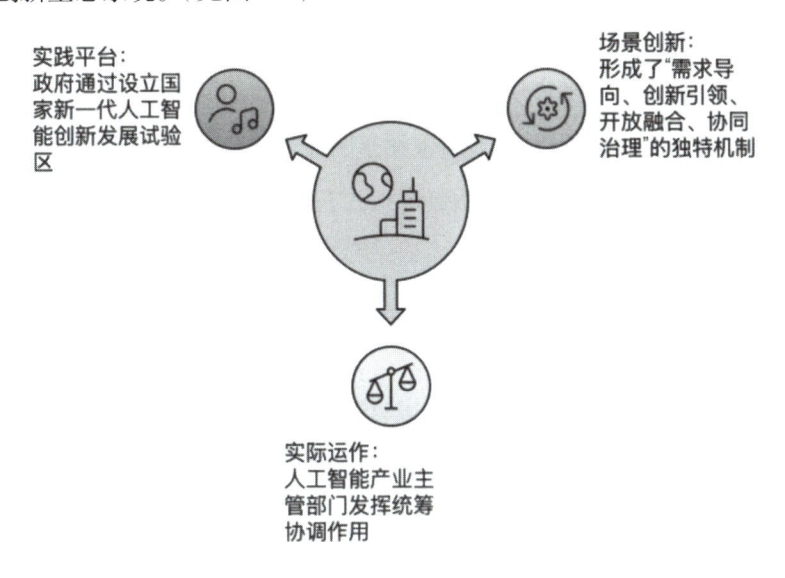

图 4-2 中国人工智能的协同创新

在实践平台上，中国探索了多种协同创新模式。这些成功案例展示了产学研协同创新的巨大潜力。

政府通过设立国家新一代人工智能创新发展试验区，为产学研用协同创新提供了实践平台。

在场景创新上，中国形成了"需求导向、创新引领、开放融合、协同治理"的独特机制。政府鼓励行业领军企业围绕企业智能管理、关键技术研发、新产品培育等开发人工智能技术应用场景，支持高校、科研院所参与场景创新。这种机制的目标是使重大应用场景加速涌现，场景驱动技术创新成效显著，场景创新合作生态初步形成。

在实际运作上，产学研协同面临机制体制、价值取向差异甚至冲突的挑战，需要人工智能产业主管部门发挥统筹协调作用。从供需角度看，产业界需求前沿科研理论、专家与学术网络等，能提供研究经费、技术与数据开放平台等；高校、科研机构需求科研资金、技术数据共享等，能提供基础与应用研究成果、师资与学生资源等。只有建立符合市场规则的合作模式，才能最大化发挥产学研合作的效能。

未来发展趋势：机遇与挑战并存

中国特色的人工智能生态系统正在不断完善和升级。未来发展趋势将是更加注重基础研究与应用创新的平衡发展，更加注重科技自立自强，同时更加注重开放合作与伦理治理。

面向未来，中国人工智能生态系统需要进一步强化企业科技创新主体地位，建立培育壮大科技领军企业机制；优化国家实验室体系、国家科研机构和高水平研究型大学的定位和布局，以有组织科研推进原创性、引领性创新；统筹资源要素建设，夯实人工智能发展的数字基础设施。同时，构建多元创新主体互动的创新生态系统，打好区域人工智能科技产业活力和竞争力的基础。

这种独特的生态系统结构，既是中国人工智能发展的战略优势，也是构建新质生产力的重要支撑。通过政府、企业、科研机构和公众的协同合作，中国正在构建一个更加开放、创新、包容的人工智能发展环境。

二 主体间的协作与互动

政企合作：中国人工智能领域的创新驱动力

在中国人工智能生态系统中，政府与企业的合作已形成多种富有成效的模式。这些模式充分发挥了政府的引导作用和企业的创新活力，成为推动中国人工智能技术进步的重要动力。

"揭榜挂帅"模式是近年来兴起的一种高效政企合作方式。在这种模式下，政府或行业龙头企业发布技术难题和应用需求，人工智能企业有针对性地提出解决方案，中标后获得资金支持和应用场景。这种"需求引领、问题导向"

的模式有效连接了技术供给与应用需求，加速了人工智能技术的落地。

"龙头带动"模式是政府支持行业领军企业牵头组建人工智能创新联合体，联合上下游企业和科研机构共同攻关关键技术。这类模式充分发挥了龙头企业在技术、资金、人才等方面的优势，形成产业集聚效应，提升整体创新能力。

"试验区建设"模式是政府打造的人工智能创新实践平台。科技部牵头建设的18个国家新一代人工智能创新发展试验区和工信部批复的11个国家人工智能创新应用先导区，为人工智能与实体经济深度融合提供了示范。这些试验区以"应用牵引、地方主体、政策先行、突出特色"为原则，探索人工智能赋能城市经济、优化城市治理的新模式，成为政企协作的重要平台。

"政府引导基金"模式是通过财政资金撬动社会资本，共同投资人工智能产业。

除了这些典型模式外，政企合作还体现在联合实验室、产业联盟等多种形式中。

科技巨头与初创企业：从竞争到共生的生态演进

在中国人工智能生态系统中，科技巨头与初创企业形成了既有竞争又有合作的共生关系，这种独特的互补机制正在推动整个行业的创新升级。

平台赋能与资源共享是科技巨头与初创企业合作的主要模式。数字科技巨头通常将原本服务于内部业务场景的人工智能框架进行开源，为产业链下游的初创企业提供底层人工智能核心能力，满足工业级应用需求。

互补性创新生态已经形成。科技巨头凭借强大的数据资源、计算能力和资金实力，在基础模型研发、通用算法突破等方面具有优势；初创企业则更加灵活，能够快速响应市场需求，在特定垂直领域实现技术和应用创新。这种互补关系使得中国人工智能生态更加健康和多元化，既有"参天大树"，也有充满活力的"灌木丛"。

投资孵化与战略并购是科技巨头吸收初创企业创新成果的重要途径。龙头企业通过设立风险投资基金、创业加速器等方式，对有潜力的人工智能初创企业进行投资和孵化，获取新技术和新业务增长点。同时，对于已经验证商业价值的初创企业，龙头企业往往通过并购整合，实现技术互补和市场扩张。这种模式既为初创企业提供了退出渠道，也为龙头企业带来了创新活力。根据IT桔子的统计，人工智能投资从2014年开始快速增长，近年来呈现投资数量上升，投资金额总体下降趋势。（见图4-3）

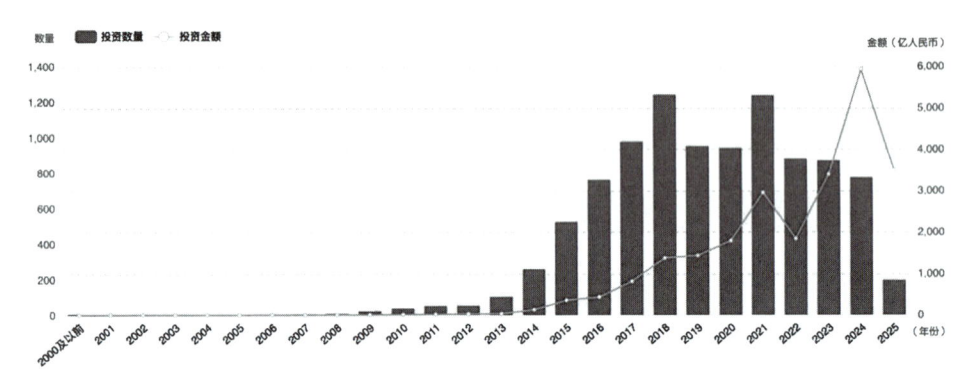

图4-3 截至2025年我国人工智能投资事件的数量与金额（单位：件；亿元）

来源：IT桔子

"专精特新"中小企业在人工智能生态中发挥着重要作用。国家鼓励中小企业"专精特新"地发展，在人工智能内容生成、人形机器人等新兴领域加快培育一批初创企业。这些企业通过专注于特定技术领域或应用场景，与科技巨头形成错位竞争和互补合作，既避免了直接竞争，又能够在各自领域形成竞争优势。

在实践中，政府通过多种措施促进科技巨头与初创企业的良性互动。同时，各地的创新发展试验区为初创成长型人工智能企业提供孵化园地，推动它们与科技巨头形成互利共赢的合作关系。

人才培养与流动：知识共享的催化剂

人才是人工智能发展的核心资源，而人才的培养与流动则是促进不同主体间知识共享的重要渠道。在中国人工智能生态中，已形成了多种促进知识流动的机制。

产教融合是培养人工智能人才的主要模式。通过校企合作，学生能在实际工作环境中学习和实践，理解理论知识的应用价值，增强解决实际问题的能力。这种模式既解决了高校教育与产业需求脱节的问题，又为企业储备了高质量人才。

产学研合作教育是促进知识共享的有效途径。在国内人工智能领域，主要有两类产学研合作教育路径。（见图 4-4）一是以基础研究理论知识需求为核心的模式。人工智能企业联合顶尖院校、科研院所，以联合共建研究机构的方式，开展研究合作与顶尖人才培养，如阿里巴巴与新加坡南洋理工大学共建研究院。二是以工程技术知识需求为核心的模式。人工智能企业深入普通院校，以专业共建的方式，开展应用型人才培养，如科大讯飞与众多普通院校开展人工智能教育合作业务。

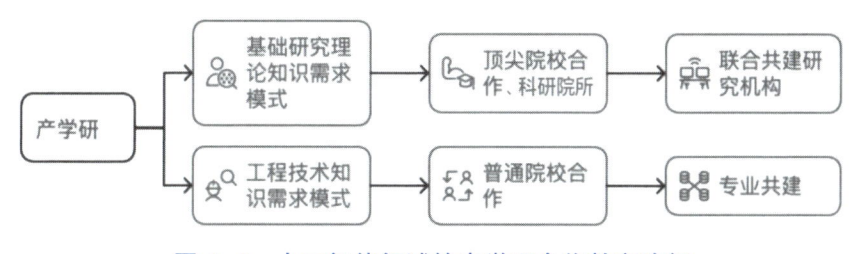

图 4-4　人工智能领域的产学研合作教育路径

人才跨界流动是知识扩散的重要途径。通过促进高校、科研院所与企业人才自由有序流动，可以实现知识的快速传播与融合。国家鼓励企业同科学技术研究开发机构、高等学校、职业院校或者培训机构联合培养专业技术人才和高技能人才，吸引高等学校毕业生到企业工作。这种合作培养模式有利于促进不同主体间的知识共享，企业可以将实际需求和实践经验传递给高校等机构，高校等机构则能为企业输送具备专业知识的人才。

第四章　国内人工智能生态与主体关系的战略

国际交流合作是拓宽知识视野的重要手段。政府和企业建立国际人才交流平台，吸引海外高端人才来华工作和交流，支持国内人才赴海外学习、研究和合作。同时，开展国际交流项目，使学生能够接触国际前沿人工智能技术和理念，拓宽视野。这些国际交流活动不仅引进了先进技术和管理经验，也促进了国内人才的国际化发展，提升了中国人工智能产业的整体水平。

在综合施策方面，各地政府高度重视人才培养和引进。例如，浙江省出台 12 条引进人工智能人才政策；中部地区多个省市出台专项措施，加大人工智能技术人才的引进与培育力度。这种多层次、全方位的人才战略，为中国人工智能生态注入了持续创新的动力。（见表 4-1）

表 4-1　浙江省 12 条引进人工智能人才政策

措施	详情
专项计划引进人才	每年评 200 名优质人才、20 个创新团队。同时，开设便捷政策，方便人才引进。
拓展渠道引进人才	开展人工智能领域专项性引才行动，争取每年引进 10 个顶尖人才团队，聘请国内外人工智能领域高水平专家，组建人工智能 TOP30 专家团，鼓励各地和高校企业，在人工智能人才密度比较高的海内外城市设立引才工作站。
打造平台引进人才	全力打造杭州城西科创大走廊，建设人工智能人才、技术、产业发展的战略高地，推动之江实验室建设，努力建设引进人工智能科技发展的一流实验室。
健全体系培养人才	支持高校建设人工智能相关学科和专业，扩大人工智能方向研究生的培养规模。
促进对接支持人才	建立全球人工智能高端人才数据库，为用人单位精准对接，靶向引进人工智能人才提供服务。
撬动资本支持人才	设立 10 亿元人工智能人才产业发展母基金、5000 万元人工智能天使基金，重点支持人工智能领域、青年人才和初创企业。
专业孵化支持人才	鼓励设立人工智能海外孵化器，择优支持 10 家左右，并授予海外孵化器牌子，支持省内企业收购或设立海外人才人工智能领域研发机构，优先支持人工智能领域企业建设省级重点企业研究院。
优化服务支持人才	人工智能领域，高层次人才团队要有市和县人才办专人联系。集成人才产业科技等方面的资源，实行一事一议、一人一档、一企一策，量身定制支持政策。
降低门槛支持人才	推动政务、交通、商业、金融、教育、社保等方面数据的开放共享，为人工智能产业发展提供丰富的数据资源和应用前景。
财税政策支持人才	支持人工智能领域的企业优先申报国家省高新技术企业，全面落实研发费用加计扣除高新技术企业所得税优惠，固定资产加速折旧，股权激励和分红技术服务，转让的税收优惠等政策。

续表

措施	详情
促进应用 支持人才	大力推广人工智能技术和应用示范,建立人工智能的服务,政府的采购制,以示范应用为牵引,加快智能产品的创新应用。
营造氛围 支持人才	在世界互联网大会、中国机器人峰会和全球人工智能高峰论坛,分别设立互联网人才论坛、人工智能发布论坛。在领导干部进修班、中青年班等党校主体班子开设人工智能课程,将人工智能课程作为专业技术人才知识更新工程的重要内容。

公众参与:人工智能发展的社会基础

在人工智能技术迅猛发展的今天,公众不再是被动的技术接受者,而是人工智能生态系统中不可或缺的积极参与者。公众正在以多种参与方式影响人工智能技术的发展路径和应用普及。

公众对人工智能的接受程度直接影响技术的普及速度。随着人工智能应用的广泛落地,公众对人工智能的态度已从早期的盲目乐观趋向冷静客观,更加关注人工智能发展可能带来的负面影响。有数据显示,年轻和高学历群体更易接触和使用人工智能应用,而其他群体的接受度则相对较低。这种差异化的接受程度影响了人工智能技术的普及路径,企业和政府需要针对不同人群设计差异化的产品和服务,提高整体普及率。(见图 4-5)

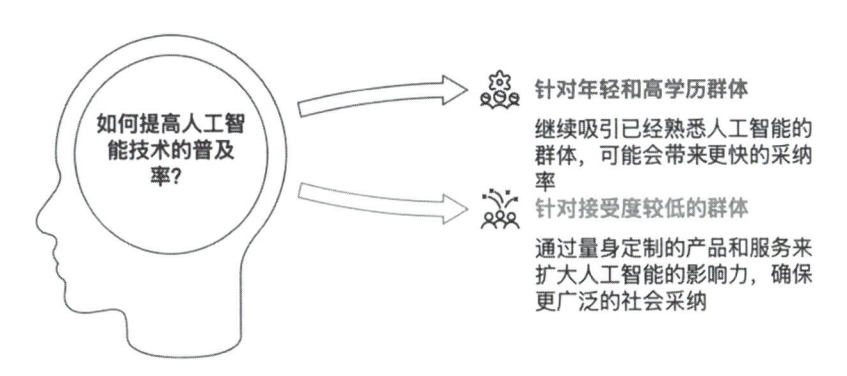

图 4-5 如何提高人工智能技术的普及率

公众参与人工智能治理正成为全球趋势。建立公众参与的机制和平台,鼓励公众参与人工智能治理的决策过程,如开展公众咨询和听证活动,听取

第四章 国内人工智能生态与主体关系的战略

公众意见和建议。建立在线平台，让公众对人工智能系统进行监督和反馈。这种参与机制不仅增强了人工智能决策的民主性和合法性，也提高了决策的科学性和合理性。

公众反馈推动技术迭代是人工智能产品优化的重要途径。公众作为人工智能产品和服务的用户，其使用体验和反馈对产品迭代至关重要。企业通过收集和分析用户反馈，持续优化人工智能产品的功能和性能，提升用户体验。这种"用户驱动创新"模式使得人工智能技术的发展更加贴近实际需求，增强了技术的实用性和普适性。

公众人工智能素养提升是技术健康发展的保障。随着人工智能技术日益深入生活的各个方面，提高公众的人工智能素养变得尤为重要。一方面，加强公众人工智能教育，普及基本知识和潜在风险，提高公众数字素养和风险意识。另一方面，通过媒体、社交媒体、科技展览等多种渠道普及人工智能知识，消除公众误解。例如，通过举办人工智能创意大赛、工作坊等活动，增强民众的参与度与认知度。

总的来说，公众参与为人工智能生态系统注入了社会价值维度，使技术发展更加人性化和可持续性。公众参与不仅是人工智能技术普及的基础，也是确保人工智能发展方向符合人类共同价值观的重要保障。

协作互动的未来趋势：开放合作与共建共治

面向未来，中国人工智能生态中主体间的协作与互动将呈现出更加开放、更加融合、更加共治的特点。

随着人工智能技术的深入发展，主体间的协作将从单向的技术转移走向多维的价值共创。企业需要更加开放，通过构建技术联盟与合作伙伴关系，共享资源与技术，推动行业整体发展。同时，政府、企业、科研机构和公众将形成更加紧密的"四位一体"创新网络，共同应对人工智能发展中的复杂挑战。

未来，中国应加快推动不同研究机构合作，推进应用研究，构建产业核心技术"创新共同体",形成互动合作的协同网络体系,建构完善的人工智能创新生态圈。这种共建共治的生态模式,将为中国人工智能技术的持续创新和产业升级提供强大动力。

第二节

政府的角色：政策制定、科研资助与伦理监管

在人工智能发展的历程中，中国政府担当的角色功能有政策制定、科研资助、伦理监管等。政府的顶层设计引领人工智能发展的方向与力量的延展，是对人工智能伦理边界的规制。

一 国家战略、政策支持与科研资助

2017年，中国人工智能发展迎来了里程碑时刻。这一年7月，国务院发布了《新一代人工智能发展规划》（下文简称《规划》），首次将人工智能上升为国家级战略，勾勒出面向2030年的人工智能发展蓝图，这标志着中国开始有计划、有步骤地推动人工智能产业发展。（见图4-6）

雄心勃勃的国家规划：中国人工智能发展的顶层设计

《规划》的核心内容可以概括为"三个强调、四大重点"。"三个强调"是指科技创新、产业发展以及法律法规与伦理建设。"四大重点"包括：战略态势，人工智能发展进入新阶段，成为国际竞争新焦点；总体要求，明确指导思想、原则和分步走战略目标；重点任务，构建科技创新体系、培育智能经济等；保障措施，制定法规伦理规范等。这种全方位的规划设计，为中国人工智能发展提供了清晰路径。

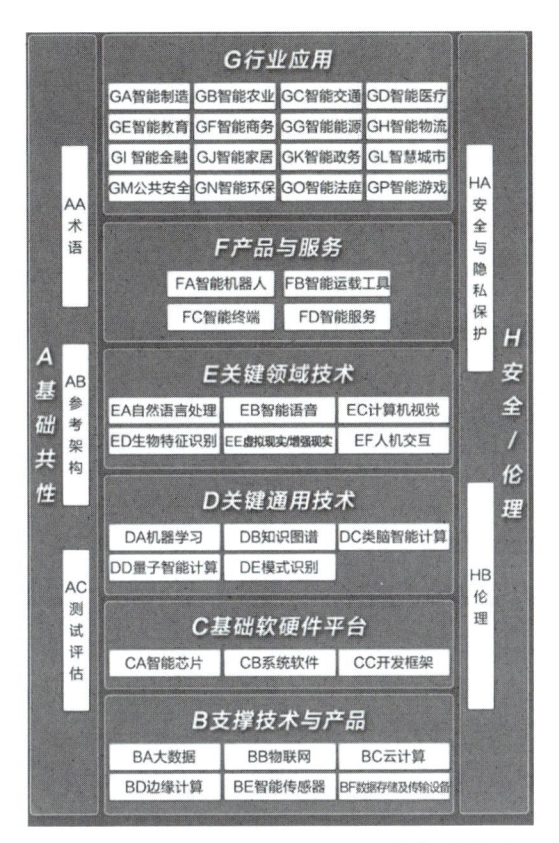

图 4-6 《国家新一代人工智能标准体系建设指南》中的人工智能标准体系

在实施路径上,《规划》采取了"中央统筹＋地方落实"的模式,强调发挥财政引导和市场主导作用,撬动企业、社会资源,形成多渠道支持格局。同时,采取"组织领导、保障落实、试点示范和舆论引导"的方式推动落地。值得注意的是,在这一顶层设计之下,各部门先后推出了 70 余项支持措施,各地方政府也结合自身情况出台配套政策,形成了既有顶层设计又有具体举措的政策支持体系。

从宏观战略到落地实施:全方位的政策布局

中国人工智能政策的演进呈现清晰的脉络:从初期的试点探索阶段,到全面战略部署,再到当前的深化应用阶段。这一过程体现了中国对人工智能发展的系统性思考和全面性规划。

在宏观战略层面，国家持续加大顶层设计力度。2015年《关于积极推进"互联网+"行动的指导意见》首次提出"培育发展人工智能新兴产业"，开启了人工智能政策的序幕。此后，人工智能政策持续升级，2022年科技部等六部门发布《关于加快场景创新以人工智能高水平应用促进经济高质量发展的指导意见》，提出以"数据底座+算力平台+场景开放"驱动人工智能与经济社会发展深度融合。2024年《政府工作报告》更是明确提出开展"人工智能+"行动，将人工智能上升到了新的战略高度。

在落地实施层面，"试验区+先导区"模式发挥了重要作用。科技部推进的18个国家新一代人工智能创新发展试验区和工信部批复的11个国家人工智能创新应用先导区，成为人工智能与实体经济深度融合的重要载体。这些区域按照"应用牵引、地方主体、政策先行、突出特色"的原则，开展了大量创新实践。

同时，标准化工作也在稳步推进。2020年7月，国家标准化管理委员会印发《国家新一代人工智能标准体系建设指南》，明确了人工智能标准领域的顶层设计，将安全/伦理标准作为核心组成部分，为人工智能建立了合规体系，促进其健康、可持续发展。这些标准化工作为人工智能技术的规范落地提供了重要保障。

科研投入与资助：关键技术突破的引擎

中国建立了多层次的科研投入与资助机制，为人工智能关键技术的突破提供了有力支撑，这些机制既有国家统筹指导，也体现了地方特色。

在国家层面，重大科研项目资助是支持关键技术突破的关键。科技部国家重点研发计划项目、"973"计划、"863"计划等重大专项，中国科学院战略先导项目、国家自然科学基金等，为多个人工智能领域的关键技术攻关提供了稳定资金支持。

同时，国家建立了科学技术进步工作协调机制，研究科技进步中的重大问题，协调国家科学技术计划项目的设立及相互衔接，统筹科技资源配置。这种协调机制确保了科研资金的高效使用和重点突破。

在组织实施上，中国形成了"国家实验室＋科研机构＋高校＋企业"的梯度攻关体系。国家实验室发挥战略引领作用，以国家战略需求为导向，突破重大原始创新；国家科研机构强化应用牵引的基础研究和关键共性技术攻关；高水平研究型大学则发挥学科交叉优势，开展面向未来的基础前沿研究；企业解决技术的应用落地问题。这种梯度布局确保了从基础理论到应用技术的全链条创新。

财政和税收政策也是支持科技创新的重要工具。通过统筹运用财政、税收、金融和人才等政策工具，国家支持企业、科研院所和高校联合开展"卡脖子"技术攻关与产业化，加大对芯片、算法、算力平台等人工智能基础研究的支持力度。这些政策不仅降低了创新成本，也引导社会资金向人工智能重点领域流动。

地方政府在科研投入方面也各有侧重。2025年开年以来，地方政府瞄准人工智能产业，加大政策资金支持力度。例如：广东省东莞市"一号文"提出到2027年推动15宗以上人工智能企业/产业项目落户东莞；江苏省苏州市将实施人工智能创新应用行动列为"苏州智造十大行动"之一，加速推动"场景开放、算力无忧"；福建省厦门市印发规划，明确到2027年，厦门人工智能核心产业规模突破600亿元。西部地区的资金投入则更多用于技术研发、人才引进与基础设施建设。这些因地制宜的科研投入策略，促进了人工智能技术在不同区域的均衡发展。各城市正在加大人工智能投资、争取人才以及提供政策支持，走出各具特色的发展路径，持续构筑竞争优势。国际数据公司IDC和浪潮信息联合发布的《2025年中国人工智能计算力发展评估报告》显示，在城市人工智能算力排行中，北京和杭州依然稳居排名前两位，上海时隔三年后，重回第三。此外，位居前10的其他城市是深圳、广州、南京、成都、济南、天津、厦门。

第四章　国内人工智能生态与主体关系的战略

中美人工智能政策对比：两种战略思路的较量

中美作为全球人工智能发展的两大引领者，在政策取向上存在显著差异，这些差异不仅反映了两国不同的创新体系，也塑造了不同的人工智能竞争优势。

在战略推动方式上。党的十八大以来，以习近平同志为核心的党中央高度重视我国新一代人工智能发展。习近平总书记深刻把握世界科技发展大势，深刻洞察人工智能的战略意义，指出："人工智能是引领这一轮科技革命和产业变革的战略性技术，具有溢出带动性很强的'头雁'效应""加快发展新一代人工智能是事关我国能否抓住新一轮科技革命和产业变革机遇的战略问题"。加快落实一系列相关重大决策部署，与时代同频共振，抢抓人工智能发展的历史性机遇，实现高水平科技自立自强，推动经济社会高质量发展。美国更加强调体制的直接组织作用，通过立法支持、成立多个专门机构推动人工智能发展，如白宫成立国家人工智能行动办公室统筹相关战略。这种差异反映了两国不同的政府治理模式。

在监管策略上。中国走出了"监管与创新并重"的路径，早期采取审慎态度，后期积极支持，既确保发展方向符合社会价值观，又为企业创新预留空间。美国则采用市场驱动的方法，对人工智能法律监管采取宽松政策，以最少的监管达到鼓励创新的目的。不过，值得注意的是，美国的监管策略主要聚焦限制技术输出，其隐私政策在一定程度上也制约了大公司获取和使用数据的能力。

在政策方向选择上。中国早期侧重产业政策，中国人工智能头部企业更倾向于投资图像识别、语音识别等应用场景更明确的技术，以获得较快商业回报；人工智能应用更多地面向细分市场、特定行业应用场景。美国始终更注重在人工智能产业基础层和技术层的布局，其头部企业在处理器架构和机器学习等领域领先，多数人工智能应用面向公众。这种差异导致中美在人工智能技术布局上形成互补：美国在处理器和智能芯片、大模型算法和大型平台等形成领先优势；中国则在机器学习、无人机、智能机器人、语音识别、自动辅助驾驶等应用领域具有竞争力。

在资源投入上。中国政府扮演更积极的角色，通过财政补贴、税收优惠、人才计划等多种手段全方位扶持人工智能产业。美国则主要依靠私营部门的力量，通过优化政策环境来支持产业发展，政府干预相对较少。例如，中国通过人才计划等积极吸引人工智能人才，美国则主要通过顶尖高校与企业建立人才引进与合作机制。

在科研合作网络上。中国人工智能头部企业的研发合作更多集中在国内顶尖大学和科研院所，且企业间合作相对欠缺。美国人工智能头部企业不仅与中国科研机构建立了紧密合作，企业间在科研合作网络中也有明显联系。这种差异反映了两国创新生态的不同特点。

政策引导人工智能发展的有效路径

有效引导人工智能向国家战略需求方向发展，需要构建一套系统完善的政策体系。这套体系中既要顶层设计精准有力，也要落地实施精细有效。

第一，建立健全人工智能相关法律法规，明确技术研发、应用和管理规范。这包括制定数据保护、伦理审查、透明度要求等法律法规，引导人工智能技术朝着负责任和可持续方向发展。同时，加强跨部门、跨行业的协同监管，鼓励行业协会和社会组织参与监管，形成多元共治的格局。

第二，统筹科技创新与制度创新，健全社会主义市场经济条件下新型举国体制。一方面，充分发挥市场配置创新资源的决定性作用；另一方面，更好发挥政府作用，优化科技资源配置，提高资源利用效率。具体措施包括：完善关键核心技术攻关举国体制，组织实施体现国家战略需求的科技重大任务，系统布局科学技术重大项目，超前部署关键核心技术研发。

第三，构建和强化国家战略科技力量。以国家实验室、国家科学技术研究开发机构、高水平研究型大学、科技领军企业为重要组成部分，在人工智能关键领域和重点方向上发挥战略支撑引领作用和重大原始创新效能，服务国家重大战略需求。同时，强化企业科技创新主体地位，建立培育壮大科技领军企业机制，赋予企业在创新决策、研发投入、科研组织和成果转化等方面的自主权。

第四，推动人工智能与实体经济深度融合。以应用场景为牵引，加快人工智能在制造、医疗、国土和生态环境监测预警等领域的重大应用，加大智能工厂和人工智能应用场景创新试点，推动传统产业数智化转型。具体做法可包括建立工业人工智能机会清单，由工业企业发布技术难题，人工智能企业参与开发应用场景模型，政府按成果转化效益给予补贴支持。

第五，积极参与全球人工智能治理。中国坚持普惠包容、共商共建共享的国际合作理念，通过经验共享、技术协同和标准化合作，参与制定统一的伦理规范和监管标准。同时，加强在人工智能产业国际标准制定方面的话语权，搭建全球化服务平台，整合全球创新要素资源，让人工智能技术发展成果惠及更多国家，尤其是发展中国家。

第六，培育人工智能创新生态。发挥数据和人才优势，加强数据要素市场建设顶层设计，加快建立健全数据要素化价值化基础制度和标准规范；促进高校、科研院所与企业人才自由有序流动，健全人才流动机制，加强对高层次人才的激励。同时，鼓励公众参与人工智能治理的决策过程，建立在线平台，让公众对人工智能系统进行监督和反馈，形成全社会共建共享的人工智能发展环境。

通过上述政策路径，中国人工智能发展将更加紧密地对接国家战略需求，更有效地促进经济高质量发展和维护国家安全。正如一位人工智能领域专家所言："发展'主权人工智能'须通过教育、科技、人才三位一体推进。"这正是中国人工智能政策的核心要义。

二 监管与伦理治理

人工智能的发展离不开的监管与伦理治理，否则就会出现无序与野蛮"生长"状况，危及人类社会。

中国特色的数据安全与算法监管框架

中国构建了具有鲜明特色的数据安全与算法监管框架，这一框架以战略规划为引领，以法律法规体系为支撑，以技术标准化为基础，以安全监管与评估为保障，形成了多层次、全方位的监管生态。

顶层设计与法律体系的构建是中国监管框架的关键特色。中国依托《网络安全法》《数据安全法》《个人信息保护法》三大基础性法律，构建了"数据三法"监管框架，为人工智能安全发展提供了坚实法律基础。与此同时，针对不同的算法应用领域，国家还出台了一系列具体法规。在算法推荐方面，《网络信息内容生态治理规定》提出健全人工干预和用户自主选择机制。2022年施行的《互联网信息服务算法推荐管理规定》作为中国第一部聚焦算法治理的立法，提出了算法安全风险监测等监管举措。在算法自动化决策方面，《个人信息保护法》等对算法歧视等行为进行规制。在人工智能深度合成方面，《互联网信息服务深度合成管理规定》为人工智能深度合成技术划定了应用红线。这些法律法规共同构成了中国特色的监管框架，既划定底线，又预留创新空间。

多层次的监管结构体现了中国监管体系的系统性。中国针对算法推荐服务、深度合成、自动驾驶等不同人工智能应用分别制定监管规则，形成分散式、差异化的监管模式，这符合敏捷治理原则，能够适应人工智能技术及其应用快速发展迭代的复杂特征。例如，在规制生成式人工智能领域，中国率先推出多项有力举措。2023年7月发布的《生成式人工智能服务管理暂行办法》，鼓励创新发展，实行包容审慎和分类分级监管。这种"分层分类"的监管模式有效平衡了促进创新与加强治理的关系。

数据安全治理体系是中国监管框架的重要支柱。中国将数据安全放在保障人工智能安全发展的突出位置，逐步完善数据资源建设顶层设计。2023年10月，国家数据局挂牌成立，推动数据实现从自然资源到经济资产的跨越。同时，地方层面，多地加快培育规范数据交易市场。截至2023年9月，全国注册成立的数据交易机构已有60家。这些机构为人工智能技术提供了规范透明的数据支持，推动产业健康发展。值得注意的是，中国通过加快立法进程和标准体系建设，既完善了数据安全监管法律依据，建立了应急响应机制，又抓紧研制数据质量、数据安全、算法正确性等技术规范和标准，为人工智能监管提供了全方位保障。

技术与制度双轮驱动是中国监管框架的突出优势。中国采取"制度 + 技术"双轮驱动模式。一方面，政府继续完善分层分类的监管框架，根据不同风险等级制定相应标准；另一方面，加强人工智能系统的安全评估、内容识别及追溯审计技术的研发，为治理提供技术支撑。这种技术监管能力的提升体现在网络安全技术创新应用和产业快速发展上。中国网络安全产业在经历多年高速增长后，2023 年进入结构调整期。根据调研数据统计，2023 年国内网络安全市场规模约为 640 亿元，同比增长 1.1%，增速较 2022 年下降 2 个百分点。这一增速变化反映出在全球经济不确定性增加、国内政企数字化建设节奏调整的宏观环境下，网络安全市场出现的短期波动。然而，从长期来看，产业发展的基本面依然稳固，百家主要网络安全企业的从业人员总数达到 91798 人，显示出行业对人才吸纳的持续能力。

人工智能伦理治理的中国方案

中国的人工智能伦理治理方案以人为本，突出体现了"发展负责任人工智能"的核心理念，形成了多元主体参与、全流程治理的独特模式。

以人为本的伦理理念构成了中国方案的哲学基础。中国主张发展人工智能应坚持"以人为本"理念、"智能向善"的宗旨，认为人工智能发展的目标是让民众生活更加幸福，从而促进人类文明进步；坚持相互尊重、平等互利的原则，各国无论大小、强弱，无论社会制度如何，都有平等发展和利用人工智能的权利。这一理念赋予了中国人工智能伦理治理独特的价值导向。

健全的伦理组织架构为中国方案提供了制度保障。中国在科技伦理制度建设方面作出了多项贡献。一是组建国家科技伦理委员会，负责指导和统筹协调推进全国科技伦理治理体系建设工作。2019 年 7 月，中央全面深化改革委员会第九次会议审议通过《国家科技伦理委员会组建方案》。2022 年 3 月，《关于加强科技伦理治理的意见》进一步明确其管理职责。二是出台与科技伦理相关的政策法规。2021 年 12 月修订的《科学技术进步法》，增加了科技伦理相关条款；《关于加强科技伦理治理的意见》对科技伦理治理提出全面要求。这种自上而下的组织体系建设，为人工智能伦理治理提供了强有力的制度框架。

多元主体共治模式是中国方案的鲜明特色。中国形成"政府引导、企业参与、社会协同"的人工智能共治模式。政府重在完善制度和监管框架，企业在内部建立风险管理机制并积极承担社会责任，行业组织推动行业自律和标准化发展。在行业层面，相关研究机构和行业组织提出人工智能伦理指南、自律公约等，如中国人工智能产业发展联盟的《新一代人工智能行业自律公约》等；在企业层面，国内科技公司发布人工智能伦理原则，建立内部人工智能治理组织，开展伦理审查或安全风险评估等。这种多元共治机制充分调动了各方积极性，形成了治理合力。

敏捷精准的监管模式是中国方案的实践创新。一方面，针对不同的人工智能产品、服务和应用，采取基于风险的人工智能治理政策框架；另一方面，强调在对人工智能应用进行分级分类基础上，采取分散式、差异化监管。例如，《生成式人工智能服务管理暂行办法》建立了分层监管方式，让企业在监管下于真实市场条件中测试新产品和技术。这种敏捷监管模式既符合人工智能技术快速发展的特点，又确保了监管的有效性。

公众参与机制进一步丰富了中国方案的内涵。中国积极建立公众参与的机制和平台，鼓励公众参与人工智能治理的决策过程。例如，开展公众咨询和听证活动，听取公众意见和建议；建立在线平台，让公众对人工智能系统进行监督和反馈；加强公众人工智能教育，普及基本知识和潜在风险。

创新与安全的平衡之道

中国在促进人工智能创新与保障安全之间寻求平衡，形成了一套行之有效的方法论，日益受到国际社会的关注和认可。

包容审慎的监管策略是实现平衡的重要手段。中国走出了"监管与创新并重"的路径，早期审慎监管后期积极支持，既确保发展方向符合社会价值观，又为企业创新预留空间。中关村科学城的实践是典型案例，其探索包容审慎监管环境，持续推动监管政策和监管流程创新，开展模型算法备案指导和服务，引导创新主体树立安全意识，建立安全防范机制。这种兼顾发展与安全的监管策略，避免了"一刀切"的监管陷阱，也为企业创新营造了良好环境。

创新监管工具箱是平衡二者关系的实践探索。中国在监管举措创新上，加快建立健全人工智能治理社会化服务体系，如人工智能治理标准、认证、检测、评估、审计等，以承接、落实立法和监管要求；同时，人工智能"监管沙盒"、政策指南、责任安全港、试点、示范应用、事后追责等监管方式，在不同应用场景下发挥重要作用。这些创新监管工具为企业提供了安全创新的试验场，在确保合规的同时不阻碍创新活力。

基于风险的分级分类监管是维持平衡的科学方法。中国采取基于风险的人工智能治理政策框架，在对人工智能应用进行分级分类基础上，采取分散式、差异化监管。同时，基于产业链或社会影响的分层治理，体现人工智能治理的产业逻辑，如《联合国系统人工智能治理白皮书》提出基于计算机硬件—云平台—数据和人工智能模型—应用程序的分层治理。这种风险导向的治理方式使监管资源得到合理配置，对高风险领域严格把关，对低风险领域宽松对待，从而实现了创新与安全的动态平衡。

技术创新与治理协同是平衡的长期战略。中国正持续投入研发资源提升人工智能技术性能、安全性和可靠性，如提高人工智能算法可解释性和透明度；建立健全技术治理体系，制定数据安全和隐私保护标准，加强对人工智能系统监管和审计。这种"以技术应对技术"的思路，通过技术创新来解决技术安全问题，突破了单纯依靠监管制度的局限性。正如有专家指出的，未来一段时期，人工智能伦理治理将与产业创新活动加强协调，这种协同发展模式将成为中国在创新与安全之间取得平衡的关键路径。

开放合作与标准共建是平衡的广阔空间。中国不断加强在人工智能产业国际标准方面的话语权，搭建全球化服务平台，整合全球创新要素资源；推动专家人才参与标准的制定与修订，提升中国标准国际化水平；推进"产、学、研、用"深度合作，提高高端产品验证和质量评价水平。通过这种开放合作与标准共建的方式，中国在促进国内创新的同时，也参与塑造了全球人工智能安全治理的框架，实现了国家利益与全球共治的平衡。

中国在全球人工智能治理中的立场与贡献

中国积极参与全球人工智能治理，在全球舞台上展现负责任大国形象，贡献了独特的中国智慧和中国方案。

普惠包容的国际合作理念是中国立场的核心。中国坚持普惠包容、共商共建共享的人工智能国际合作理念，致力于让人工智能技术发展成果惠及更多国家，尤其是发展中国家；主张开源人工智能技术，促进人工智能服务的可及性。中国支持联合国在全球人工智能治理中发挥重要作用，愿意与其他国家展开交流合作，尤其希望通过与发展中国家的人工智能合作，弥合智能鸿沟，赋能经济发展，践行"以人为本""智能向善"等人工智能治理理念，加强全球人工智能协调治理。这一立场充分体现了中国对构建人类命运共同体的坚定承诺和积极实践。

积极参与全球人工智能治理框架构建是中国贡献的重要体现。2023年10月，中国提出《全球人工智能治理倡议》，从人工智能发展、安全、治理三个方面提出中国方案，贡献中国智慧。2024年7月，由中国主提的"加强人工智能能力建设国际合作决议"获得第78届联合国大会通过，全球140多个国家参加决议联署，反映了中国在全球人工智能领域的话语权和国际影响力不断提升。这些倡议和决议的提出，标志着中国从全球人工智能治理规则的参与者逐渐转变为引领者。

多边主义与伦理先行是中国立场的鲜明特色。中国在2022年11月向联合国《特定常规武器公约》缔约国大会提交《中国关于加强人工智能伦理治理的立场文件》，提出人工智能治理要坚持伦理先行、加强自我约束、强化责任担当、鼓励国际合作等主张，表明推动各方共商共建共享、加强全球治理、积极构建人类命运共同体的立场。2023年4月，中国向联合国提交《中国关于全球数字治理有关问题的立场》，明确表示各国应在普遍参与的基础上，通过对话与合作，推动形成具有广泛共识的人工智能国际治理框架和标准规范。这些立场文件阐明了中国对人工智能治理的基本态度，强调了多边协商和伦理优先的重要性。

具体治理实践的经验分享是中国贡献的实质内容。在算法监管方面，中国在规制生成式人工智能领域率先推出多项有力举措。例如，《互联网信息服务深度合成管理规定》明确各方法定义务，《生成式人工智能服务管理暂行办法》实行包容审慎和分类分级监管。在标准化工作方面，2020年7月印发的《国家新一代人工智能标准体系建设指南》明确了人工智能标准领域的顶层设计，将安全/伦理标准作为核心组成部分，为人工智能建立了合规体系，促进其健康、可持续发展。这些实践经验的分享为全球人工智能治理提供了可借鉴的中国方案。

发展中国家利益的代表是中国在全球人工智能治理中的特殊角色。中国一直致力于将发展中国家的声音纳入关于人工智能治理的讨论中，坚持增强发展中国家在人工智能全球治理中的代表性和发言权，维护多边主义。同时，中国积极推动人工智能普惠发展，帮助发展中国家加强能力建设，主张开源人工智能技术，促进人工智能服务的可及性，实现各国共享智能红利。这一立场使中国成为连接全球南北人工智能发展的重要桥梁，为构建更加公平、合理的全球人工智能治理体系贡献了重要力量。

中国在全球人工智能治理中的贡献和立场，充分体现了"负责任人工智能"的理念——以人为本，在技术实践中秉持善意，增进对技术的信任，创造价值并增进福祉，防范滥用、误用和恶用。通过这些努力，中国正在与各国一道，共同构建安全、可控、可靠、公平、包容的人工智能发展环境，为人类文明进步贡献智慧和力量。

第三节

多方协作案例：国家科研专项与重点企业协同的成功经验

人工智能的发展需要多方协作才能形成良性生态，我国已有这方面优秀的协作案例；分析这些案例中多方协作的密码，提取其中成功的经验，有助于我们摸索出更有效的应用模式和落地路径。

一 技术突破的协作模式

在人工智能领域，中国正通过独特的多方协作模式加速技术突破。国产人工智能芯片与大模型研发正是这种协作的典型代表，展现了"集中力量办大事"的中国特色创新路径。

国产人工智能芯片与大模型研发中的多方协作典范

智源研究院的"悟道"大模型是产学研协同的成功典范。作为北京智源人工智能研究院牵头的项目，"悟道"大模型汇集了北京大学、清华大学、中国科学院等多家高校和科研机构的顶尖研究力量，同时得到商汤科技等企业的技术支持。这种多方协作使"悟道"系列模型在参数规模和性能上不断突破，走出了一条"政府支持、学术引领、企业参与"的协同创新路径。

国产算力平台与大模型的协同攻关是另一种高效协作模式。以百度昆仑芯片为例，其研发过程中联合高校、科研院所和产业链上下游企业，形成了完整的研发生态。昆仑芯片不仅支持百度自身的文心一言大模型，还通过开放平台与其他大模型团队协作，实现了芯片与算法的协同优化。类似的还有寒武纪、比特大陆等人工智能芯片企业，也都采取了产学研协同的战略，通过与大模型团队的紧密合作，不断优化芯片性能。

DeepSeek（深度求索）的开源协同模式代表了新型技术突破路径。DeepSeek通过积极推行开源策略，构建了广泛的用户和应用生态，超过16家国产人工智能芯片企业相继适配或上架了DeepSeek模型服务，实现了芯片与模型的无缝对接。这不仅在一定程度上打破了国际技术壁垒，还促进了全球范围内的技术交流与合作。这种开源协同模式将进一步普及，让更多研究机构和企业在共享算法和数据中形成互利共赢，使未来的中国人工智能生态更开放、多元。

广东省的多模态人工智能大模型协作模式展示了地方层面的创新路径。广东组织企业与高校、科研院所组建合作团队，开展多模态人工智能大模型应用研究。广州市天河区则鼓励有条件的人工智能大模型企业牵头成立创新联合体，围绕关键核心技术研发和产业化应用，组织开展联合研发攻关和产教融合。这种区域性协作网络加速了技术创新和产业化进程。

"实验室 + 企业 + 政府"协同创新的突破机制

"实验室 + 企业 + 政府"三方协同是中国人工智能技术突破的关键机制，这种机制通过整合学术创新、产业资源和政策支持，形成强大合力。

中国科学院计算所与企业的深度合作展示了这种机制的有效性。中国科学院计算技术研究所先进计算机系统研究中心的研究工作得到了科技部国家重点研发计划项目、"973"计划、"863"计划、中国科学院战略先导项目、国家自然科学基金的资助，同时与华为、阿里巴巴、百度、商汤科技等企业建立了紧密合作关系。这种"科研院所 + 龙头企业 + 政府资助"的模式，使研究成果能够快速转化为产业应用。

大学实验室与企业的产学研协作也是技术突破的重要途径。北京邮电大学计算机学院的多个导师团队与包括华为、百度、小米、国家电网等在内的企业保持长期横向合作，承担了众多国家级科研项目，在智能边缘计算等方向取得了系列成果。另一个团队则与华为、腾讯犀牛鸟、阿里人工智能R、美团等知名IT企业开展合作项目，培养了"阿里星"和"腾讯犀牛鸟精英人才"。这种协作不仅推动了技术突破，还促进了高质量人才培养。

中国移动与研究机构的联合创新体现了企业主导的协同模式。中国移动与鹏城实验室在6G、算网等方面展开深入合作，设立了亿元科创专项基金；同时与国家自然科学基金设立联合基金，公开遴选40个研究团队，开展信息通信领域基础研究及前沿探索。这种"企业＋实验室＋基金"的协作模式，为基础研究提供了稳定资源，同时确保研究方向与产业需求紧密结合。

"揭榜挂帅"机制是政府推动协同创新的有效手段。在这种机制下，工业企业发布技术难题，人工智能企业参与人工智能＋示范应用场景模型开发，形成行业级解决方案，政府按成果转化效益给予补贴支持。山东省提出到2025年积极打造具有一定国际影响力的基础级大模型，在重点领域和关键环节培育一批覆盖范围广、产品能效高的行业级大模型、场景级大模型。这种需求导向的创新机制，有效连接了技术供给与应用需求。

在这种三方协同机制中，关键在于建立符合各方利益的合作模式。一方面，要解决好创新要素向企业集聚的"信用"和"利益"问题，将知识产权作为解决利益分配机制问题的中心环节，建立产学研长期合作的信用和约束机制；另一方面，政府需要完善协同高效的统筹协调机制，锚定重大战略目标完善央地科技资源统筹机制，聚焦重点科技领域健全规划项目央地协作机制。

开源社区：中国人工智能技术发展的新动力

开源社区已成为中国人工智能技术发展的重要推动力量，正在从多个维度重塑中国人工智能生态。

开源大模型的生态赋能正在加速技术创新。中国企业普遍采取开放源代码策略，这不仅有助于建立生态系统，还在全球人才竞争中形成了独特优势。以DeepSeek为例，其坚持开源免费策略，降低了开发者门槛，有助于大量企业级应用落地。其兴起标志着中国人工智能发展范式的根本性转变，使中国首次在人工智能基础理论层面对国际巨头形成了实质性制衡。

技术扩散与创新加速是开源社区的关键贡献。繁荣的开源生态可加速科技创新，推动产业融合和拓展应用场景。随着更活跃开源社区的形成，全球开发者共同参与推动技术创新和应用拓展，催生更多基于开源大模型的创业项目，同时推动人工智能技术与传统产业的深度融合，提升人工智能技术的经济与社会价值。开源协作重塑了技术扩散的路径，"开放创新 + 本土标准输出"的模式，为发展中国家参与全球人工智能技术治理提供了全新范式。

开源框架赋能中小企业对构建多元人工智能生态至关重要。开源环境为成长型人工智能企业提供了发展助力，这些数量庞大的企业是人工智能技术发展、应用创新和产业融合的重要推动力量。企业可利用开源核心算法开展内部和企业间的集成创新，加速人工智能终端产品与应用服务产业化技术的突破，催生创新型产品，减少企业应用人工智能的障碍。这种模式特别有利于"专精特新"中小企业快速实现技术跨越。

开源社区的全球影响力正在提升中国在国际舞台的地位。开源赋能全球开发者，增强了技术的透明度和可信度，降低了技术被恶意攻击和利用的风险。同时，也为中国在国际人工智能合作中赢得了话语权和影响力，提升了在科技安全领域的竞争力，激发全球范围内小型人工智能公司的创新活力。DeepSeek 的开源共享理念加速了人工智能技术的普及和应用场景拓展，缩小全球人工智能发展鸿沟，实现了可及、普惠的"以人为本"的人工智能发展愿景。

未来，开源社区将在中国人工智能技术发展中扮演更加核心的角色。作为开源运动的支持者李海洲指出，坚持开源原则有助于推动技术进步和共享知识，专注于打造几个高质量且广泛共享的模型，更能有效促进中国人工智能技术的创新和应用。随着中国境内开源平台如始智社区等的发展，这些平台正在成为 HuggingFace 的本土替代品，为中国人工智能技术发展提供了本土平台支持。

成功技术协作案例的共同特征

分析中国人工智能领域的成功技术协作案例，我们可以总结出几个共同特征，这些特征构成了中国特色技术突破路径的核心要素。

市场需求与国家战略双轮驱动是最显著的特征。成功的技术协作通常既对接实际市场需求，又符合国家战略方向。例如，鼓励龙头企业围绕通用人工智能、高端算力建设等重点领域建设联合实验室，构建开放、融合、具有引领发展能力的创新生态。这种"技术创新与国家需求相结合"的导向，确保了研发投入的方向精准，成果转化路径清晰。

多元主体深度融合是协作模式的基础。成功案例中，成员单位与牵头单位在技术研发、成果产出、专利布局、标准制定、国际合作等方面具备合作基础和合作意愿，能够相互支撑协作、资源共享、协同攻关。例如，在国产大模型研发中，公司与鹏城实验室、哈工大（深圳）、清华大学深圳国际研究生院、华为等单位展开广泛合作，于2023年底成功推出国内首创的大模型。这种多元主体的深度融合，实现了优势互补，形成了创新合力。

产业链上下游协同创新是技术突破的保障。成功的技术协作案例通常支持关键核心技术攻关，鼓励企业、高校、科研院所等各类创新主体开展联合攻关，围绕产业链上下游组建产业创新联盟。例如，广东支持各类创新主体围绕人工智能与机器人产业链上下游组建产业创新联盟开展联合攻关。这种纵向协作保证了从基础理论到商业应用的无缝衔接。

开放共享与知识产权保护平衡是持续创新的关键。成功案例往往既注重开放共享，促进知识流动和创新扩散，又重视知识产权保护，确保创新主体的积极性。政府通过完善协同创新体制机制，优化产业创新联盟运行机制，促进技术创新、标准创制、成果转化，探索联合攻关、利益共享、知识产权运营的有效模式。这种平衡保证了技术合作的可持续性。

龙头企业引领与中小企业参与相结合是生态健康发展的要素。成功的协作案例中，充分发挥龙头企业在集群中的引领作用，带动上下游企业创新和资源整合，提升集群整体竞争力，同时鼓励中小企业融入人工智能产业集群，通过协同创新在各自细分领域形成竞争优势。例如，江苏省推动协同创新，组建创新联合体，推动"AI+合成生物""AI+机器人"等跨技术协同，打造应用场景。这种"以大带小"的协作模式，既保证了创新的系统性，又确保了生态的多样性。

场景驱动与技术引领双向互动是协作效果的保证。成功的协作模式会通过场景创新促进通用人工智能关键技术迭代升级，形成技术供给和场景需求互动演进的持续创新力，带动提升制造、医疗、教育、金融、科学研究等领域的发展水平。例如，鼓励企业深挖制造、医疗、教育等重点行业需求，强化人工智能框架软件和硬件相互适配、性能优化和应用推广，打造软硬件一体化生态体系。这种双向互动机制确保了技术创新与市场需求的紧密匹配。

总的来说，这些共同特征构成了一种中国特色技术协作模式，即"政府引导、企业主导、产学研协同、开放共享"的创新生态。（见图 4-7）这种模式既区别于西方纯市场驱动的模式，又能充分调动各类创新主体的积极性，特别适合人工智能这种需要大量资源投入、多学科交叉合作的技术领域。推动中国人工智能产业进一步发展和技术突破，需要不断优化这种协作模式，加大在基础创新、关键核心技术等方面的研发投入，加强企业间合作与交流，推动标准统一和生态兼容，构建开放协同的人工智能生态系统。

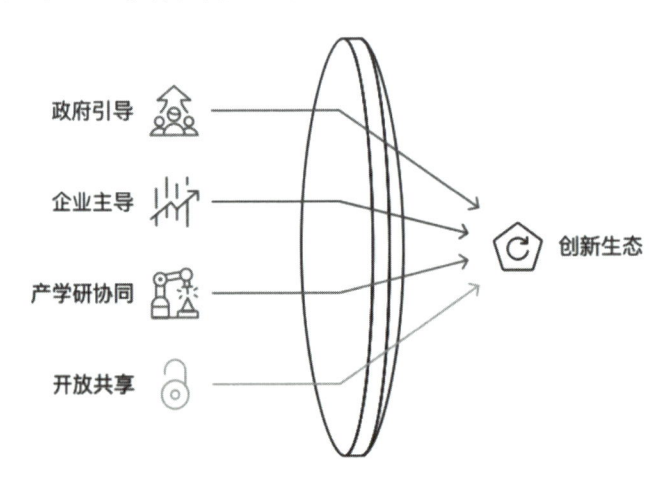

图 4-7　中国特色技术协作模式

二 "人工智能+"产业落地的实践路径

人工智能从实验室走向产业,从概念走向应用,需要多方力量的协同推进。在中国特色的创新生态中,人工智能技术正通过独特的多方协作模式在重点行业实现规模化应用,展现出鲜明的中国特色。

多方协作推动人工智能技术在重点行业的规模化应用

"政策引导+资金支持"模式是推动人工智能规模化应用的强大引擎。近年来,国家密集出台政策支持人工智能技术应用,如科技部等六部门发布的《关于加快场景创新以人工智能高水平应用促进经济高质量发展的指导意见》,提出以"数据底座+算力平台+场景开放"驱动人工智能与经济社会发展深度融合。在资金层面,国务院国资委要求央企将发展人工智能纳入"十五五"规划重点,加大资金投入;各省市财政也纷纷设立专项资金,如广东对国家科技重大专项符合省级配套条件的人工智能与机器人领域重点项目,按规定给予配套奖励。这种政策与资金的双重支持,为人工智能技术的规模化应用提供了坚实基础。

"场景创新+开放平台"模式是推动人工智能落地的有效路径。中国独特的场景创新机制围绕重点行业建立了一批典型应用场景,推动人工智能关键技术迭代升级,形成技术供给和场景需求互动演进的持续创新力。例如,在制造领域探索工业大脑、机器人协助制造等智能场景;农业领域探索农机卫星导航自动驾驶作业、智能农场等。同时,开源算法框架有效集成了人工智能核心能力,开放平台呈现建设主体多元化,这极大降低了行业应用人工智能的门槛,加速了规模化落地。

"行业联盟+产业链协同"模式构建了全产业链协作创新体系。在人工智能应用过程中,企业积极围绕产业链上下游组建产业创新联盟,开展联合攻关。以华为提出的"专家+行家"合作模式为例,通过成立产业联合体,打通科研创新与场景应用之间的连接。同时,"强封闭性场景"的应用策略在相关产业中"先试先行",通过场景改造实现现有人工智能技术在实体经济中的落地应用。这种产业链协同模式既解决了技术适配问题,又加速了技术的商业化进程。

"试验先导+示范推广"模式形成了可复制的应用路径。国家推动的人工智能创新发展试验区和先导区建设展现出显著成果,科技部推动的试验区和工信部批复的 11 个国家级先导区已成为人工智能与实体经济深度融合的重要载体。在这些区域,政府推动更多产业领域的龙头企业提供真实场景下的典型数据集,甚至结合工业场景举办国际性人工智能算法竞赛,引导人工智能算法向多行业扩展。这种"以点带面"的模式,有效推动了人工智能技术在各行业的规模化应用。

行业知识与人工智能技术融合的有效途径

行业知识与人工智能技术的融合是实现价值创造的关键环节。(见图 4-8)中国在这一领域探索出多种有效途径,打通了从技术到应用的"最后一公里"。

产学研联合体是实现知识与技术融合的重要机制。企业与研究开发机构、高等院校构建产学研联合体,形成优势互补、利益共享、风险分担的市场化协同创新机制。这种联合体打破了传统的知识和技术壁垒,促进了跨领域融合。

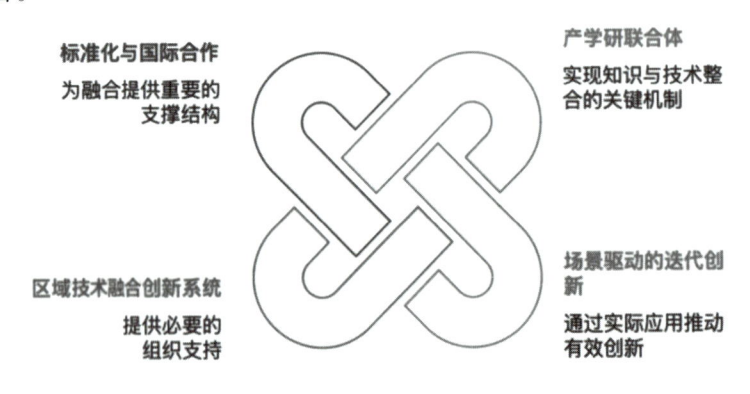

图 4-8 知识与技术融合的框架

场景驱动的迭代创新是知识与技术融合的重要路径。通过围绕高水平科研活动打造重大场景，以需求为牵引谋划人工智能技术应用场景，融合人工智能模型算法和领域数据知识。例如，推动人工智能技术解决数学、化学等领域重大科学问题，在新药创制、基因研究等领域实现研究突破。在这个过程中，企业深挖制造、医疗、教育等重点行业需求，强化人工智能框架软件和硬件相互适配、性能优化和应用推广，打造软硬件一体化生态体系。这种场景驱动模式不仅加速了技术迭代，还保证了应用的精准性和有效性。

区域技术融合创新系统为知识与技术的融合提供了组织保障。政府主导构建的区域技术融合创新系统，将"基础研究—应用研究—试验开发"升级为打通"企业—高校—研究院所—用户"的体系，形成了更为完整的创新链条。同时，地方政府积极推动各类主体建立常态化人工智能场景清单征集、遴选、发布机制，推动领军企业围绕需求征集场景并发布场景机会；支持举办高水平人工智能场景活动，加强场景创新主体交流合作，拓展人工智能场景创新合作对接渠道。这些举措有效促进了场景供需双方对接合作，为行业知识与人工智能技术融合创造了有利条件。

标准化与国际合作是知识与技术融合的重要支撑。加强人工智能全产业链标准化工作协同，推动跨行业、跨领域标准化技术组织的协作，打造大中小企业融通发展的标准化体系，为知识与技术融合提供了规范指引。同时，中国坚持开放包容、互惠共享的国际科技合作理念，与多个国家和地区建立科技合作关系，参与国际组织和多边机制，在重点领域广泛开展国际合作研究。通过增强在人工智能产业国际标准制定方面的话语权，搭建全球化服务平台，整合全球创新要素资源，进一步推动了行业知识与人工智能技术的深度融合。

中小企业参与并受益于人工智能创新生态的路径

在人工智能发展的浪潮中，中小企业并非只能望洋兴叹。相反，中国独特的创新生态为中小企业提供了多种参与途径和发展机会，让它们也能在人工智能时代分享发展红利。

利用开源资源与公共平台是中小企业参与人工智能创新的低成本途径。中国繁荣的开源生态可加速科技创新，推动产业融合和拓展应用场景。中小企业可借助开源核心算法开展内部和企业间的集成创新，加速人工智能终端产品与应用服务产业化技术的突破，减少应用人工智能的障碍。同时，政府支持建设的开源和共性技术创新平台为中小企业提供研发服务，企业可利用平台开展技术创新要素集成和网络集成创新，获取端到端解决方案。例如，智能技术与场景生成、实感智能计算、芯片设计与测试等公共平台可显著降低相关企业开发成本，提升其竞争力。

参与专项基金与政策支持是中小企业获取资源的重要渠道。政府设立的人工智能领域企业专项基金和税收激励政策，让中小企业有机会强化在人工智能产业基础层和技术层的薄弱环节。同时，多层次资本市场助力中小企业融资更加畅通，风险投资商等资本团队加强面向成长型人工智能企业的投资，除提供资金支持外，还引导技术与市场对接、完善人工智能生态。值得注意的是，国家自2022年起陆续出台政策，明确支持初创企业参与人工智能发展。这些政策红利为中小企业提供了难得的发展机遇。

垂直细分领域突破是中小企业差异化发展的关键策略。成长型人工智能中小企业可凭借算法和技术指标的优越性，在垂直细分领域灵活找到场景并快速部署，竞标龙头客户业务，积累客户案例和资源，探索迭代和定义行业标准化产品。中小企业还可与产业型大公司进行互补合作，帮助传统大企业提升行业渗透率、拓展新市场，同时借助传统大企业寻找技术应用场景；与技术平台型大企业进行差异化合作，利用其算力、算法和数据资源实现场景落地。这种错位竞争与协作共赢的策略，为中小企业开辟了独特的发展空间。

参与工业人工智能机会清单挑战是中小企业与大型工业企业对接的有效途径。政府建立的工业人工智能机会清单机制，由工业企业发布技术难题，人工智能民企参与示范应用场景模型开发，形成行业级解决方案，政府按成果转化效益给予补贴支持。中小企业可积极参与这类清单挑战，获得与大型工业企业合作的机会，同时享受政府的政策支持。此外，中小企业还可参与产业链上下游的创新联合体。例如，江苏省推动协同创新，组建创新联合体，推动"人工智能＋合成生物""人工智能＋机器人"等跨技术协同，打造应用场景。这种产业链协同模式为中小企业提供了更广阔的发展空间。

未来中国人工智能生态发展的关键挑战与机遇

站在新的历史起点上，中国人工智能生态发展既面临诸多挑战，也蕴含巨大机遇。把握未来发展趋势，对于推动中国人工智能事业持续健康发展至关重要。

技术自主性面临的挑战仍然突出。在技术层面，国外技术封锁严重，影响产业生态形成，威胁数据、信息基础设施和产业安全。中国芯片产业近年来发展迅速，但在部分关键领域仍依赖国际厂商，GPU等算力芯片国产化率低，高端芯片设计制造缺乏关键核心自主技术，软件操作系统和数据库国产化水平也低。此外，产业链分布不合理，侧重于应用场景设计布局，基础研究薄弱，企业在产业链应用落地端分布集中。这些技术自主性方面的短板，制约了中国人工智能生态的健康发展。

监管与创新平衡的挑战日益凸显。监管机制难以跟上人工智能的快速发展，人工智能全链条参与主体多，安全风险溯源追责难度和成本大，安全监管难度增加。同时，中国企业面临着不断学习、掌握相对复杂、快速跟进的法律体系的挑战。自2017年以来，中国开始构建人工智能治理和监管框架，发布了一系列相关法规。这给人工智能提供商带来合规和监管导致解决方案难度增加、选择正确技术路径受限等挑战。如何在促进创新与保障安全之间找到平衡点，成为未来发展的关键挑战。

人才与生态协同的挑战不容忽视。中国人工智能生态发展面临人才短缺、人才培养体系不完善、高端复合型人才紧缺的问题。同时，生态系统割裂，企业间在硬件架构、编程语言、开发工具和软件架构上标准不统一，存在算力孤岛、生态不兼容等现象。这种人才短缺和生态割裂的状况，在一定程度上制约了人工智能技术的创新和应用。挑战与机遇是并存的，中国人工智能生态发展也蕴含巨大机遇。

政策支持与市场规模提供了广阔发展空间。政府发挥着积极作用，具备强大的战略规划和执行能力，出台了一系列政策助力人工智能发展。2025年中国人工智能市场规模将突破5000亿元。随着疫情中人工智能场景的密集应用、落地渠道的增加和技术的不断成熟和开放，人工智能发展将迎来黄金期。三大核心要素（数据、算力、算法）推动人工智能技术迭代和商业化落地，中国人工智能企业基于技术创新及成本控制等优势，行业将快速发展，前景广阔。

生态活力与应用创新成为重要竞争力。中国已构建起活跃的人工智能生态系统，创新文化在扎根，有利于大规模、更广泛地采用人工智能技术。中国领先企业大力投资人工智能，聚焦关键业务场景解决行业特定问题。同时，中国积极融入全球人工智能产业链分工，既引进国际领先企业参与国内市场，也支持中国企业开拓海外市场，形成优势互补的产业生态。这种生态活力和应用创新，为人工智能技术的持续发展提供了坚实基础。

开源开放与国际合作拓展了发展新空间。随着更活跃开源社区的形成，全球开发者共同参与推动技术创新和应用拓展，催生更多基于开源大模型的创业项目。开源协作重塑了技术扩散的路径，"开放创新+本土标准输出"的模式，为发展中国家参与全球技术治理提供了全新范式。同时，海外拓展机会不断涌现，鉴于中国超级云厂商在全球欠发达国家的投资，中小企业可评估和输出中国人工智能生态系统，为亚太地区和全球南方国家的部署做好准备。

未来，中国要在技术自主性、生态开放性与治理包容性之间找到平衡，方能实现从"人工智能大国"向"人工智能强国"的质变。这需要统筹资源要素建设，夯实人工智能发展的数字基础设施；强化企业科技创新主体地位，建立培育壮大科技领军企业机制；优化国家实验室体系、国家科研机构和高水平研究型大学的定位和布局，以有组织的科研推进原创性、引领性创新；构建多元创新主体互动的创新生态系统，打好区域人工智能科技产业活力和竞争力的基础。

在这个过程中，中国应加强在人工智能产业国际标准制定方面的话语权，同时坚持开源人工智能技术，促进人工智能服务的可及性，让人工智能技术发展成果惠及更多国家，尤其是发展中国家。只有通过开放合作与共建共治，中国人工智能生态才能在全球竞争中占据有利位置，为人类文明进步贡献智慧和力量。

第四章　国内人工智能生态与主体关系的战略

第五章 「人工智能+X」的融合路径：领域场景的系统应用

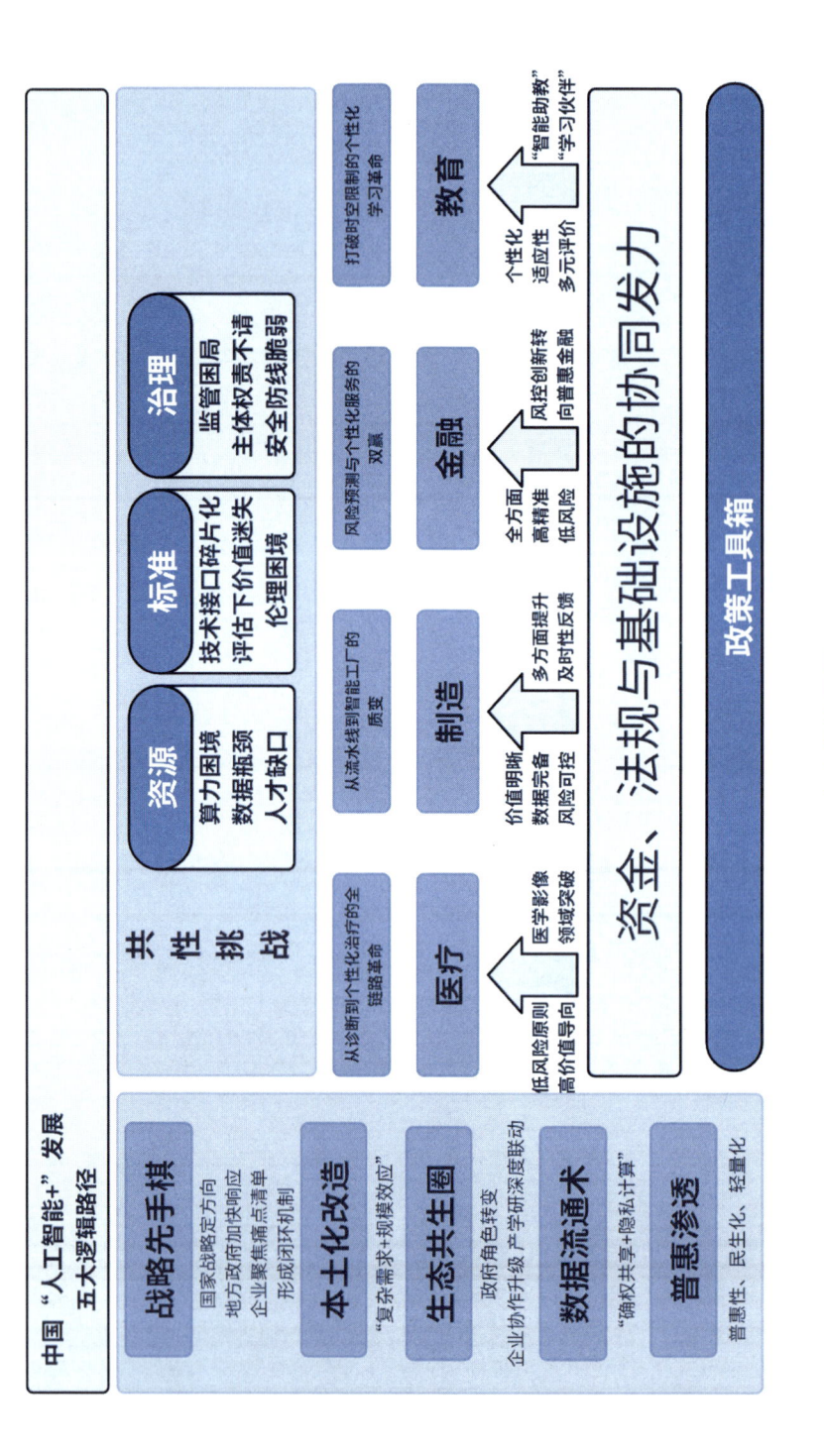

中国"人工智能+"发展五大逻辑路径

战略先手棋
- 国家战略定方向
- 地方政府加快响应
- 企业聚焦清单
- 形成闭环机制

本土化改造
"复杂需求+规模效应"

生态共生圈
- 政府角色转变
- 企业协作升级 产学研深度联动

数据流通术
"确权共享+隐私计算"

普惠渗透
普惠性、民生化、轻量化

共性挑战

资源
- 算力困境
- 数据瓶颈
- 人才缺口

标准
- 技术接口碎片化
- 评估下价值迷失
- 伦理困境

治理
- 监管困局
- 主体权责不清
- 安全防线脆弱

医疗
医学影像领域突破
→ 从诊断到个性化治疗的全链路革命
（低风险原则 高价值导向）

制造
价值明晰 数据完善 风险可控
→ 从流水线到智能工厂的质变
（多方面提升 及时性反馈）

金融
风险预测与个性化服务的双赢
→ 风控创新转向普惠金融
（全方面 高精准 低风险）

教育
打破时空限制的个性化学习革命
→ "智能助教" "学习伙伴"
（个性化 适应性 多元评价）

政策工具箱
资金、法规与基础设施的协同发力

本章阅读导图

第一节

"人工智能+X"的浪潮席卷而来

如今,人工智能已不再是高悬云端的概念,而是如灵动的画笔,正为各个行业绘就全新图景,"人工智能+X"的融合浪潮正席卷而来。从医疗到制造业,从金融到教育,不同领域纷纷引入人工智能技术,试图解锁新的发展密码。从复杂的系统架构搭建,到具体的垂直应用,"人工智能+X"致力于找到与各行业适配的最佳模式。落地过程中,从萌芽般的场景设想,到成长为参天大树般的成熟模式,离不开精心设计的机制和政策的保驾护航。但前进之路总有坎坷,资源分配不均、缺乏统一标准、治理规则模糊等问题,时刻考验着这场融合之旅。

我们所说的"人工智能+X",不是简单的技术叠加,而是一场深刻的产业变革和价值创造过程。通过这种融合,人工智能赋能传统行业以解决长期痛点,创造新的业务模式,提升服务体验,同时各行业的专业知识也反哺人工智能技术发展,促进算法模型更加专业化和场景化,形成良性循环。

医疗:从诊断到个性化治疗的全链路革命

医疗行业长期受困于诸多关键难题,资源分配不均使得部分地区医疗资源极度匮乏,诊断精准度不高,导致误诊、漏诊时有发生,个性化治疗的缺乏也难以满足患者多样化的需求。而人工智能技术的出现,为攻克这些难题带来了重大转机,正引领着医疗行业在这些方面实现显著突破。

在医学影像识别领域,人工智能算法展现出了无可比拟的优势。它如同不知疲倦的"影像分析专家",能够对CT和MRI等复杂影像进行深度剖析,从而大幅提高诊断的准确率。谷歌研发的肺癌筛查人工智能系统，在早期肺癌征兆的识别上表现卓越，能够比专业放射科医生更早地发现潜在病症，极大地提升了早期诊断的成功率。这种完全自动化系统融入放射学工作流程，堪称放射基因组学领域的一项重大突破。它大幅缩减了执行重复性繁重任务的总耗时，显著提升了效率与生产力。该系统还有一个突出优势，即能实时比对数据库中的海量影像，以此对治疗进程予以精准监控。

人工智能在医疗领域的价值意义深远。它不仅能够将医疗专家的丰富经验以数字化的形式复制并推广到医疗资源匮乏的地区，实现医疗资源在时空维度的优化配置，让更多患者受益；还能根据患者的个体差异，提供精准的个性化诊断和治疗方案，极大地提升了医疗服务的效率和质量，推动医疗行业向更加精准、高效、个性化的方向发展。

制造：从流水线到智能工厂的质变

制造业在发展过程中面临着效率提升缓慢、质量控制困难，以及设备维护成本居高不下等诸多挑战。人工智能技术的应用，为这个传统行业注入了全新的活力，引领着制造业实现从量变到质变的跨越。

人工智能在制造业的独特价值在于，它能够打破工厂各个生产环节之间的壁垒，将原本孤立的环节有机连接起来，形成一个高效协同的整体。通过对生产过程中的数据进行实时采集、分析和优化，实现从原料采购、生产加工到产品交付的全流程智能化管理，使工厂如同拥有了智慧的"大脑"，能够更加高效、稳定地运行，推动制造业向智能化、数字化、柔性化方向迈进。

在质量控制方面，人工智能技术发挥着关键作用。2024年，深圳荣耀智能机器有限公司首次被国家知识产权局授予一项重要专利，专利名称为"缺陷检测方法、缺陷检测模型的训练方法及相关设备"，利用先进的深度学习算法和计算机视觉技术，实现对产品缺陷的自动检测与识别。青岛海尔工厂的预测性维护系统同样出色，它能够实时监测设备的运行状态。海尔青岛洗衣机互联工厂表示，应用了移动边缘计算（MEC）视觉平台之后，洗衣机外观检测效率提高了 56%，并且实现了零漏检。

金融：风险预测与个性化服务的双赢

金融行业的痛点主要体现在风险控制难度大、欺诈检测手段有限，以及客户服务效率不高等方面。人工智能技术的应用，让人工智能在金融领域扮演起了"金融侦探"和"贴心管家"的双重角色，为解决这些问题提供了创新的思路和方法。

在风险控制和欺诈检测方面，支付平台的实时交易监控系统能够在极短的时间内对大量的交易特征进行分析，精准识别出欺诈交易，其识别能力远超传统系统，有效保障了金融交易的安全。在个性化服务方面，人工智能投资顾问能够根据客户的风险偏好、资产状况和投资目标，为客户提供定制化的投资组合建议，打破了传统理财服务的高门槛限制，让更多普通客户也能享受到专业的理财服务，实现了普惠金融的目标。

人工智能在金融领域的价值在于，它能够深入挖掘交易数据中的潜在模式和风险信号，在瞬间做出准确的决策。这不仅大大提高了金融系统的安全性和稳定性，还为客户提供了更加公平、便捷、个性化的服务体验，推动金融行业向智能化、数字化、普惠化方向发展。

教育：打破时空限制的个性化学习革命

教育领域一直存在着资源分布不均衡、教学方式单一，以及个性化指导不足等问题，这些问题严重制约了教育的发展和学生的成长。人工智能技术的应用，正为教育领域带来一场深刻的变革，让教育呈现出百花齐放的繁荣景象。

在线教育领域，在线教育平台的自适应学习系统能够根据学生的学习进度、学习习惯和知识掌握情况，自动调整学习内容和难度，为每个学生量身定制个性化的学习方案，显著提升了学生的学习效果。目前，在线学习支持服务已经有了一定的实践，如美国佐治亚理工大学启用一款名为吉尔·沃特森的机器人作为助教，高效、精准地回复学生们在论坛上提出的各类问题。某线上辅导利用人工智能技术实时监控学生学习状态，根据学习进度和知识点掌握情况推荐视频课程、练习题等资源，并通过智能算法制订个性化学习计划。这在一定程度上减轻了教学团队的工作量，为学习服务的多样化供给，提供了巨大赋能。

人工智能在教育中的价值在于其突破时空限制，能够兼顾规模化教育和个性化学习的需求。一方面，通过互联网技术将优质的教育资源传播到更多地区，让更多学生能够享受到优质的教育服务；另一方面，根据每个学生的特点和需求，提供"量体裁衣"式的学习方案，真正实现了因材施教的教育理想，为学生的全面发展和个性化成长提供了有力支持。

通过人工智能+医疗、制造、金融、教育的典型案例，我们清晰地看到，人工智能并非万能的工具，而是针对不同行业的特点和需求，提供了差异化的解决方案。在医疗领域，它拓展了专业知识的覆盖范围，提升了医疗服务的质量；在制造业，它优化了生产流程，加强了质量控制；在金融领域，它平衡了安全与便捷的关系，促进了普惠金融的发展；在教育领域，它构建了个性化的学习体验，推动了教育公平。这种"精准施策"而非"一概而论"的特性，正是"人工智能+X"模式取得成功的关键所在。

第二节

各行业的落地机制与政策协同

在这次科技浪潮中,人工智能深刻变革了众多行业。这里深入剖析人工智能在医疗、制造、金融、教育等领域的落地机制,从政策工具箱中的资金、法规、基建协同,到政企协同创新模式,全面展现中国人工智能从技术突破到产业繁荣的发展历程。

一 典型行业的人工智能落地机制:从单点突破到规模化复制

近年来,人工智能技术从实验室走向实际应用,其潜力在各行各业,尤其是医疗、制造、金融、教育等领域得到了验证。

人工智能医疗的落地路径:从影像突破到智慧医疗体系

在医疗行业,人工智能的落地并非一蹴而就,而是循序渐进,遵循着一条从局部突破到全面铺开、由浅层次应用到深层次融合的发展轨迹。从最初实现单点技术的创新突破,到如今致力于构建全方位、全流程的智慧医疗体系,这一发展历程不仅体现了技术自身不断演进的内在逻辑,也深刻反映了医疗体系独特的运行规律和内在需求。

医学影像领域成为人工智能在医疗行业最早取得显著突破的应用场景,这并非偶然的结果。医学影像诊断具有数据结构化程度较高、判读规则相对明确,且临床需求极为迫切等突出特点,这些特质为人工智能的应用搭建了一个理想的试验平台。以胸部 X 光片肺结节的识别为例,这一应用场景不仅拥有海量的历史影像数据作为机器学习的样本资源，而且具备相对标准化的诊断流程和规范。这些条件使得人工智能算法能够聚焦于特定且边界清晰的问题，充分发挥其数据分析和模式识别的优势，从而在临床诊断中展现出独特的价值。

除了医学影像领域，病理诊断也成为人工智能早期成功落地的重要阵地。传统的病理诊断工作存在耗时长、主观性强，以及专家资源稀缺等诸多挑战和难题。而人工智能病理识别系统凭借其强大的数据处理能力，能够高效地处理和分析大量的病理切片，为病理诊断提供客观、一致的初步筛查结果。例如，在宫颈癌筛查中应用的人工智能辅助系统，通过对细胞学涂片进行自动化分析，不仅大幅提高了筛查的效率和准确性，还在很大程度上减轻了病理医生的工作负担，缓解了专家资源紧张的局面。

这些人工智能在医疗领域的早期成功应用案例，其关键在于它们始终遵循了"低风险、高价值"的选择原则。一方面，这些人工智能应用的定位明确，主要是作为"辅助诊断工具"，而不是完全替代专业医生的临床判断，最终的诊断决策权仍然牢牢掌握在经验丰富的医师手中。这样既充分发挥了人工智能的技术优势，又保证了医疗服务的质量和安全性。另一方面，这些应用精准地瞄准了临床工作中存在的实际痛点和需求，如基层医疗机构医生经验不足、专家资源分布不均、传统诊断方法效率低下等问题。通过提供创新的解决方案，为临床医疗工作创造了明确且可观的价值。

制造业人工智能落地路径：从价值锚点到战略转型

制造业作为国民经济的中流砥柱，正沐浴在人工智能带来的深刻变革浪潮之中。和医疗行业相仿，制造业的人工智能应用也沿着从局部单点突破到全面覆盖、由浅层次应用到深度融合的路径稳步前行。不过，由于制造业自身独特的产业属性，其人工智能的落地机制别具一格，展现出与众不同的发展特色。从起初专注于单一生产工序的优化，到如今大力推进全面的数字化转型进程，制造业的人工智能应用宛如一支神奇的画笔，正在重新勾勒传统生产方式的轮廓，为企业创造出全新的竞争优势。

对于制造企业而言，在人工智能应用的初始阶段，精准地选择合适的切入点无疑是重中之重。那些取得成功的人工智能落地项目，往往严格遵循"价值明晰、数据完备、风险可控"的选择准则。与医疗领域有所差异的是，制造业的人工智能切入点通常高度聚焦于产能提升、质量优化、成本削减及安全保障这四大核心方向。

在产能提升方面，除运用运筹学算法进行精准排程，还可引入基于约束理论（TOC）的智能排产系统。该系统识别生产过程中的瓶颈环节，围绕瓶颈优化生产计划，合理安排设备、人力等资源。

同时，结合实时反馈机制，当生产过程中出现设备故障、原材料短缺等突发状况时，系统能迅速重新规划排程，保障生产的连续性。质量优化上，建立全生命周期质量追溯系统，从原材料采购、生产加工到产品销售，每个环节的数据都被记录并关联。利用区块链技术确保数据的不可篡改和可追溯性，结合人工智能技术，对质量数据进行分析，一旦发现质量问题，可快速定位问题源头，采取针对性措施改进。此外，在生产线上部署在线质量检测设备，运用机器视觉、激光检测等技术，实时检测产品质量，对不合格产品及时返工或剔除。做成本削减时，借助大数据分析优化供应链管理，精准预测原材料价格走势，合理安排库存。在安全保障层面，将物联网与人工智能融合，实时监测生产环境中的安全隐患。例如，通过图像识别技术监测员工未规范佩戴安全装备等行为。

金融领域的落地途径：从精准识别到普惠金融

在传统的信贷评估体系中，主要依赖申请人的收入证明、信用记录及抵押物等有限的维度来进行风险评估。对于缺乏这些传统信用数据的群体，比如初入社会的年轻人、规模较小的小微企业主等，这种方式无疑面临"信息不足"的难题，难以对他们的真实信用状况和风险水平做出准确的判断。如今，行业内的领先金融机构已经敏锐地捕捉到了这一问题，并积极探索创新之路，开始构建基于人工智能的多维度风控体系。该体系巧妙地将传统的结构化数据与行为数据、社交数据等非结构化数据有机结合，极大地拓展了风险评估的信息边界，使得风险评估更加全面、精准和科学。

机器学习算法在信贷风控领域优势显著，相比传统线性评分卡模型，基于深度学习的系统能挖掘复杂非线性关系，精准评估风险。其自适应学习能力可依据最新数据实时调整风险判断，缩短模型更新周期，帮助金融机构快速响应市场变化。在实时反欺诈方面，传统欺诈检测依赖事后分析与静态规则，难以应对复杂欺诈手段。而人工智能实时反欺诈系统能在毫秒内深度分析交易行为，快速识别可疑模式，极大提升欺诈识别的准确性与及时性，守护金融机构与客户权益。

随着人工智能技术的持续演进和应用深化，金融行业正在经历从风控创新到普惠金融的系统性转型。在这一进程中，技术革新成为关键驱动力。大数据技术能够收集和分析海量客户数据，精准评估不同客户的信用状况，打破了传统金融仅依赖抵押物与少数数据维度的局限，让小微企业、弱势群体等以往被忽视的群体也能得到客观的信用评判。人工智能算法优化了信贷审批流程，减少了人工干预，降低了运营成本，使得金融机构有能力为更多客户提供小额、便捷的金融服务。同时，移动支付普及让金融服务突破地理限制，偏远地区居民也可轻松享受转账、理财等基础金融服务。多方合力下，金融行业逐步实现向普惠金融的系统性转型。

教育领域落地途径：从个性化学习到教育体系变革

在教育领域，人工智能的应用最早在一些结构化场景中取得了突破性进展，如在语言学习以及作业批改等方面。随着技术的不断发展和应用的深入，教育人工智能所扮演的角色也在不断演进，正从最初单纯的"辅助工具"逐渐转变为"智能助教"以及"学习伙伴"。在这个过程中，人工智能系统会通过苏格拉底式的提问方式，引导学生进行深入思考，激发他们的思维活力，有效地提升了学生的科学探究能力。这种角色的转变不仅仅是功能上的扩展，更是对传统教与学方式的一次深刻重塑，促使教育从过去的标准化模式逐渐向个性化、适应性以及多元评价的方向发展。

在教育经验的复制与推广方面，已经形成了一套完整且有效的机制。通过提供标准化的解决方案、开展针对性的教师培训、设立区域推广中心，以及实施示范工程等多种方式，实现了教育经验的广泛传播和应用。以区域性人工智能教育示范区为例，这里不仅培训了大量的教师，提升了他们的教学能力和对人工智能技术的应用水平，还建立了众多试点学校。在这些学校中，人工智能技术得到了充分的应用和实践，使得众多学生从中受益，取得了良好的教育效果。与此同时，人工智能正日益成为均衡教育资源的有力工具。国家智慧教育平台的访问量持续保持在较高水平，这充分说明了其受欢迎程度和重要性。远程"双师课堂"的推广，更是让众多乡村学校的学生能够享受到来自城市的优质教育资源，极大地缩小了城乡之间的教育资源差距。

然而，教育人工智能在实现规模化发展的过程中，也面临着一系列的挑战。具体表现为数据安全问题、教师对新技术的接受程度，以及评价体系与人工智能教育模式的适配性等，这些都需要我们认真对待和解决。针对这些问题，相应的应对策略也在逐步实施。例如，通过应用数据脱敏技术来保障数据的安全性，建立分层次的教师培训体系，提高教师对人工智能技术的接受度和应用能力，以及推进评价改革，使其更好地适应人工智能教育的发展需求。目前，中国的教育人工智能应用正逐渐形成一种以国家战略引领、示范工程带动的规模化发展路径，其覆盖范围也在持续扩大，为教育事业的发展注入了新的活力和动力。

二 政策工具箱：资金、法规与基础设施的协同发力

人工智能技术的落地并非一蹴而就，许多企业在尝试部署人工智能项目时，却发现自己陷入了"模型很好看，应用却难做"的困境。无论是数据准备不足、算法与场景的不匹配，还是缺乏持续优化的机制，这些问题都可能

导致项目停滞，甚至功亏一篑。对于企业来说，人工智能的价值不仅在于模型的高精度表现，更在于如何让模型适配业务需求、解决实际问题。那么，如何从一个优秀的人工智能模型走向成功的商业应用？这里需要政府的资金支持、相关法规的构建、算力基础设施的建设等。

资金支持机制：政府资金如何推动人工智能落地

在人工智能从实验室走向市场、从概念验证迈向规模应用的过程中，资金支持始终是关键的推动力量。与传统产业不同，人工智能产业具有投入大、周期长、风险高的特点，单纯依靠市场机制难以在初期阶段获得充分发展。因此，政府资金支持成为推动人工智能产业发展的重要政策工具，其形式也在不断演进：从最初的简单项目补贴，到如今多元化、市场化的产业基金模式，形成了一套日益完善的资金支持体系。政府资金支持的有效性很大程度上取决于其精准度——是否能够准确识别并解决人工智能产业发展的关键难题。实践表明，成功的政府资金扶持通常采取"补短板、强弱项、重关口"的策略，精准布局于以下三类关键环节。

首先是技术研发中的"卡脖子"环节。人工智能产业链中的某些核心技术，如高端芯片设计、基础算法创新等，往往需要大量前期投入，市场回报周期长，且面临国际竞争与技术限制。针对这些环节，政府往往采取重点突破的资金支持策略。其次是从实验室到市场的"死亡谷"环节。许多人工智能技术在完成初步研发后，面临着从概念验证到商业化应用的艰难跨越。这一阶段既需要持续的技术优化投入，又面临市场验证的不确定性，成为许多创新成果夭折的"死亡谷"。针对这一环节，政府资金支持多采取"揭榜挂帅"和"应用场景优先"的方式。最后是产业规模化的"瓶颈"环节。当人工智能技术完成单点验证后，要实现广泛应用和产业规模化，往往需要配套设施建设、标准制定和生态培育等系统性工作，这些环节难以由单个企业承担。针对这类环节，政府资金多采取平台化、基础设施化的支持方式，帮助企业克服困难。不仅如此，政府资金的精准扶持还体现在对产业链的系统布局上。

成功的资金支持机制往往采取"龙头带动、链条协同"的策略——既支持头部企业建立产业标准和核心技术，又帮助配套企业形成完整产业生态。

从无到有：人工智能法规体系的渐进式构建

人工智能法规体系的构建并非一蹴而就，而是经历了从无到有、从软到硬、从分散到体系的渐进式发展过程。这一过程既反映了技术演进与治理需求的动态平衡，也体现了"先试验、后总结、再规范"的务实路径。

人工智能法规的发展经历了早期阶段、战略规划阶段和专项立法阶段。（见表5-1）

表 5-1 人工智能法规的发展阶段

阶段	时间范围	主要特点	代表性法规及举措
早期阶段	约2015年前	全球未形成专门的人工智能法规体系，治理依赖通用法规，"借用既有、分散应对"。	依靠产品安全、数据保护和行业监管等通用法规进行治理。
战略规划阶段	2017—2019年	各国将法规建设纳入国家战略视野，"顶层设计、原则先行"，以原则性、方向性文件为主。	欧盟：2016年发布《机器人民法法律问题决议》，从法律层面讨论人工智能伦理约束和法律责任。 中国：① 2016年发布《"互联网+"人工智能三年行动实施方案》，提出协同推进政策法规研究。② 2017年7月国务院发布《新一代人工智能发展规划》，强调建立法规、伦理规范和政策体系。③ 2019年国家新一代人工智能治理专业委员会发布《新一代人工智能治理原则》，提出八大原则形成基础性框架。
专项立法阶段	自2020年至今	出台针对具体应用场景和问题的专项法规，"重点突破、逐步扩展"。	中国：① 2021年《个人信息保护法》实施，针对算法推荐、自动化决策等设置规范。② 2022年3月《互联网信息服务算法推荐管理规定》发布，对互联网信息服务算法推荐活动做出规范。③ 2022年底《深圳经济特区人工智能产业促进条例》实施，探索建立与人工智能产业发展相适应的产品准入制度。

目前，我国人工智能法规体系正进入"系统构建、协同发展"阶段。一方面，针对特定领域和场景的专项法规不断细化和完善；另一方面，系统性的

法律框架也在加速形成。2023 年 8 月，国家网信办发布《生成式人工智能服务管理暂行办法》，专门规范生成式人工智能服务提供者的法律责任和义务，成为全球首批针对生成式人工智能的专门法规之一。与此同时,《人工智能法》已被列入十四届全国人大常委会立法规划，标志着我国人工智能法规体系将迈向更加系统化、体系化的新阶段。

此外，人工智能法规体系建设注重与国际规则的协调。中国积极参与全球人工智能治理对话，在 G20、OECD、UNESCO 等多边平台上提出中国方案，推动形成包容普惠的全球治理框架。2023 年 3 月，中国参与联合国教科文组织《人工智能伦理建议书》的制定，成为全球首个人工智能伦理国际文书的重要贡献者。通过"国内规范＋国际协调"的双轨并行，我国人工智能法规体系既立足本国实际，又与国际接轨，形成了开放融合的治理格局。

基础设施建设：算力、数据与人才底座

人工智能的发展离不开强大的基础设施支持，尤其是算力和网络通信方面的基础设施。算力是人工智能的核心驱动力，没有足够的算力，人工智能模型的训练和推理就无法高效进行。网络通信基础设施则是实现人工智能技术在各行业广泛应用的重要保障。只有具备高速、稳定的网络，才能实现设备之间的互联互通，实现数据的快速传输和共享。

政府高度重视人工智能基础设施建设。在算力方面，大力推动数据中心、超级计算机中心等算力基础设施的建设，鼓励企业和科研机构研发高性能的计算芯片和计算设备，提高算力水平。同时，构建统一的算力调度平台，优化算力资源的配置，避免企业无序投入，提高算力资源的利用效率。在网络通信方面，加快 5G 网络的普及和应用，推进工业互联网、物联网等网络基础设施的建设，为人工智能技术在工业制造、智能交通、智慧城市等领域的应用提供高速、稳定的网络支持。例如，在数字孪生工厂的建设中，5G 和算力基建是关键支撑。通过 5G 网络，能够实现工厂内各种设备之间的实时通信和数据传输，而强大的算力则能够支持数字孪生模型的构建和运行，对工厂的

生产过程进行实时监控和优化。如果没有5G和算力基建，数字孪生工厂就只能是空中楼阁。

资金、法规与基础设施这三个方面的政策工具相互配合，协同发力。资金支持为人工智能技术的研发和应用提供了经济基础，法规保障为人工智能的发展提供了规范和安全保障，基础设施建设则为人工智能技术的落地提供了硬件支撑。它们共同构成了一个完整的政策体系，推动着人工智能技术架构在各行业的落地生根，促进人工智能产业的健康、快速发展。政策不是人工智能的枷锁，而是导航仪——既指明方向，又铺平道路。在政策的引导和支持下，人工智能技术正不断朝着更加安全、可靠、高效的方向发展，为经济社会的数字化转型和高质量发展注入强大动力。

三 政企协同创新模式：试点示范与生态共建

政企协同创新是中国人工智能发展的特色模式，它将企业的创新力与政府的政策引导力有机结合，共同推动人工智能生态的建设、发展和落地，形成强大的生态竞争力。这种协同创新模式主要体现在试点示范和生态共建两个方面。

试点示范：从创新样板到应用推广

政府通过选取一些具有代表性的地区、行业或企业作为试点，给予政策支持和资源倾斜，鼓励它们在人工智能领域先行先试，探索出可复制、可推广的经验和模式。例如，科技部发布的《国家新一代人工智能开放创新平台建设工作指引》，鼓励人工智能行业领军企业、研究机构牵头建设开放创新平台，聚焦人工智能重点细分领域，充分发挥引领示范作用，促进人工智能与实体经济的深度融合。这些开放创新平台就是试点示范的重要载体，它们通过整合技术资源、产业链资源和金融资源，持续输出人工智能核心研发能力和服务能力，为其他企业和机构提供了学习和借鉴的榜样。

以一些人工智能创新发展试验区为例，政府在试验区内出台了一系列优惠政策，包括税收减免、资金扶持、人才激励等，吸引了大量的人工智能企业和科研机构入驻。这些企业和机构在试验区内开展各种人工智能应用试点项目，如智能交通、智慧城市、智能制造等。试点项目的实施，不仅推动了当地经济社会的发展，也为其他地区提供了宝贵的经验。例如，在某些试验区，建设智能交通系统，利用人工智能技术实现了交通流量的智能优化、智能信号灯的控制、自动驾驶车辆的试点运营等，提高了城市交通的运行效率和安全性。这些成功的经验可以在其他城市推广和应用，推动全国范围内智能交通的发展。

生态共建：合作模式与实践探索

政企协同还体现在共同构建人工智能生态系统方面。政府通过制定产业政策、规划产业布局等方式，引导企业、科研机构、高校等各方力量参与人工智能生态建设。企业则发挥自身的技术优势和创新能力，在人工智能技术研发、产品应用等方面积极探索和创新，不断推出新的技术和产品。科研机构和高校则为人工智能发展提供人才支持和技术研发支撑，开展基础研究和应用研究，培养高素质的人工智能人才。

在生态共建过程中，各方形成了紧密的合作关系。企业与科研机构、高校开展产学研合作，共同攻克人工智能关键技术难题，加速技术成果的转化和应用。同时，政府积极推动产业链上下游企业之间的合作，形成产业集群，实现资源共享、优势互补。例如，在人工智能芯片领域，芯片设计企业、制造企业、封装测试企业等通过合作，共同打造了完整的产业链，提高了我国人工智能芯片的自主研发和生产能力。

此外，政府还通过举办各种人工智能产业峰会、论坛等活动，搭建交流合作平台，促进政企之间、企业之间、产学研之间的沟通与交流，推动人工智能生态系统的不断完善。在这个过程中，政企协同不是简单的"政府搭台、企业唱戏"，而是共同编写剧本、联合导演未来。政府和企业有着共同的目标，即推动人工智能技术的发展和应用，实现经济社会的智能化转型。通过共同努力，打造出一个具有创新活力、协同发展的人工智能生态系统，为我国人工智能产业的发展提供坚实的支撑。

政企协同创新模式通过试点示范和生态共建，充分发挥了政府和企业各自的优势，实现了资源的优化配置和协同发展。这种模式不仅推动了人工智能技术在各行业的快速应用和发展，也为我国在全球人工智能领域的竞争中赢得了优势，为经济社会的高质量发展注入了新的动力。在未来的发展中，政企协同创新模式将继续发挥重要作用，不断推动人工智能技术的创新和应用，开创更加美好的智能未来。

第三节

"人工智能+X"遇到的共性挑战：资源、标准、治理

当我们将目光从人工智能闪耀的技术展示与概念演示转向实际落地过程，不难发现"人工智能+X"的融合之路并非一帆风顺。许多企业在充满热情地启动人工智能转型项目后，却在实施过程中遭遇了一系列意料之外的挑战与障碍。更值得注意的是，这些挑战并非某一行业或某一企业的个例，而是跨越不同规模、不同领域企业的共性问题。

"为什么我们的人工智能项目总是'雷声大雨点小'？"这已成为众多企业家和管理者的共同困惑。通过对数百家实施"人工智能+X"战略的企业调研发现，尽管具体表现形式各异，但这些共性挑战大致可归纳为三个核心维度：资源约束、标准缺失与治理滞后。这里将深入剖析这三大维度的共性挑战，揭示其背后的深层次原因与具体表现，并探讨前沿企业应对这些挑战的创新实践。唯有直面这些共性难题，找到破解之道，才能真正实现人工智能与传统产业的深度融合，释放"人工智能+X"的变革潜能。

一 资源约束与优化配置

当谈及"人工智能+X"落地过程中的拦路虎时，资源约束无疑是最常被提及的痛点。就像一辆性能强劲的跑车需要优质燃油和熟练驾驶员才能发挥其真正价值，人工智能技术的落地同样离不开算力、数据和人才这三大核心资源的支撑。然而，现实情况却是，无论是大型科技巨头还是中小型企业，都要面

对这些关键资源的短缺与不均衡分配问题，这已成为制约"人工智能+X"健康发展的首要瓶颈。

算力困境：奢侈的"数字电力"

算力在人工智能时代，就如同电力之于工业时代，是不可或缺的核心资源。然而，算力资源的匮乏正日益成为企业人工智能转型的"天花板"。所需的算力数量，每年以超过5倍的速度急剧增长。而行业通过提升GPU性能（每年约69%），或者依靠领先的超级计算系统的输出（每年约78%），远远无法满足如此迅猛的计算需求增长幅度。这种供不应求的状况，使得算力价格变得格外昂贵。对于计划训练大型语言模型的企业来说，动辄数千万甚至上亿元的算力投入已成为一道难以跨越的高墙。即使是中等规模的人工智能模型，其训练成本也常常超过千万元人民币。这种投入对大型科技公司尚且是重大决策，对普通企业而言则是不可想象的。

更令人担忧的是，算力资源分配的严重失衡。科技巨头凭借雄厚的财力和物力，可以建立起自己的算力"帝国"。百度昆仑、阿里含光、华为昇腾等自研人工智能芯片陆续问世，让这些企业在算力上有了自主权。但与此形成鲜明对比的是，中小型企业在算力获取上却举步维艰。资源充足的大企业能够快速迭代模型、提升性能，而资源受限的中小型企业则难以迈出人工智能应用的第一步。重要的算力资源，对小公司而言，仿佛成了遥不可及的"奢侈品"。这种算力上的差距，正如同"马太效应"的催化剂，强者愈强，弱者愈弱。

数据瓶颈：质量与隐私的博弈

高质量数据对人工智能系统至关重要，它直接决定了人工智能模型的"上限"。缺乏优质数据带来的问题不只准确率下降这么简单，还包括模型的公平性堪忧、泛化能力不足，以及安全隐患增加。在"人工智能+X"的实际落地过程中，获取高质量数据却遭遇了诸多意想不到的阻碍。

表面上看，数字经济时代数据呈爆炸式增长，但真正高质量、可用于人工智能训练的结构化数据却依然稀缺。一方面，数据孤岛现象普遍存在，严重阻碍了数据要素的自由流动。在中国许多传统行业中，数据被分散存储在不同部门、不同系统中，缺乏有效的整合机制。另一方面，数据获取还面临着严格的行业壁垒。金融、电信、医疗等领域的数据天然具有敏感性和专属性，行业监管和商业保护使跨行业数据流通变得异常困难。

获取高质量数据的过程中，还有一个大难题，就是数据隐私保护与人工智能训练需求之间的矛盾。随着公众对个人数据保护的意识日益增强，法律法规也越发严格。以医疗人工智能为例，训练一个高精度的辅助诊断系统，需要大量带有详细临床信息的医疗影像，但这类数据往往包含敏感的个人健康信息。在《个人信息保护法》框架下，其收集和使用面临严格限制。如何在保护隐私的同时最大化数据价值，成为企业必须解答的难题。

人才缺口："人工智能+"行业知识的稀缺组合

在所有资源约束中，人才短缺或许是最为棘手的挑战。当人工智能与各行各业深度融合时，一个令人意外的瓶颈浮出水面，那就是人才供给与需求之间存在巨大差距。《中国人工智能人才培养白皮书》显示，目前人工智能行业人才缺口高达500万，并且人才短缺将长期存在。市场最渴求的不是纯粹的算法专家，而是既懂人工智能技术又了解特定行业知识的"双栖人才"。

纯粹的人工智能技术人才，之所以难以满足"人工智能+X"需求，根本原因在于行业应用的复杂性与特殊性。没有深厚的行业积累，人工智能专家难以识别真正的痛点；缺乏对业务细节的理解，则难以设计出合理的数据采集方案和特征工程；没有行业评价体系的内化，更难以正确评估模型效果的实际意义。

人才短缺，反映的是教育体系与产业需求之间的结构性错位。传统的学科壁垒和培养模式，难以适应"人工智能+X"融合发展的需要，而企业内部培养周期又过长，导致人才供需长期失衡。更糟糕的是，顶尖人工智能人才的全球流动性极强，国内企业还面临着国际人才竞争的压力。

不过，面对这些资源约束，先行企业已开始探索多种应对之策。在算力方面，"云端人工智能"和"算力共享"成为趋势，企业通过租用云服务而非购买硬件来降低成本门槛。同时，模型蒸馏、量化和剪枝等技术优化手段也被广泛应用，以在有限算力条件下提升效率。在数据要素方面，联邦学习和隐私计算技术为破解"数据孤岛"提供了新思路。这些技术允许在保护原始数据不出域的前提下进行模型训练，既满足了隐私保护要求，又释放了数据价值。

对于人才短缺问题，"内部培养＋外部引进"的双轨策略被越来越多的企业采用。如华为等企业，已经建立了完善的人工智能人才培养体系，通过与高校合作开设定制课程、建立实习基地等方式，培养符合企业需求的复合型人才。同时，低技术门槛的低代码开发平台和自动机器学习工具等也受到青睐，领域专家即便没有深厚的编程背景，也能借助这些工具参与人工智能应用的开发。

就目前来看，资源约束虽是挑战，但也催生了更高效的资源配置模式和更具创新性的技术路径。资源稀缺倒逼我们思考如何做减法，如何以更精简高效的方式实现同样甚至更好的效果。这种"少即是多"的思维转变，或许正是人工智能技术走向成熟的必经之路。

二 标准缺失与规范不统一

当人工智能从实验室走向现实世界，从概念验证迈向规模化应用，一个不得不面对的严峻挑战浮出水面：标准缺失与规范不统一。这些看似只是技术层面的问题，实际上正成为阻碍"人工智能+X"融合创新的关键瓶颈，如同一个隐形的"天花板"，限制着人工智能在各行业的深度发展。

技术接口：碎片化困局

想象一下这样的场景：一位工程师花了数月时间在某框架上开发的人工智能模型，却发现它无法在公司新购入的芯片上运行；另一个团队开发的智能算法，在与合作伙伴系统对接时突然"失语"。这可不是科幻情节，而是当前

"人工智能+X"领域的真实困境——技术接口的碎片化问题，成为阻碍人工智能技术顺畅落地和规模化应用的主要屏障。

框架与芯片的不兼容问题，已成为技术发展的主要痛点。一方面是算法框架的多样化——TensorFlow、PyTorch、MindSpore、PaddlePaddle 等框架各自形成技术孤岛；另一方面是硬件平台的差异化——英伟达（NVIDIA）、华为昇腾、寒武纪等芯片架构互不兼容。这导致开发者必须面对一个尴尬现实：为一种框架开发的模型，往往无法直接在另一种硬件上运行。理想情况下，开发者希望能"一次编写，到处运行"，但现实却是"一次编写，处处调试"。这种兼容性问题对中小型企业的伤害更为致命。大型科技公司尚能组建专门团队进行适配优化，而资源有限的中小型企业和创业团队往往因无力承担高昂的"迁移成本"，不得不放弃某些技术路线。

技术接口碎片化带来的影响，远不止增加开发成本这么简单。在更深层次上，它阻碍了人工智能技术的创新扩散和协同进化。当每个公司都在自己的"技术孤岛"上独立发展，整个行业的技术进步不可避免地陷入低效的重复建设，难以形成规模效应。

行业应用：评估困境下的价值迷失

如果说技术接口的碎片化是"人工智能+X"道路上的技术障碍，那么行业应用标准的缺失则是一片"无法导航的迷雾"。在医疗、金融等关键领域，人工智能应用正遭遇"无标尺"困境——缺乏统一、权威的评价标准，使得技术落地过程充满不确定性。这种标准缺失不仅影响了技术的推广，更关乎公共安全与社会信任。

医疗人工智能领域的评估标准不一致问题尤为突出。以人工智能辅助诊断系统为例，目前市场上涌现出数百种声称能够"提高诊断准确率"的算法产品，但它们使用的评估指标和测试方法却各不相同，导致性能难以横向比较。这种评估标准不统一，直接导致医疗机构在人工智能系统采购决策上的困惑。更重要的是，医疗人工智能关乎人命，标准缺失所付出的代价格外沉重。

在金融领域，人工智能应用标准缺失的问题同样严重。智能投顾、风险评估、反欺诈系统等人工智能应用，已成为金融科技的前沿，但行业内部对这些系统的评价标准尚未形成共识。以智能投顾为例，市场上的产品从简单的规则引擎到复杂的深度强化学习模型不一而足，但如何评价一个智能投顾系统的"智能"程度和投资能力？是看历史收益率，还是看风险调整后收益，抑或是投资策略的稳定性和解释性？

面对"无标尺"的困境，我们既需要短期内的务实举措，也需要长远的标准化布局。人工智能标准不是锁定创新的枷锁，而是引导创新的航标。只有当行业形成共识的评价体系，人工智能技术才能真正获得广泛信任，释放其变革潜能。在这个意义上，构建科学合理的评估体系不仅是技术问题，更是人工智能健康发展的社会基础。

伦理困境：责任与边界的模糊地带

除了技术接口和行业应用标准的缺失，伦理标准的模糊性正成为另一个不容忽视的挑战。这种模糊性不仅体现在抽象的道德哲学层面，更直接影响着自动驾驶、算法决策等前沿领域的发展步伐。当一辆自动驾驶汽车面临不可避免的碰撞时，它应该优先保护车内乘客，还是道路上的行人？面对两种都可能造成伤亡的选择，人工智能系统应该遵循怎样的决策原则？这些问题不再是哲学课上的思想试验，而是工程师们必须用代码实现的现实决策。

2018年3月，优步的一辆测试中的自动驾驶汽车在亚利桑那州坦佩市撞死了一名过马路的行人，成为全球首例自动驾驶汽车致人死亡的事故。这起事故引发的核心问题是：责任该由谁来承担？是开发算法的工程师、提供感知系统的供应商、车辆制造商、监管部门，还是坐在驾驶座但没有接管车辆的安全员？这种"多方责任交织"的复杂局面，凸显了当前伦理标准和法律框架的滞后性。

伦理标准的模糊不仅影响自动驾驶，也延伸到人工智能辅助决策系统的公平性问题。当人工智能系统参与招聘筛选、贷款审批等关键决策时，算法偏见可能导致系统性歧视。我们面临的困境是，没有明确标准来定义人工智能决策的"公平性"——是不同群体的通过率相等算公平，还是错误拒绝率相等算公平？这两种看似合理的标准实际上在数学上是相互矛盾的。可如何选择，又成了新的难题。

面对这些挑战，标准化和规范化的努力正在全球范围内加速推进。在技术层面，ONNX(开放神经网络交换)标准的出现，为解决框架间互操作性问题提供了希望。ONNX允许开发者在一个框架中训练模型，然后将其导出到另一个框架中使用，减少了跨平台迁移的成本。此外，各行业的标准也正逐步建立，行业自律与多方参与的共治模式也在兴起。以百度、阿里巴巴、腾讯等为代表的科技巨头纷纷成立人工智能伦理委员会，制定企业内部的人工智能伦理准则。这种自下而上的标准探索，与自上而下的法规制定形成互补，共同推动着人工智能治理框架的构建。

标准不是限制创新的枷锁，而是引导创新的航道。好的标准应当像公路上的交通规则，它不是阻止汽车前进，而是让所有车辆能够安全、高效地到达目的地。在"人工智能+X"的融合浪潮中，我们既要警惕标准缺失带来的风险，也要致力于构建既能保障安全又能促进创新的标准体系。只有当技术接口实现互联互通，行业应用有了统一"标尺"，伦理边界变得清晰可循，人工智能才能真正释放其变革潜能，为经济社会发展注入持久动力。

三 治理滞后与协同创新

在人工智能技术快速迭代的今天，治理框架的滞后已成为制约"人工智能+X"健康发展的关键瓶颈。当算法决策影响着从个人信贷到公共安全的方方面面，当智能系统日益成为关键基础设施的神经中枢，治理能力的缺位正在放大技术应用的潜在风险，形成一道亟待跨越的"治理鸿沟"。"技术永远领先于监管"这一经典命题在人工智能领域表现得尤为明显。这种"时差"导致监管常常针对的是"昨天的技术"，而非"今天的应用"，更难以应对"明天的挑战"。这种治理滞后表现在监管真空、责任边界模糊和安全防御挑战等多个方面，已成为"人工智能+X"融合过程中的重要障碍。

监管困局：真空地带的治理难题

当技术发展的速度远超法律法规的制定步伐，"监管真空地带"便应运而生。在"人工智能+X"融合的过程中，这种监管空白不再是理论上的担忧，而是正在上演的现实挑战。监管的缺位，正让一些负面影响得以扩散，而建立有效监管的困难程度也远超预期。

深度伪造技术的滥用，是监管真空最为触目惊心的体现。女演员的面部被人工智能技术无缝嫁接到一段不雅视频中，在社交媒体上大肆传播；电信诈骗团伙利用人工智能语音克隆技术，模仿受害人亲友声音实施诈骗……犯罪分子只需获取目标人物非常简单的语音样本或图片，就能以假乱真，实施犯罪活动。当前的深度伪造技术已经达到了"乱真"的程度，普通人几乎不可能通过感官辨别真伪。这已不是技术问题，而是社会安全问题。

令人担忧的是，当前法律规制对这类技术滥用的应对表现滞后，背后存在多重复杂原因。首先，技术以指数级速度发展，而立法程序却遵循线性、审慎的渐进模式。以中国为例，一部法律从起草到正式实施通常需要3年到5年时间，而同期内人工智能技术可能经历多次迭代革新。当基于对技术的现有理解制定法规时，到这种法规正式实施可能已经过时了。其次，监管所需的专业技术知识与立法者现有认知之间存在巨大差距。面对复杂的神经网络算法、深度伪造模型等技术架构，很多立法者缺乏足够的专业背景来精准界定监管边界，这种"技术—法律认知鸿沟"成为制定有效规制的首要障碍。此外，监管的地域局限性与技术的全球流动性之间的矛盾也不容忽视。人工智能技术和应用能瞬间跨越国界，而法律法规却受限于国家主权边界。这些结构性矛盾正持续放大技术滥用风险，亟待制订系统性解决方案。

主体权责：模糊不清的责任边界

随着人工智能应用场景的复杂化和多元化，一系列问题随之而来：谁该为人工智能决策负责？数据的归属权和使用权归谁？算法出错的连带责任如何分配？这些看似理论的问题，已经转化为"人工智能+X"融合过程中的现实挑战。

在智慧城市、智能医疗等复杂应用场景中，主体权责模糊已经成为制约行业健康发展的隐形壁垒，甚至引发了一系列现实纠纷。以北京健康宝为例，它作为重要数字防疫工具，其运行模式与数据管理暴露出数据权领域的深层次矛盾。北京健康宝由政府主导建设，数据存储在政务云，但技术运维依赖企业外包，形成"政府管数据、企业控技术"的权责分离架构。在郑州储户被赋红码事件中，政府擅自要求企业修改赋码规则，最终只有官员承担主要责任，企业责任较轻，这暴露了算法决策链中技术方责任豁免的问题。数据流转涉及多级外包，还曾因技术漏洞导致明星健康宝信息泄露，这凸显了用户对数据权属、流向知情权的缺失，以及政府与企业责任边界模糊、监管存在盲区等治理困境，成为"人工智能+X"融合中数据权争议的典型缩影。

安全防线：脆弱的防护困局

在"人工智能+X"融合发展的浪潮中，安全问题就像一把悬在头顶的达摩克利斯之剑，时刻威胁着整个体系的稳定运行，尤其在工业、能源、交通等关键基础设施领域，人工智能系统的安全防御脆弱性已经成为不容忽视的严峻挑战。与传统信息系统不同，人工智能系统的安全漏洞更加隐蔽，攻击方式更加多样，一旦遭受攻击，可能引发的连锁反应和级联失效将远超想象。

当前安全防御体系存在诸多漏洞，原因有很多。首先是防御思维的滞后性。许多企业仍将人工智能系统视为传统信息系统的延伸，沿用传统网络安全防御策略，忽视了人工智能系统特有的漏洞和攻击面。其次是技术上诸多问题亟待解决。例如，对抗样本攻击的防护能力严重不足、训练数据供应链存在安全缺口、人工智能模型透明度不足等，都可能导致难以察觉和抵御攻击。最后是安全与业务需求的失衡。在追求模型性能和业务价值的压力下，许多企业将安全考量放在次要位置。在有限的预算和时间约束下，一些企业不得不做出权衡，而安全加固通常是最先被缩减的部分，因为它不会带来直接的业务回报。长此以往，人工智能系统的安全隐患将不断累积，不仅阻碍"人工智能+X"的深入发展，更可能在关键领域引发系统性风险。因此，转变安全观念、强化技术突破与平衡安全和业务关系刻不容缓。

面对这些挑战，将治理框架与技术创新同步推进变得尤为关键。中国也正在构建具有本土特色的人工智能治理体系，《互联网信息服务算法推荐管理规定》等法规为算法治理提供了初步框架。然而，如何在确保安全的同时，不过度抑制创新活力，仍是全球都要攻克的难关。

在这之中，"监管沙盒"机制作为创新治理模式备受瞩目。深圳市已在金融科技领域试点这一机制，允许企业在受控环境中测试创新技术，监管部门实时监测风险并及时调整要求。这种"边发展边监管"的灵活模式，特别适合人工智能这样快速迭代的技术领域，既给了企业创新空间，又确保了风险可控。

此外，多方共治也成为应对复杂治理挑战的重要思路。由政府、企业、学术机构和社会组织共同参与的治理生态，比单一主体的监管更具韧性和适应性。国际上，"人工智能伙伴关系"汇集了全球主要科技巨头和研究机构，共同探讨人工智能伦理准则和治理框架。在国内，中国人工智能产业发展联盟也在推动行业自律和标准制定，形成政府监管与行业自治相结合的多元治理格局。

展望未来，我们务必坚守这样一种信念：在治理与创新的辩证关系中，治理不应被视为创新的阻力，而恰恰可能成为健康创新的催化剂。明确的伦理边界与责任机制，会引导创新走向更具社会价值的方向，这种"有温度的创新"理念，或许是解决当前人工智能治理困境的关键密码。人工智能的未来，不仅取决于技术进步，更取决于治理框架的成熟度。只有当我们能够既有效管控风险，又保持创新活力时，人工智能技术才能真正造福社会，而非成为风险的源头。在这个意义上，能否突破治理滞后与协同创新的平衡难题，不仅关乎技术应用的成败，更关系到我们能否驾驭好这场影响深远的技术革命。

第五章 "人工智能+X"的融合路径：领域场景的系统应用

第四节

整合核心案例：中国式人工智能落地路径梳理

在中国，"人工智能+"的落地实践既不是单纯的技术堆砌，也不是对西方经验的简单复制，而是扎根本土，形成了一套兼具战略高度与实践智慧的"中国方案"。这种方案以解决实际问题为核心，以政策引导与市场活力为双引擎，在医疗、制造、金融、教育等领域探索出多条可复制的融合路径。我们梳理出五大核心落地逻辑，它们如同五根支柱，共同撑起了中国式"人工智能+"的实践体系。

一 战略先手棋：从顶层设计到场景落地的"双向奔赴"

中国的"人工智能+"并非依靠企业独自发展，而是一项融合国家战略、地方规划以及企业行动的系统化工程。通过自上而下的政策引导与自下而上的市场反馈双向互动，促使人工智能应用从起步就立足于切实解决实际问题。

国家战略画蓝图，地方实践出亮点

2017年，《新一代人工智能发展规划》颁布，将人工智能提升至国家战略高度，清晰设定三步走目标。此后，各地政府迅速响应落实：北京着力打造人工智能创新应用先导区，上海积极建设人工智能+医疗产业集群，深圳大力推行人工智能产业链强链计划等。这些顶层设计为企业明确了发展方向。

以"自动驾驶""医疗影像"等首批国家开放创新平台为例，政府进行资源整合并制定相关标准，有力推动技术从实验室走向实际产业应用。例如，某医疗影像平台共享海量医学影像数据，助力中小医院快速构建人工智能辅助诊断系统，实现了利用大平台支持小场景的普惠模式。这种中央确定方向、地方负责落实的协同机制，成为中国特色人工智能发展路径的典型模式，让人工智能技术能够精准地应用于制造业等急需领域。

企业战略锚定"痛点清单"

中国企业在向人工智能转型过程中，通常从实际问题出发，而非盲目跟风技术热点。长虹集团的"人工智能＋制造"战略就是很好的例证。作为传统家电行业的大型企业，长虹没有贸然建设复杂的"无人工厂"，而是先解决生产中的实际难题，如产品质检过度依赖人工，效率低下且易出错。为此，长虹在生产线上配备 5G+ 人工智能视觉检测设备，借助智能化传感器、工业机器人，以及人工智能视觉检测等技术，将检测准确率大幅提升至 99.9%。这种从小处着手却能取得显著成效的策略，让人工智能技术切实为企业生产带来关键作用。

中国的战略优势在于"政策红利＋市场敏锐"的化学反应。国家划定赛道，地方精准匹配资源，企业聚焦真实需求，形成"战略共识—场景筛选—技术落地"的闭环。这种模式避免了技术空转，让人工智能一开始就带着解决中国问题的基因。

二 场景炼金术：从"能用"到"好用"的本土化改造

人工智能技术的全球通用性与中国场景的独特性，催生了一套接地气的改造逻辑。中国的开发者擅长把实验室里的算法，变成菜场里的实用工具，这种"场景炼金术"让人工智能真正融入本土生活中。

在医疗领域，中国没有照搬国外的"人工智能＋独立诊断"模式，而是创造了"人机协同"的中国方案。上海瑞金医院的人工智能辅助诊断系统，不是替代医生，而是成为医生的"超级助手"：在多模态医疗基础模型的赋能下，能够为不同临床科室提供满足诊、疗、愈全流程的智能化服务，有效地提高医生的诊疗效率和精度。这种模式的关键在于数据本土化。中国医生的诊断习惯、患者的病理特征，甚至不同地区的高发疾病谱，都被融入人工智能模型训练。比如针对中国高发的肝癌病灶，中国科大团队开发的TIMES系统（基于空间免疫量化分析）在61例多中心验证中，对肝癌复发的预测准确率达82.2%，较传统分期系统（50%）提升32.2%，且对HBV相关肝癌的亚组分析显示，其诊断效能优于国际同类模型（如巴塞罗那分期）。

在线教育的"中国创新"更是典型。某品牌线上辅导类的人工智能学习系统没有简单复制国外的自适应学习算法，而是针对中国学生的学习特点做了深度改造。比如语文作文批改，人工智能不仅能识别错别字和语法错误，还能分析文章结构、情感表达，甚至给出引用古诗词建议；数学解题模块则接入了中国中小学的教材版本、考试大纲，精准匹配考点颗粒度。这种吃透本土需求的改造，让人工智能从"冰冷的程序"变成"懂中国学生的老师"。

中国场景的独特性在于"复杂需求＋规模效应"。无论是医疗中的分级诊疗体系，还是教育中的应试与素质平衡，都要求人工智能技术必须入乡随俗。通过深度理解本土业务流程、用户习惯甚至文化特质，中国企业把通用技术打磨成贴着中国标签的解决方案。

三 生态共生圈：政企协同的"热带雨林"模式

在中国，人工智能的落地并非依靠单个企业单打独斗，而是构建起了一个由政府、企业、高校、科研机构以及用户共同参与的生态共生圈。这一创新环境宛如繁茂的"热带雨林"，促使技术、数据、资本和人才等关键要素实现了高效的流通与互动。

政府搭台：从政策保姆到生态园丁

深圳的"监管沙盒"试点堪称典范。监管部门不是简单设限，而是与企业共同制定"风险清单"，实时监测数据安全、算法公平性等指标，既给企业试错空间，又守住风险底线。这种"包容审慎"的监管态度，让深圳成为全国人工智能金融创新最活跃的地区。

企业组队：从零和竞争到生态共建

华为的"沃土计划"是生态协同的缩影。截至2021年，华为沃土计划在全球建设了120个华为云创新中心，24个鲲鹏/昇腾创新中心，伙伴应用与认证解决方案超过9000个，累计发展了超过240万开发者，构建了海量应用，推动当地产业发展，促进中小企业创新，创造了巨大的商业价值和社会价值。比如在煤矿智能化改造中，华为提供算力平台和基础算法，合作伙伴负责煤矿设备数据采集和业务流程适配，最终形成"人工智能+安全生产"的完整方案。这种"主平台+小场景"的模式，让大企业发挥技术优势，中小企业聚焦垂直领域，避免了重复建设。

产学研联动：从纸上谈兵到落地生根

浙江大学与阿里云的合作堪称典范。双方共建"智云实验室"，整合教育信息化技术与产业场景，推动高校教师参与企业技术攻关。智云实验室通过建立创新体制机制，实现政产学研用一体化，共建有机生态体系，把国内最先进行业、企业先进技术引入高校场景，为高等教育的"互联网+教育"破题。自2018年起，智云实验室先后与国内30余家企业和机构签订战略合作协议，与10家企业共创了10个2.0联合实验室（研究中心）。

中国的生态优势在于集中力量办大事与市场化活力的结合。政府通过政策引导降低创新门槛，企业以开放心态构建合作网络，高校科研聚焦实际问题，形成"技术研发—场景验证—迭代优化"的良性循环。这种生态不是揠苗助长，而是培育适合人工智能生长的热带雨林，让不同规模、不同领域的参与者都能找到自己的位置。

四 数据流通术：在安全与效率间走钢丝

数据是人工智能发展的关键资源。在中国，数据流通策略既摒弃了毫无保留的完全开放模式，也不采取封闭保守的保护方式，而是开拓出一条以"确权共享、隐私计算"为核心的独特路径。这一创新举措有效攻克了数据孤岛现象难以打破、隐私保护要求严苛的世界级难题。

在医疗领域，数据对于提升诊断准确性、研发新疗法至关重要，"可用不可见"的共享模式成为平衡发展与安全的关键。在医疗人工智能领域，发展与安全的矛盾被进一步放大。一方面，人工智能技术需要海量医疗数据进行模型训练，以实现疾病的精准预测、智能诊断；另一方面，患者的医疗数据包含大量敏感隐私信息，如疾病史、基因数据等，一旦泄露，将对患者造成难以估量的损害。因此，通过"可用不可见"的方式，利用隐私计算、加密技术等，让数据在安全的"保险箱"内为人工智能所用，既能充分挖掘医疗数据价值，又能筑牢患者隐私保护的坚实壁垒。

制造业数据是从"孤岛"到"群岛"的进化。在制造业发展进程中，数据曾长期被困于各个"孤岛"。不同部门、环节与企业间，数据相互独立、难以流通，设计数据无法实时对接生产，生产数据难以反馈给研发，阻碍效率提升与创新推进。但随着数字化转型加速，制造业数据正迈向"群岛"时代。借助工业互联网、大数据平台等技术，各"数据孤岛"被连接，设计、生产、销售等环节数据互通有无，形成有机整体。企业能基于全面数据优化生产流程、精准把控市场需求，各企业间也可凭借数据协同创新，实现从孤立运作到协同共进的进化，重塑制造业竞争格局。

中国的数据治理智慧在于"平衡术"——既遵守《个人信息保护法》《数据安全法》，又通过技术创新实现数据"可用不可见"。这种模式既保护了个人隐私和企业商业秘密，又让数据要素真正流动起来，为人工智能应用提供动力。

五 普惠渗透：让人工智能从高端玩具变民生工具

中国的"人工智能+"发展具有显著的民生导向特点。在教育领域，致力于推动教育公平。以云南怒江州乡村小学的"双师课堂"为例，通过运用人工智能技术，人工智能系统不仅能将傈僳族学生课堂提问（不标准的普通话）实时翻译，还能依据学生作业错误生成个性化练习题。同时，该系统具备监测学生情绪变化的功能，若学生连续三天上课注意力不集中，会触发"心理关怀提醒"，促使班主任及时干预。这种人工智能有效结合技术与人文关怀，在缩小城乡教育差距方面发挥了积极作用。

在金融领域，小微企业因规模小、抵押物有限，长期面临融资难的问题。中国的人工智能信贷另辟蹊径，借助先进技术给出创新解法。以网商银行为例，网商银行"310"（3分钟申请、1秒钟放款、0人工介入）全流程线上信用贷款模式具备互联网的规模扩张效应，而其依托于蚂蚁金服的大数据风控体系，可将不良率控制在1%左右。其"310"模式背后，是人工智能发挥着强大的数据处理能力。它全面整合企业纳税记录、订单流水等核心数据，还关联企业老板的支付宝消费习惯、店铺外卖接单量这类"软信息"。通过对海量多维度数据的深度分析，构建精准的"数据信用"体系。凭借这一体系，小微企业无须大量抵押物，凭自身经营数据就能获得无抵押信用贷款，成功破解融资困境，激发市场活力。

中国人工智能普惠性发展的核心在于"技术下沉+模式创新"。没有选择复制国外聚焦高端领域的人工智能发展路径，而是采用轻量化技术，如轻量级模型、边缘计算等，以此降低成本，并围绕教育、金融、医疗等贴近民生的场景设计产品。这使得人工智能从仅服务少数人的"奢侈品"转变为惠及多数人的日用品，充分体现了"以人民为中心"的发展思想在科技领域的贯彻落实。通过这样的发展模式，中国的人工智能技术切实服务于广大民众，推动社会的均衡发展。

中国的"人工智能+"以系统论思维为基石，整合政策、资本、人才、数据与场景等多方面要素，构建起政产学研用的完整闭环。政府筑牢基础设施根基，企业勇担技术攻坚重任，高校输送专业人才，用户提供宝贵反馈，各方协同发力，赋予人工智能发展源源不断的动力，使其可持续性得以稳固。在广袤的华夏大地上，从繁华都市到偏远乡村，"人工智能+"广泛且深入地渗透到各个领域，智能工厂提升生产效能，乡村课堂打破教育资源壁垒，人工智能医院优化医疗服务，数字银行革新金融体验，无一不在生动诠释技术为民的深刻内涵。这背后，摒弃了对技术单纯的盲目推崇，蕴含的是"解决真问题、服务普通人"的务实与担当。正是这种独特精神，铸就了中国方案的灵魂，让冰冷的技术被赋予人性温度，使创新锚定造福大众的方向，让人工智能真正转化为推动社会全方位进步、提升民生福祉的磅礴中国力量，持续引领中国在科技赋能社会发展的道路上阔步前行，为世界贡献可资借鉴的智慧与经验。

第六章 人工智能企业的全球布局与发展路径

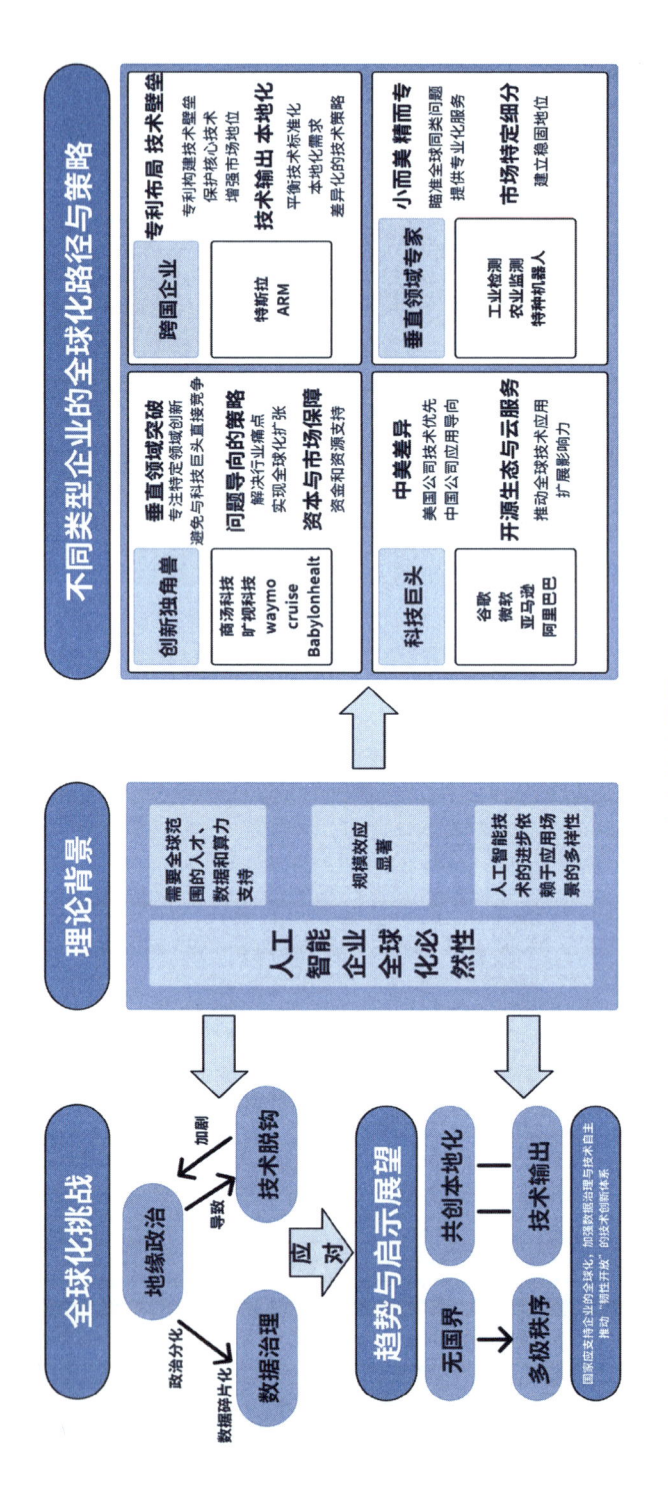

不同类型企业的全球化路径与策略

理论背景

人工智能企业全球化必然性
- 需要全球范围内的人才、数据和算力支持
- 规模效应显著
- 人工智能技术的进步依赖于应用场景的多样性

全球化挑战

- **地缘政治**：政治分化 → 导致 → 技术脱钩（加剧）
- **数据治理**：数据碎片化

不同类型企业的全球化路径与策略

创新独角兽
- 商汤科技
- 旷视科技
- waymo
- cruise
- Babylonhealt

垂直领域突破：专注特定领域创新，避免与科技巨头直接竞争
问题导向的策略：解决行业痛点，实现全球化扩张
资本与市场保障：资金和资源支持

跨国企业
- 特斯拉
- ARM

专利布局 技术壁垒：专利构建核心技术保护，增强市场地位
技术输出 本地化：平衡技术标准化与本地化需求，差异化的技术策略

科技巨头
- 谷歌
- 微软
- 亚马逊
- 阿里巴巴

中美差异：美国公司技术优先，中国公司应用导向
开源生态与云服务：推动全球技术应用，扩展影响力

垂直领域专家
- 工业检测
- 农业监测
- 特种机器人

小而美 精而专：瞄准全球同类问题，提供专业化服务
市场特征细分：建立稳固地位

趋势与启示展望

应对 →
- **无国界** → **多极秩序**
- **共创本地化**
- **技术输出**

国家应支持企业的全球化，加强数据治理与技术自主，推动"韧性开放"的技术创新体系

本章阅读导图

第一节

人工智能企业全球化的必然性

想象一下,如果说人工智能是 21 世纪的"新大陆",那么全球各国的人工智能企业就是这片大陆上的"探险家"。他们不仅要在本土筑基立业,更要跨越重洋开拓疆域,在全球范围内寻找资源、拓展市场、传播技术。在这场没有硝烟的全球竞争中,人工智能企业的国际化布局不再是锦上添花,而是关乎生存的必由之路。

一 人工智能企业全球化布局的必要性

为什么说全球化布局对人工智能企业而言不是选择而是必然?这首先源于人工智能技术本身的特性。就像河水天然归向大海一样,人工智能技术也有着天然的全球流动特性。

首先,人工智能技术的发展需要全球范围的人才、数据和算力支持。正如一条河流需要众多支流汇聚才能奔腾向前,人工智能技术的进步也需要全球智慧的共同浇灌。从加拿大的神经网络先驱,到英国的深度学习专家,从美国的大型语言模型到中国的计算机视觉应用,全球创新者的集体智慧推动着人工智能技术的边界不断拓展。一家局限于单一国家市场的人工智能企业,就像一棵被高高围墙围住的树木,难以获得充分的阳光和养分,终将在全球竞争中处于不利地位。

其次,人工智能市场的规模效应尤为显著。与传统产业不同,人工智能产品的边际成本通常极低,一旦开发成功,可以以很小的增量成本服务全球用户。这就像一部电影，制作成本是固定的，但可以销售给全世界的观众和读者。对于人工智能企业而言，全球化意味着可以将高昂的研发投入分摊到更大的用户基数上，实现规模经济，增强竞争力。特别是对于中小型人工智能企业和创业公司，国际市场往往提供了突破本土市场容量限制的重要出路。

最后，人工智能技术的进步依赖于应用场景的多样性。不同国家和地区的用户需求、应用环境、社会问题各不相同，为人工智能技术提供了丰富的"试验场"。就像一位运动员需要在不同赛场历练才能全面提升能力一样，人工智能技术也需要在多样化的环境中应用、调整和进化，才能真正成熟。例如，中国企业在人口密集、数据丰富的环境中积累的人工智能应用经验，可能为解决其他发展中国家的类似问题提供宝贵参考；西方企业擅长的医疗人工智能解决方案，也可以通过适当调整，惠及全球医疗资源短缺的地区。

在本书的整体框架中，本章扮演着承上启下的关键角色。前面章节探讨了人工智能技术的基础原理、发展历程和产业应用等，为读者奠定了理解人工智能的基础知识；本章则将视角转向全球，探讨在世界舞台上，人工智能企业如何布局、竞争和合作，为中国人工智能企业的全球化提供战略思考和实践指南。同时，本章也为后续讨论人工智能治理、未来趋势等宏观议题铺设了路径，帮助读者从企业实践层面理解全球人工智能发展的多维图景。

二 三类典型人工智能企业的全球市场角色定位

在全球人工智能舞台上，不同类型的企业扮演着不同的角色，就像一部交响乐中的不同乐器，各自发挥独特音色，共同奏响人工智能创新的华美乐章。根据技术定位、资源禀赋和市场策略的不同，我们可以将全球化的人工智能企业大致分为三类：科技巨头、创新独角兽和垂直领域专家。（见图6-1）

科技巨头：全球人工智能基础设施的建设者

科技巨头就像是全球人工智能生态系统中的大象，它们体量巨大，步伐沉稳，影响深远。谷歌、微软、亚马逊、阿里巴巴等科技巨头，凭借雄厚的资金实力、海量的数据资源和全球化的业务网络，正在构建人工智能时代的"数字基础设施"。

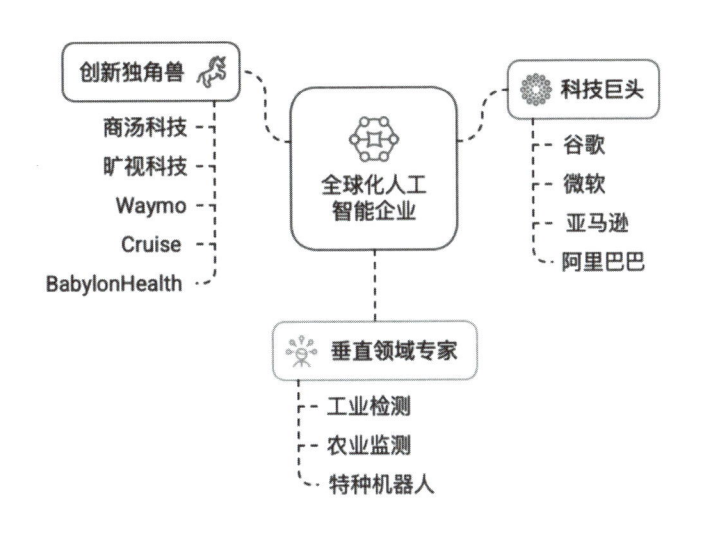

图 6-1　全球人工智能企业分类

这些企业通常采取全方位的人工智能战略，既投入基础研究与底层技术开发，又布局应用生态与垂直行业解决方案。它们通过开源框架（如谷歌的 TensorFlow、Facebook 的 PyTorch）和云服务平台（如微软的 Azure、阿里云的 PAI），为全球开发者和企业提供人工智能创新的"土壤"和"养分"，塑造着全球人工智能技术的发展方向和应用标准。

在全球化布局中，这些科技巨头往往采取"平台＋生态"的扩张策略，通过构建开放平台吸引全球开发者和合作伙伴，形成正向循环的创新生态系统。它们的全球影响力不仅体现在市场份额上，更体现在对技术标准、创新方向和商业模式的引领作用上。

创新独角兽：垂直领域的全球突破者

如果说科技巨头是人工智能生态中的大象，那么创新独角兽则是灵活矫健的猎豹。这类企业通常专注于人工智能的某个细分领域，凭借技术创新和市场洞察，在特定赛道上实现快速增长和全球突破。

典型的人工智能独角兽，如专注于计算机视觉的商汤科技、旷视科技，专注于自动驾驶的 Waymo、Cruise，专注于医疗人工智能的 Babylon Health 等，这些企业通常不具备科技巨头那样的全面资源优势，但在特定领域拥有深厚的技术积累和专业知识，能够提供比通用解决方案更精准、更深入的垂直领域应用技术。

在全球化过程中，这类企业往往采取"技术领先 + 行业深耕"的策略，先在一个或几个核心市场证明技术价值和商业模式，然后凭借领先的技术能力和成功经验向全球扩张。与科技巨头相比，它们的全球化路径更加聚焦，更依赖专业能力的差异化竞争，而非全面的资源投入。

垂直领域专家：全球化的隐形冠军

除了引人注目的科技巨头和独角兽，还有一类容易被忽视但同样重要的人工智能企业——垂直领域的专业公司。这些企业就像是精准高效的专业工具，它们可能规模不大，知名度不高，但在特定领域有着无可替代的专业价值。

这类企业通常深耕于特定行业或应用场景，如工业检测、农业监测、特种机器人等，将人工智能技术与深厚的行业知识和经验相结合，开发高度专业化的解决方案。它们的竞争优势不在于技术的普适性，而在于对特定问题的深刻理解和精准解决能力。

在全球化布局中，这类企业常采取"小而美、精而专"的策略，瞄准全球同类问题，输出高度专业化的技术和服务。这类企业的全球化过程可能不如科技巨头那样引人注目，但往往能在特定细分市场建立稳固地位，成为名副其实的隐形冠军。

三类人工智能企业在全球市场中相互补充、相互促进。科技巨头构建基础设施和技术平台，为创新创业提供沃土；创新独角兽在垂直领域突破创新，为行业应用开辟新路径；垂直领域专家则深入特定场景，将人工智能技术转化为精准的问题解决方案。正是这种多层次、多角色的企业生态，推动着人工智能技术在全球范围内的创新应用和普及推广。

在接下来的章节中，我们将分别探讨这三类企业的全球化战略和实践经验，剖析它们在专利布局、技术输出、市场拓展等方面的差异化策略，揭示人工智能企业全球化的多元路径。通过这些分析，我们希望为中国企业参与全球人工智能竞争提供战略洞察和实践参考，助力中国在全球人工智能格局中占据更加有利的位置。

在当前日益复杂的国际环境中，人工智能企业的全球化之路面临前所未有的挑战和机遇。数据安全、技术脱钩、地缘政治等因素正在重塑全球人工智能竞争格局，企业需要更加灵活、更具韧性的全球化战略。在本章最后，也将探讨这些新挑战下的应对之道，为人工智能企业的持续发展和拥有长期竞争力提供前瞻性思考。

在这个人工智能重塑世界格局的时代，唯有放眼全球、积极布局、勇于创新的企业，才能在国际舞台上赢得一席之地，为人类智能技术的进步贡献力量。接下来就讲讲人工智能企业从国内走向世界的精彩故事和我们的深刻洞察。

第二节

科技巨头的角色：从人工智能平台构建到行业赋能的生态战略

如果说人工智能是一场正在改变世界的新基建，那么科技巨头们就是这场革命中的基础设施建设者。他们不仅自己生产各种人工智能产品，更重要的是，他们铺设了让人工智能技术得以大规模应用的"高速公路"和"电力网络"。在全球人工智能竞争的棋盘上，科技巨头们既是玩家，也是棋盘的设计者和规则的制定者。

一 中美科技巨头的全球人工智能平台战略各有特点

美国和中国作为全球人工智能发展的两大动力引擎，其科技巨头在全球人工智能布局上展现出各自的战略特点。如果把它们比作建设者，美国科技巨头更像是全球基础设施建设者，而中国科技巨头则更像是"区域连接者与拓展者"。

美国科技巨头的人工智能战略通常遵循"技术优先、全球布局"的路径。它们凭借强大的研发实力和资本优势，往往首先投入基础研究和技术创新，打造技术壁垒，然后依靠这些技术优势在全球市场建立主导地位。就像一个国家先发展军工和重工业，建立技术优势后再向外寻求发展一样。以OpenAI为例，它首先专注于开发强大的大型语言模型，然后通过与微软的合作将其技术优势转化为全球市场份额。

相比之下，中国科技巨头更倾向于"应用场景导向、技术与市场并重"

的策略。它们通常从国内市场开始，深耕特定的应用场景，积累用户和数据优势，然后向海外发展，尤其是新兴市场国家。这就像一个制造业国家先依靠国内市场积累经验和资本，然后向外寻找新的增长点。阿里巴巴的人工智能战略就体现了这一特点，它首先在电商、金融等领域应用人工智能技术，然后通过阿里云将这些解决方案推广至全球市场，特别是东南亚、中东等地区。

在技术路线上，美国科技巨头更强调通用人工智能（AGI）的研发，追求人工智能技术的极限突破。如果说人工智能技术是一座高山，美国公司更愿意直接攀登最高峰。中国科技巨头则更注重人工智能技术在垂直领域的应用价值和商业化落地，就像是在山的不同高度建立各种实用设施，服务更多的用户。

在全球化布局方式上，美国科技巨头倾向于"统一标准、全球复制"的模式，打造全球通用的平台和服务。中国科技巨头则更加注重本地化适应，根据不同国家和地区的特点定制服务内容和商业模式。这种不同部分源于两国科技巨头的基因差异，也反映了它们面对不同市场环境的适应性策略。

二 开源生态与云服务：全球扩张的双轮驱动

如果说科技巨头是人工智能王国的建设者，那么开源生态和云服务就是它们征服全球市场的两匹骏马。这两股力量相辅相成，共同推动着人工智能技术的全球扩张。

开源生态就像是科技巨头播撒的种子，科技巨头通过开放核心人工智能框架和工具，让全球开发者能够免费使用和改进这些技术。近年来，开源软件数量持续上升。谷歌的 TensorFlow、Facebook 的 PyTorch、华为的 MindSpore 等开源框架，让人工智能技术不再是少数机构的专利，而是成为全球共享的资源。这种策略看似是"无私奉献"，实则是一种高明的"生态战略"——通过免费提供基础工具，吸引全球开发者使用自己的技术标准，形成生态锁定效应。

想象一下，如果人工智能技术是一种语言，那么开源框架就是这种语言的语法规则和词汇表。科技巨头通过推广自己的语法规则，让全球开发者都说自己的语言，从而在技术竞争中占据主导地位。同时，开发者在使用这些框架的过程中，也会不断完善和丰富生态系统，形成正向循环。

云服务则是科技巨头提供的肥沃土壤，它为人工智能应用提供了计算资源、数据存储、安全保障等基础设施，使得企业和开发者无须自建数据中心就能开发和部署人工智能应用。亚马逊的 AWS、微软的 Azure、阿里巴巴的阿里云等云服务平台，正在全球范围内构建数字基础设施，成为人工智能技术落地的关键支撑。

如果说开源框架是播撒的种子，那么云服务就是浇灌这些种子的水源。两者结合，形成了科技巨头全球扩张的闭环生态：通过开源框架吸引开发者和用户，再通过云服务提供商业化支持和变现渠道。这种双轮驱动模式，让科技巨头能够迅速在全球范围内形成技术影响力，并占有市场份额。

值得注意的是，中美科技巨头在这两个方面的侧重点有所不同。美国科技巨头通常更重视开源生态的构建，通过技术标准的推广来建立全球影响力；中国科技巨头则相对更注重云服务的国际化布局，通过提供基础设施和解决方案来拓展海外市场。这种差异反映了两国科技巨头不同的全球化路径和竞争策略。

三 典型案例：谷歌、微软、阿里巴巴的差异化全球布局

谷歌：人工智能技术引领者的全球策略

谷歌在人工智能领域的布局可以比作一位技术探险家。它通过 DeepMind 等研究机构持续进行前沿探索，同时通过 TensorFlow 等开源框架将技术成果转化为全球影响力。谷歌的人工智能战略核心在于技术领先，它希望在基础研究领域保持领先地位，然后将这些技术优势转化为各种应用场景的竞争力。

在全球布局方面，谷歌采取了技术辐射策略，通过在全球设立人工智能研究中心，吸引各国顶尖人才，形成全球研发网络。同时，它通过 Android、YouTube 等全球性平台收集海量数据，为人工智能技术提供训练资源。谷歌的人工智能布局就像是一座技术灯塔，通过技术创新引领全球人工智能发展方向，然后借助开源生态和各种应用平台将影响力辐射到全球各个地区。

然而，谷歌的这种以技术为中心的策略也面临挑战。在中国等一些主体市场，由于政策和文化差异，谷歌的直接服务受到限制，影响了其人工智能技术的市场渗透。这说明纯粹的技术优势不足以保证其在全球市场的成功布局，做到本地化适应和政策协调性同样重要。

微软：平台 + 伙伴的生态联盟

如果说谷歌是技术探险家，那么微软则更像是生态建筑师。微软的人工智能战略核心在于构建开放平台和建立广泛合作关系，而非单纯依靠自身技术优势。它通过与 OpenAI 等人工智能创新公司的战略合作，快速获取前沿技术，同时利用自身在企业市场的优势，将这些技术转化为商业应用。

微软的全球人工智能布局体现了"平台 + 伙伴"的思路。首先，它将 Azure 云平台作为全球人工智能基础设施，为各国企业和开发者提供人工智能服务。其次，它通过与各国本土伙伴的合作，实现技术的应用落地。这种策略就像是建立一个全球性的"技术联盟"，微软提供基础平台和技术支持，本地合作伙伴负责市场拓展和应用落地。

微软的这种包容性策略使其能够更好地适应不同国家的政策环境和市场需求。例如，在中国市场，微软通过与本地伙伴的合作，成功推广了其人工智能技术和服务，规避了谷歌等公司面临的市场准入障碍。

阿里巴巴：场景驱动的全球化探索

作为中国领先的科技公司，阿里巴巴的人工智能全球布局展现出独特的场景驱动特征。不同于谷歌的技术导向和微软的平台战略，阿里巴巴更注重从具体应用场景出发，将人工智能技术与电商、金融、物流等业务深度融合，然后将这些成功经验推向全球市场。

阿里巴巴的全球人工智能布局可以描述为"内生外延"。它首先在国内电商、支付等场景积累人工智能应用经验，然后通过阿里云将这些解决方案推向海外，特别是东南亚、南亚、中东等新兴市场。这种策略就像是一家企业先在本土市场打造成功产品，然后根据海外市场特点进行调整和推广。

值得注意的是，阿里巴巴的全球化路径也体现了中国科技企业的整体性特征——从应用出发，注重本地化适应，并与国家战略相结合。例如，阿里云在马来西亚、印度尼西亚等国家设立数据中心，不仅提供基础云服务，还结合当地需求提供智慧城市、智能交通等人工智能解决方案，体现了技术输出与本地需求的结合。

三家科技巨头的案例展示了人工智能全球布局的不同路径。谷歌依靠技术创新引领全球，微软通过平台与合作构建生态，阿里巴巴则从应用场景出发探索全球应用。这些差异化策略反映了不同企业的基因特点和战略选择，也为其他企业的全球化提供了有益参考。

科技巨头的人工智能全球布局不仅关乎企业自身发展，也在很大程度上塑造着人工智能的全球格局。通过构建开源生态和云服务平台，它们为全球人工智能创新提供了基础设施和技术支持，同时也在引领着人工智能技术的发展方向和应用标准。在未来的全球人工智能竞争中，科技巨头将继续扮演着基础设施建设者和规则制定者的角色，推动人工智能技术的全球普及和应用创新。

第三节

独角兽企业的创新驱动力：垂直行业的应用突破

如果说科技巨头是铺设人工智能基础设施的"大王国"，那么人工智能独角兽企业则是在这些基础上迅速崛起的小而美的"小王国"。它们没有科技巨头那样雄厚的资源和全面的技术布局，却拥有更加敏捷的创新能力和深耕特定领域的专业优势。在全球人工智能竞争的棋盘上，独角兽企业正在通过垂直领域的突破，书写着属于自己的国际化故事。

一 垂直领域的突破：独角兽企业的全球化路径

独角兽企业的全球化扩张路径，与科技巨头有着本质的不同。如果将全球市场比作一片广阔的海洋，科技巨头选择的是横向覆盖策略，像航空母舰一样横跨多个领域；独角兽企业则选择"纵向深潜"策略，如同深海潜艇，在特定的垂直领域深入挖掘价值。

"专精特新"：独角兽的核心竞争力

独角兽企业的全球化成功，首先建立在其"专精特新"的核心竞争力上。在特定垂直领域，它们通常能够提供比科技巨头更加专业、更有针对性的解决方案。就像一位专科医生往往比全科医生更擅长处理特定疾病一样，专注于计算机视觉的独角兽可能比综合性科技公司提供更精准的视觉识别服务。

这种专业化优势成为独角兽企业打开全球市场的黄金钥匙。例如，专注于 RPA（机器人流程自动化）的 UiPath，正是凭借其在企业流程自动化方面的专业能力，成功从罗马尼亚这个非传统科技强国走向全球市场。它不需要像谷歌那样拥有全面的人工智能技术储备，而是专注于解决企业流程自动化这一特定问题，从而在全球范围内赢得客户的认可。

"解决特定问题"的全球化策略

独角兽企业的全球扩张通常遵循问题导向而非技术导向的策略。它们不是先开发通用技术然后找应用场景，而是首先识别全球共性的行业痛点，然后提供针对性解决方案。这就像是一家专业工具公司，不是生产各种各样的工具，而是专注于制造解决特定问题的精密工具。

例如，专注于医疗影像人工智能的独角兽企业，往往选择从肺癌筛查、糖尿病视网膜病变等全球高发疾病入手，因为这些医疗需求在全球范围内具有共性，解决方案的价值也容易被各国市场认可。通过解决这些跨国界的共性问题，独角兽企业能够快速建立全球影响力。

"行业纵深"与"地域横向"的组合策略

成功的人工智能独角兽企业通常采用"纵深+横向"的全球化路径。在技术和行业应用上做"纵深"，在地域市场上做"横向"。具体来说，它们通常先在某一垂直领域（如金融科技、医疗影像、智能制造等）建立技术优势，提供行业解决方案，然后将这些成熟方案向全球不同地区复制推广。

这种策略的好处在于，独角兽企业可以充分发挥专业优势，避免与科技巨头在全方位竞争中处于劣势。就像一个小国不会与超级大国进行全面军备竞赛，而是专注于发展某些尖端技术或特色产业，通过国际贸易实现价值一样。

例如，专注于人工智能安防的独角兽企业，可能会先在本土市场打磨产品和解决方案，然后根据不同国家的安全需求和政策环境，将其技术向海外输出。这种"深耕一个领域，服务全球客户"的模式，让它们能够在不与科技巨头正面竞争的情况下，实现全球市场的拓展。

二 资本与市场：人工智能企业全球扩张的资源保障

如果说技术创新和垂直领域突破是独角兽企业全球化的引擎，那么资本和市场则是保障这一引擎持续运转的燃料。没有足够的资金支持和市场空间，再好的创新也难以实现大规模推广和持续迭代。

风险投资：全球化的加速器

对于人工智能独角兽企业而言，风险投资不仅是资金来源，更是全球化的加速器。全球顶级风投机构通常拥有遍布全球的投资网络和产业资源，能够帮助独角兽企业快速对接海外市场、客户和合作伙伴。就像一位经验丰富的向导，能够带领旅行者避开险阻，找到捷径。

例如，红杉资本、软银愿景基金等全球知名风投，不仅为人工智能独角兽提供资金支持，还能够通过其全球网络帮助企业开拓国际市场。一家中国的人工智能独角兽企业可能通过红杉资本的介绍，迅速接触到硅谷的潜在客户；同样，一家美国的人工智能独角兽企业也可能通过软银的资源网络，快速进入日本和亚洲其他市场。

这种"资本+资源"的组合支持，大大加速了人工智能独角兽的全球化进程。它们不需要像传统企业那样经过漫长的市场培育期，而是可以借助投资机构的全球资源网络，实现弯道超车，快速打开国际市场。

资本市场：全球化的"蓄水池"

对于需要持续大规模研发投入的人工智能企业而言，资本市场特别是全球化的资本市场，犹如全球化征程中的蓄水池，为其长期发展提供源源不断的资金支持。

与传统企业不同，人工智能独角兽企业往往具有研发投入高、盈利周期长的特点，需要资本市场的长期支持。全球资本市场，特别是美国纳斯达克、港交所等国际化程度高的资本市场，能够为这类企业提供更加包容的融资环境。这就像一个大型蓄水池，可以在旱季为农田提供稳定的灌溉，而不至于因短期干旱而影响收成。

很多中国人工智能独角兽企业选择在美国或中国香港上市，而非内地A股市场，部分原因就在于国际资本市场对科技创新企业投资回报周期长的包容度更高，投资者更能接受暂时亏损但长期有价值的投资逻辑。这种资本支持为它们的全球化发展提供了坚实的财务基础。

"客户+资本"的市场双轮驱动

成功的人工智能独角兽企业通常采用"客户+资本"的双轮驱动策略，实现全球市场的快速拓展。具体而言，它们一方面通过标杆客户案例验证技术价值，一方面借助国际资本背书提升品牌影响力，两者相互促进，形成正向循环。

这种策略就像是一场精心策划的双线行动：通过优质的客户案例证明产品价值，吸引更多资本投入；同时利用知名投资机构的背书提升品牌影响力，帮助开拓更多高质量客户。两条线相互促进，加速企业的全球化进程。

例如，一家人工智能医疗影像独角兽企业可能先与美国顶级医院合作，打造成功案例，这不仅能够吸引更多医疗机构的关注，还能提升企业在资本市场的估值和吸引力。资本市场的认可又能帮助企业获得更多资金进行研发和市场拓展，进一步扩大国际影响力。

三 典型案例：商汤科技、UiPath的国际化经验

作为全球范围内的独角兽企业，商汤科技、UiPath的国际化经验值得我们研究与分析，并提取出可资借鉴的经验与做法。

商汤科技：从算法优势到落地应用的全球化之路

作为人工智能软件公司，商汤科技以"坚持原创，让人工智能引领人类进步"为使命。商汤科技拥有一定的学术积累，并长期投入原创技术研究，不断增强行业领先的多模态、多任务通用人工智能能力，涵盖感知智能、自然语言处理、决策智能、智能内容生成等关键技术领域，同时包含人工智能芯片、人工智能传感器及人工智能算力基础设施在内的关键能力。此外，商汤前瞻性地打造新型人工智能基础设施——商汤人工智能大装置SenseCore，打通算力、算法和平台，并在此基础上建立"商汤日日新SenseNova"大模型及研发体系，以低成本解锁通用人工智能任务的能力，推动高效率、低成本、规模化的人工智能创新和落地，进而打通商业价值闭环，解决长尾应用问题。

商汤科技作为人工智能行业唯一IPO企业，也在不断追求商业化目标。2025年3月26日，商汤发布了2024年财报。数据显示，2024年商汤实现总收入37.7亿元，同比增长10.8%。其中，生成式人工智能收入连续两年保持三位数增速，同比增长103.1%，突破了24亿元，占集团收入比例进一步提升至63.7%，连续两年以三位数增速稳居集团核心引擎地位。

2024年，大模型成本快速下降，生成式人工智能步入百花齐放、加速落地的阶段，各类应用方兴未艾，并反哺生成式人工智能的持续创新。凭借对行业趋势的洞悉，商汤在去年年底完成了"1+X"架构调整，更加聚焦于集团业务——生成式人工智能、视觉人工智能，而智能汽车"绝影"、家庭机器人品牌"元萝卜"、智慧医疗、智慧零售等"X"业务独立运营，加速实现盈利，截至2025年初，商汤旗下已有5个生态企业完成对外融资。

目前，商汤科技已于香港交易所主板挂牌上市。商汤科技在德国、泰国、印度尼西亚、菲律宾等国家均有业务。

商汤科技的全球化路径，可以说是中国人工智能独角兽企业的典型代表。如果将其全球化进程比作一次远洋航行，那么算法优势就是它的罗盘，应用落地则是它的航线，而国际合作网络则是它的补给站。

最初，商汤科技凭借学术界积累的计算机视觉算法优势起步，其创始团队在顶级学术期刊和会议上发表了大量论文，建立了全球学术影响力。这种学术背景不仅为公司奠定了技术基础，也为其国际化提供了天然的学术纽带。正如一位科学家可能比商人更容易获得国际同行的认可一样，拥有深厚学术背景的人工智能公司往往能够更容易地融入全球创新网络。

在全球化策略上，商汤采取了"技术输出+本地合作"的模式。不同于直接在海外设立大规模运营团队，商汤更多地通过与各国本地伙伴的合作，实现技术的境外落地。这种模式既降低了国际化的风险和成本，又能够更好地适应不同国家的市场环境和政策要求。

例如，在日本市场，商汤与本田、软银等合作，将其计算机视觉技术应用于自动驾驶、智慧零售等领域；在东南亚市场，则与当地电信运营商合作，推广人脸识别支付等应用。这种基于本地合作的国际化路径，就像是通过当地向导探索陌生地区，既能避免文化冲突，又能快速找到正确方向。

在资本策略上，商汤充分利用了全球资本市场的力量。从阿里巴巴、软银愿景基金等国际投资者获取融资，再到最终在香港资本市场上市，商汤构建了一个全球化的资本支持网络。这种国际化的资本背景，不仅提供了充足的资金支持，也为其全球业务拓展提供了重要的关系网络和品牌背书。

商汤的全球化经验表明，对于人工智能独角兽企业而言，领先的算法能力是起点，行业应用是落脚点，而国际合作网络则是连接两者的桥梁。只有将这三者有机结合，才能在激烈的全球竞争中站稳脚跟。

UiPath：从东欧小国到全球 RPA 领导者

与商汤不同，UiPath 的全球化故事代表了另一种发展路径——从非传统科技强国到全球行业领导者的"逆袭"。如果说商汤的全球化是顺势而为，那么 UiPath 的突围则更像是一次破局之旅。

UiPath 起源于罗马尼亚，这个并不被视为全球科技中心的东欧国家。在创立初期，UiPath 面临着地缘劣势、品牌知名度低等挑战。然而，这些看似的劣势，在某种程度上反而成为它的优势——低成本的人才资源和全球化的视野。

UiPath 选择专注于 RPA（机器人流程自动化）这一垂直领域，通过提供企业流程自动化解决方案，解决全球企业共同面临的效率问题。这种聚焦策略就像是在大海中找到了一个尚未被巨头占领的"蓝海"，避开了与科技巨头在通用人工智能领域的正面竞争。

在国际化路径上，UiPath 采取了"客户驱动"的扩张策略。它首先通过提供免费版本产品，让全球开发者和企业用户能够低成本试用其技术，快速积累用户基础。然后通过这些用户的口碑传播和需求牵引，逐步向全球市场扩张。这种"用户先行"的国际化路径，就像是通过口碑营销建立品牌，不需要大规模的营销投入，却能取得显著的市场效果。

在资本策略上，UiPath 走了一条"硅谷资本 + 东欧技术"的融合之路。虽然它的研发团队主要在罗马尼亚，但很早就在美国设立了总部，并积极吸引硅谷顶级风投的投资。这种结合欧洲工程师人才和美国风险资本的模式，让 UiPath 能够同时获得成本优势和资金支持，加速其全球化进程。

UiPath 的成功表明，在人工智能全球化竞争中，来自非传统科技强国的企业同样有机会成为某行业垂直领域的全球领导者。制胜的关键在于找准细分领域，专注解决特定问题，同时善于利用全球化资源网络弥补地缘劣势。

对比启示：不同路径下的共同成功要素

通过对比商汤科技和 UiPath 这两个来自不同国家、专注不同领域的人工智能独角兽企业，我们可以发现它们一些全球化成功的共同要素。（见图 6-2）

首先，垂直领域的专注是关键。无论是商汤的计算机视觉，还是 UiPath 的流程自动化，都体现了"专精特新"的特点。这种专注使得它们能够在特定领域建立技术壁垒、形成品牌影响力，避开与科技巨头的全面竞争。

其次，技术与应用的平衡至关重要。纯粹的技术创新难以支撑商业成功，而缺乏技术壁垒的应用也难以在全球市场建立持久竞争力。成功的人工智能独角兽企业往往能够在技术创新和应用落地之间找到最佳平衡点。

垂直专注
在特定领域建立技术壁垒和品牌影响力

技术与应用平衡
在技术创新和实际应用之间找到最佳平衡

全球资本网络
利用国际投资和关系加速全球化

本地化与标准化
结合标准化和本地化以满足市场需求

图 6-2　人工智能独角兽全球扩张的关键成功策略

再次，全球资本网络是加速器。无论是商汤获得的阿里巴巴、软银的投资，还是 UiPath 获得的 Accel、Sequoia 等硅谷顶级风投的支持，全球化的资本网络都在企业国际化过程中发挥了重要作用。它们不仅提供资金支持，更重要的是提供了全球业务拓展所需的关系网络和信誉背书。

最后，本地化与标准化的结合是制胜法宝。成功的国际化既需要标准化的产品和服务，保证全球一致的质量和效率，又需要根据不同市场的特点进行本地化调整，满足各地客户的特殊需求。这种"全球思维 + 本地行动"的策略，成为人工智能独角兽企业跨越地域差异、实现全球扩张的重要支撑。

人工智能独角兽企业的全球化之路充满挑战，但也蕴含巨大机遇。通过垂直领域的创新突破，依托全球资本和市场的支持，这些"小而美"的创新企业正在全球人工智能竞争中书写着属于自己的精彩篇章。随着人工智能技术的不断发展和应用场景的持续拓展，我们有理由相信，将会有更多的人工智能独角兽企业从不同国家脱颖而出，共同推动人工智能技术的全球化应用。

第四节

跨国企业的竞争与协作：专利、技术出口与国际市场扩张

前面说科技巨头是铺设人工智能基础设施的"大王国"，独角兽企业是在特定领域崛起的小而美的"小王国"，那么接下来讲到的跨国企业则是在全球人工智能格局中穿梭的"贸易舰队"。这些企业既不像科技巨头那样追求全面布局，也不像独角兽企业那样专注单一领域，而是在全球市场中灵活机动，通过技术输出、专利布局和国际市场扩张，在全球人工智能竞争中占据独特位置。

一 专利布局与技术壁垒：全球竞争的核心战略

在人工智能的全球竞争中，专利就像是企业的"数字长城"——它既保护自身核心技术不被侵占，又能将竞争对手阻隔在技术壁垒之外。对跨国企业而言，一套精心设计的专利战略，往往比千军万马的营销团队更能确保其长期的市场地位。

"专利地图"：技术领地的全球划分

跨国企业的专利布局，就像是在全球绘制一张技术领域的地图。这种"专利地图"不仅标记出企业的技术优势领域，还战略性地覆盖未来可能的技术发展方向和应用场景，形成全方位的技术保护屏障。

以 IBM 为例，它不仅在人工智能核心算法领域申请了大量专利，还在各

种潜在应用场景，如医疗诊断、金融风控、智能制造等领域，进行了广泛的专利布局。这种"核心+应用"的专利策略，就像是在核心领土周围设置多道防线，既保护了核心技术，又为未来的业务扩张预留了空间。

更值得注意的是，跨国企业往往采用差异化专利策略，根据不同国家和地区的知识产权环境调整专利申请策略。在知识产权保护严格的国家，如美国、日本，它们倾向于申请更具体、更有执行力的专利；在知识产权执行较弱的地区，则可能采用更宽泛的专利描述，覆盖更广的技术范围。这种差异化策略就像是根据不同地形选择不同的防御工事，使专利保护的有效性最大化。

"专利池"：从防御到进攻的战略转变

现代跨国企业的专利策略已经从单纯的"防御"转向"攻防兼备"。它们不再满足于保护自身技术，而是通过构建庞大的"专利池"，将专利转化为市场竞争和商业谈判的筹码。

这种"专利池"策略就像是一国的"核武库"——其价值不仅在于实际使用，更在于威慑和谈判。当企业拥有足够多的高质量专利时，它可以通过交叉许可减少专利侵权风险，通过专利许可创造额外收入，甚至通过专利诉讼阻止竞争对手进入特定市场。

高通公司的人工智能专利策略就体现了这一点。它不仅在移动芯片中集成人工智能功能，还通过广泛的专利布局，确保任何想在移动设备上实现类似人工智能功能的企业，都需要支付专利许可费。这种模式将专利转化为持续的收入来源，形成了"一次创新，长期受益"的商业模式。

"标准必要专利"：技术规则的全球制定权

在人工智能全球竞争中，最高级别的专利战略是争取"标准必要专利"（Standard-Essential Patents，SEPs）的制定权。这些专利直接关系到行业技术标准的实现，掌握这些专利就等于在全球技术规则制定中拥有话语权。

传统通信行业的标准之争正在延伸到人工智能领域。例如，在人工智能芯片架构、深度学习框架、数据交换格式等方面，各大跨国企业都在积极参与国际标准的制定，并努力将自己的技术方案渗透进标准。这就像是在制定全球贸易规则时，确保规则对自己最为有利。

ARM公司在人工智能芯片指令集方面的标准化努力就是典型案例。通过推动针对人工智能优化的指令集设计，并将其纳入全球广泛使用的ARM架构中，ARM不仅扩大了自身技术影响力，还确保了其在人工智能芯片生态系统中拥有长期价值。这种通过标准化扩大影响力的策略，远比单纯依靠专利诉讼更具可持续性。

二 技术输出与本地化：跨国人工智能企业的市场拓展模式

在全球化的浪潮中，跨国人工智能企业面临着一个永恒的矛盾：如何在保持技术标准化的同时，适应各国市场的本地化需求？这就像是一位世界级厨师，既要保持自己独特的烹饪风格，又要适应不同国家人们的口味偏好。

"核心标准化，应用本地化"的双轨模式

成功的跨国人工智能企业通常采用"核心标准化，应用本地化"的双轨模式。核心技术和基础架构保持全球一致，确保技术先进性和运营效率；在应用层面和用户界面则根据各国市场特点进行本地化调整，提升用户接受度和市场渗透率。

微软的人工智能助手Copilot就采用了这种策略。其底层的大语言模型技术在全球范围内保持一致，而在语言支持、本地应用场景、数据合规等方面则进行了本地化调整。例如，在中国市场，它强化了对中文的支持和理解，并确保数据处理符合中国的法规要求；在欧洲市场，则特别注重GDPR合规和数据隐私保护。这种"全球思维+本地行动"的策略，让微软能够既保持技术的全球领先性，又满足各地市场的特殊要求。

"技术分层输出"：平衡技术领先与市场准入

面对各国日益增强的技术主权意识和数据安全要求，跨国人工智能企业开始采用"技术分层输出"的策略，根据不同国家的政策环境和市场成熟度，选择性地输出不同层次的技术。

这种分层策略就像是一位水平极高的棋手，根据对手的实力和棋局情况，决定使用不同的棋着。面对开放的市场环境和标准，全球跨国人工智能企业可能提供完整的人工智能解决方案，包括算法、模型和数据服务；面对有特殊监管要求的市场，则可能只提供基础技术框架，通过与本地合作伙伴协作，完成最终解决方案的开发。

IBM 在全球人工智能市场的典型策略体现了这一点。在美欧等开放市场，IBM 提供包括 Watson 在内的完整人工智能服务；而在一些对数据主权要求高的国家，IBM 则更多地输出人工智能基础技术和咨询服务，与本地合作伙伴共同开发符合当地要求的解决方案。这种灵活的技术输出策略，既保护了核心技术资产，又最大化了全球市场覆盖率。

"伙伴生态"：本地落地的关键支撑

对跨国人工智能企业而言，构建本地合作伙伴网络是技术本地化的重要途径。这些本地合作伙伴了解当地市场需求和政策环境，能够帮助跨国人工智能企业快速适应本地市场，降低市场进入的风险和成本。

这种"伙伴生态"策略就像是一个外交官网络，帮助跨国人工智能企业在陌生的市场环境中建立和谐关系和影响力。通过与本地系统集成商、行业解决方案提供商、研究机构等合作，跨国人工智能企业可以在保持核心技术控制权的同时，实现技术的本地落地和市场渗透。

例如，英伟达在全球扩张中就特别重视本地"伙伴生态"的建设。它通过 NVIDIA Inception 计划支持各国人工智能创业企业，通过与本地研究机构的合作培养人工智能人才，通过与行业龙头企业合作开发针对特定行业的人工智能解决方案。这种多层次的"伙伴生态"，成为英伟达人工智能技术在全球推广的重要支撑。

三 典型案例：特斯拉、ARM 的全球技术布局

特斯拉：从电动汽车到人工智能驱动的全栈技术输出

特斯拉的全球化之路，是一个从单一产品到技术平台的转变过程。如果说传统汽车制造商是在卖一种交通工具，那么特斯拉则是在卖一个移动的人工智能平台——自动驾驶系统只是这个平台最引人注目的应用之一。

在专利布局上，特斯拉采取了"开放+保留"的混合策略。一方面，它宣布开放部分电动汽车专利，促进行业整体发展；另一方面，它严格保护自动驾驶、电池管理等核心人工智能技术专利。这种策略就像是一家餐厅公开基础菜谱但保留特殊调味料配方——既推动了行业发展，又保持了自身的核心竞争力。

特斯拉的全球技术输出呈现出明显的分层特征。在美国等成熟市场，特斯拉提供包括完全自动驾驶（FSD）在内的全套人工智能功能；在中国等市场，则根据当地法规和数据安全要求，调整自动驾驶功能和数据处理方式。这种灵活的技术输出策略，使特斯拉能够在全球不同监管环境下持续扩展。

特别值得注意的是特斯拉的"数据闭环"策略。它通过全球数百万辆联网汽车收集驾驶数据，不断优化自动驾驶算法，形成了"数据—算法—产品—更多数据"的正向循环。这种基于用户的数据收集模式，使特斯拉能够比传统汽车厂商更快地迭代人工智能技术，构建起难以复制的技术壁垒。

随着特斯拉超级计算机 Dojo 的发布，其在人工智能领域的精心布局意图进一步显现。特斯拉不再满足于仅做一家汽车公司，而是逐渐向人工智能基础设施提供商转变。通过将自研的人工智能芯片、软件和数据处理能力整合为一体，特斯拉正在构建一个完整的自动驾驶人工智能技术栈，并有可能将这些技术输出到其他领域，如机器人、能源管理等。

特斯拉的全球布局告诉我们，在人工智能时代，产品和技术的边界正在

模糊。一家成功的跨国企业不再仅仅输出标准化产品，而是输出一整套技术能力和解决方案，通过持续的数据收集和算法优化，保持全球技术领先地位。

ARM：从芯片设计到人工智能基础设施的全球影响力

如果说特斯拉代表了人工智能应用层的全球扩展，那么 ARM 则代表了人工智能基础架构层的全球布局。作为全球移动设备芯片设计的主导者，ARM 正将其影响力扩展到人工智能芯片领域，塑造着人工智能计算的未来。

ARM 的商业模式本身就是技术输出的典范。它不直接生产芯片，而是设计芯片架构并将其授权给全球芯片制造商。这种"轻资产、重授权"的模式，使 ARM 能够以最小的物理存在实现最大的全球影响力。如果将芯片比作建筑，ARM 就不是盖房子的工人，而是设计图纸的建筑师——一套图纸可以指导全球无数建筑的建造。

在人工智能全球布局方面，ARM 采取了架构先行的策略。通过在芯片架构中加入专门针对人工智能计算优化的设计，如针对神经网络处理的指令集扩展，ARM 为全球基于其架构的芯片厂商提供了实现人工智能功能的基础。这种方式就像是在全球交通规则中增加了专门针对自动驾驶汽车的新规则，所有道路和车辆设计都需要按照这些规则调整。

ARM 的技术本地化策略也值得关注。在不同国家和地区，ARM 会根据当地技术政策和市场需求，调整其授权模式和技术合作深度。例如，在中国市场，ARM 通过合资公司 ARM 中国提供更加本地化的服务和授权模式，适应中国的技术发展战略；在欧洲，则强调其技术与欧盟数字主权战略的协同性。这种因地制宜的本地化策略，使 ARM 能够在全球地缘政治日益复杂的环境中维持其技术影响力。

随着人工智能计算需求的爆发式增长，ARM 正着力于两个方向的扩展：向上游延伸至数据中心人工智能芯片设计，向下游扩展至物联网设备的边缘人工智能计算。这种全方位的架构覆盖，使 ARM 能够在从云到边缘的整个人工智能计算链条中发挥影响力，形成"无处不在的 ARM"格局。

ARM 的案例启发我们，在人工智能全球化竞争中，控制关键技术架构可能比直接生产最终产品更具战略价值。通过设定技术标准和基础架构，ARM 塑造了整个产业的发展路径，实现了技术影响力的最大化。

对比启示：不同技术层次的全球化路径

通过对比特斯拉和 ARM 这两个位于不同技术层次的跨国企业，我们可以发现人工智能全球化的几个共同特征。

首先，技术分层策略至关重要。无论是应用层的特斯拉还是架构层的 ARM，都没有简单地提供统一产品，而是根据不同市场环境采取了技术分层输出策略。这种灵活性使它们能够在保护核心技术的同时，最大化全球市场覆盖率。

其次，控制关键环节比全面覆盖更有价值。特斯拉控制自动驾驶的数据和算法，ARM 控制芯片设计的基础架构，两者都没有试图控制价值链的每一个环节，而是专注于掌握最具战略价值的核心环节。这种"点状控制"比"面状覆盖"更加高效，也更容易实现全球扩张。

再次，生态建设是技术推广的关键。特斯拉构建了包括充电网络、应用开发者在内的用户生态，ARM 构建了包括芯片设计商、制造商在内的产业生态。这些生态系统极大地增强了技术的网络效应和转换成本，形成持久竞争优势。

最后，技术与政策的平衡日益重要。随着各国对技术主权的重视，跨国企业需要更加敏感地处理技术输出与本地政策要求之间的平衡。特斯拉调整自动驾驶数据处理方式，ARM 与本土合资企业深化合作，都反映了这一趋势。

对跨国人工智能企业而言，专利保护与技术输出并非简单的防御与进攻关系，而是一个需要精心设计的整体战略。在日益复杂的全球环境中，如何在保护核心技术的同时实现最大范围的市场覆盖，将是决定企业全球竞争力的关键因素。

随着人工智能技术从实验室走向广泛应用，跨国人工智能企业的全球技术布局将越来越受到地缘政治和技术民族主义的挑战。在这种背景下，灵活的技术输出策略、深入的本地化合作和长期的生态建设，将成为跨国人工智能企业应对挑战、把握机遇的重要手段。

第五节

人工智能企业的全球化挑战与未来展望

如果将人工智能企业的全球化比作一次远洋航行，那么当下这艘满载希望的"人工智能方舟"正在驶入一片风云变幻的海域。远处的彼岸灯塔依然闪耀着光芒，但航路上已经出现了数据保护的暗礁、技术脱钩的漩涡和地缘政治的风暴。在这样复杂多变的环境中，人工智能企业如何调整航向，各国又该如何为这场人工智能全球化航行提供引航支持？本节探讨人工智能企业全球化面临的重大挑战、应对策略以及未来发展趋势，为读者勾勒出一幅全球人工智能企业发展的前景图。

一 全球化的三重挑战：数据治理、技术脱钩、地缘政治

人工智能的全球化发展面临多重挑战，其中数据治理、技术脱钩、地缘政治是重要因素。

数据治理：人工智能企业全球化的"国界线"

在人工智能时代，数据已经成为与石油、黄金同等重要的战略资源。与传统资源不同，数据的流动正面临着越来越多的"国界线"。就像各国对石油和天然气有主权主张一样，如今各国也开始对本国产生和流通的数据提出主权要求。这种"数据主权"意识的觉醒，正在重塑全球人工智能企业的运营和发展方式。

欧盟的《通用数据保护条例》（下文简称 GDPR）就像一面镜子，让我们

清晰地看到了数据治理对人工智能企业全球化的影响。GDPR 要求处理欧盟公民数据的企业必须遵循严格的隐私保护规定，违规最高可处以全球营收 4% 的罚款。这不再是简单的合规问题，而是直接影响企业的产品设计和商业模式。一家美国或中国的人工智能企业，如果想要服务欧洲市场，必须在产品设计阶段就考虑 GDPR 合规，这意味着可能需要开发专门的欧洲版本，于是增加了产品开发和运营的复杂度和成本。

中国的《数据安全法》和《个人信息保护法》也构建了严格的数据治理框架，要求关键数据必须在境内存储，跨境传输需要安全评估。这使得跨国人工智能企业在中国市场面临数据本地化的要求，必须调整全球统一的数据处理流程，建立专门的本地数据中心和运营团队。

美国虽然尚未出台全国性的数据保护法案，但加州的《消费者隐私法案》已经在事实上设置了高标准，而且美国对特定行业如医疗、金融的数据也有严格监管。此外，美国还将数据安全与国家安全紧密关联，对涉及美国用户数据的外国技术企业进行严格审查。TikTok 在美国的遭遇就是典型案例，尽管字节跳动一再承诺将美国用户数据存储在美国并由美国团队管理，仍然面临着被迫出售或退出的压力。

这种全球数据治理格局的碎片化，使得人工智能企业不得不面对一个现实：全球统一的数据处理模式正变得越来越不可行。每进入一个新市场，就可能需要设计一套符合当地法规的数据处理流程，这大大增加了全球化的复杂性和成本。对中小人工智能企业而言，这甚至可能成为其全球扩张的致命障碍。

技术脱钩：创新链条的断裂风险

如果说数据治理主要影响人工智能产品的运营层面，那么技术脱钩则直接威胁到人工智能创新的基础。近年来，在"国家安全"的名义下，以美国为代表的西方国家和中国之间的技术交流正在减少，合作通道正在收窄，全球创新生态系统面临着"断链"风险。

技术脱钩最直接的表现是对尖端技术产品和设备的出口管制。美国商务部针对中国企业制定的"实体清单",限制了包括人工智能芯片在内的多种高科技产品对中国的出口。2022年10月,美国进一步收紧了对中国的半导体出口管制,不仅限制了先进芯片的出口,还禁止美国公民为中国半导体企业提供技术支持。这些措施使得中国人工智能企业获取最先进的计算硬件变得更为困难,不得不寻求替代方案或加速自主研发,打乱了原有的技术路线规划。

除了硬件,技术脱钩还体现在软件和基础研究领域。开源人工智能社区虽然仍在蓬勃发展,但已经出现了一些分化迹象。一些美国人工智能企业开始在开源协议中加入针对特定国家或用途的限制条款,或者将最先进的模型闭源。在学术交流方面,原本频繁的中美人工智能研究合作正在减少,顶级人工智能学术会议的签证问题时有发生,影响了全球人工智能人才的流动和知识传播。

技术脱钩对人工智能企业的影响是多层次的。最直接的影响是增加了技术获取的难度和成本,迫使企业寻找替代方案或加大自主研发投入。更深层的影响是打断了全球创新生态的协同效应,使得技术创新变得更加孤立和低效。就像一个交响乐团被分成了几个独立演奏的小组,难以产生原本和谐的音乐效果一样,技术脱钩可能导致全球人工智能创新的总体效率下降,形成"创新孤岛"。

对中国人工智能企业而言,技术脱钩既是挑战也是机遇。一方面,获取先进技术和组件变得更加困难;另一方面,这也倒逼中国企业加速技术自主,开拓新的创新路径。例如,在高端人工智能芯片受限的情况下,中国人工智能企业正在探索算法优化和芯片集群等替代方案,寻找在约束条件下的创新突破。

地缘政治:人工智能企业的全球化迷宫

如果说数据治理和技术脱钩还主要停留在技术和监管层面,那么地缘政治则完全将人工智能企业拖入了国际关系的复杂旋涡。在当前的全球格局下,人工智能已经从纯粹的技术工具上升为大国竞争的战略制高点,人工智能企业则不自觉地成为这场竞争的参与者,甚至是重要棋子。

地缘政治对人工智能企业全球化的影响体现在多个方面。最直接的是市场准入问题。出于国家安全或战略竞争考虑，一些国家开始对来自特定国家的人工智能技术和产品设置市场准入障碍。印度禁止中国 App、美国限制华为设备、欧盟对中美大型科技公司的警惕，都反映了这一趋势。这种"带有国籍的市场准入"，使得企业的"护照"比产品本身更能决定市场机会，这对许多寻求全球扩张的人工智能企业产生了深远影响。

还有就是政商关系的复杂化。在地缘政治紧张的背景下，企业与母国和目标市场国家政府的关系，变得异常敏感。一方面，人工智能企业可能被母国视为"国家队"，承担支持国家战略的期望；另一方面，它们又被目标市场国家视为潜在的安全风险，面临额外的审查和限制。这种双重身份，使得人工智能企业在全球化过程中必须更加谨慎地处理政府关系，有时甚至不得不做出取舍和妥协。

更复杂的是，地缘政治还影响着企业的品牌形象和国际合作环境。在某些市场，来自特定国家的企业可能面临消费者抵制或媒体负面报道；在国际合作方面，原本纯商业性质的交易可能被赋予政治色彩，增加了交易的不确定性和风险。这些"非商业因素"的干扰，大大增加了企业全球化经营的复杂度。

面对地缘政治挑战，不同类型的人工智能企业采取了不同的应对策略。（见图 6-3）一些企业选择接受现实，将业务重心转向友好市场；一些企业则努力淡化国籍色彩，强调技术中立性和普适价值；还有一些企业尝试通过本地合资、技术许可等方式，绕过直接的地缘政治障碍。无论采取何种策略，地缘政治已经成为人工智能企业全球化不可回避的考量因素。

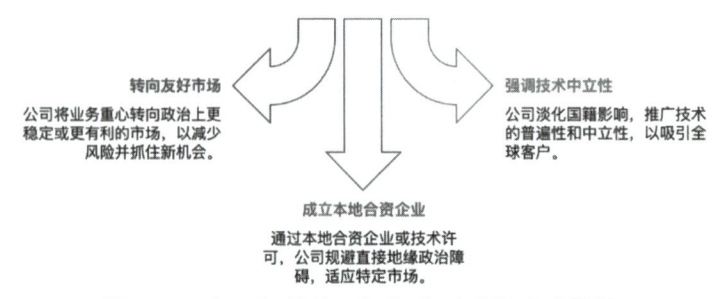

转向友好市场
公司将业务重心转向政治上更稳定或更有利的市场，以减少风险并抓住新机会。

强调技术中立性
公司淡化国籍影响，推广技术的普遍性和中立性，以吸引全球客户。

成立本地合资企业
通过本地合资企业或技术许可，公司规避直接地缘政治障碍，适应特定市场。

图 6-3 人工智能公司如何应对地缘政治挑战

三重挑战的交织效应

数据治理、技术脱钩和地缘政治这三重挑战并非相互独立，而是相互交织、相互强化。数据治理的碎片化往往缘于地缘政治的分化，技术脱钩则既是地缘政治的结果，又会进一步加剧地缘分歧。由此可见，三者共同作用，形成了当前人工智能企业全球化面临的复杂环境。

这三重挑战正在改变全球人工智能发展的基础规则。过去二十年，互联网和数字技术的全球化建立在相对开放、互联互通的世界格局上，企业可以相对自由地进入新市场、获取技术、处理数据。而今天，这种开放性正在减弱，取而代之的是一个更加碎片化、更加注重人工智能安全与主权的世界。这不仅改变了人工智能企业的全球化路径，也重塑了全球人工智能创新的基本格局。

面对这三重挑战，人工智能企业需要重新评估全球化战略，寻找平衡技术创新、商业扩张和地缘政治复杂性的新路径。而这，正是下一部分要探讨的韧性战略的核心。

二 韧性战略：不确定环境下的全球化路径

在茫茫大海中，只有那些既能顶风破浪，又能随波而行的船只，才能安全抵达远方的港湾。同样，在充满不确定性的全球环境中，人工智能企业需要一种特殊的航行能力——韧性战略，既能抵御风险冲击，又能灵活调整方向，唯此才能持续前行。

韧性思维：从"最优化"到"可适应性"

传统的全球化战略往往追求资源配置的最优化——在成本最低的地方生产，在监管最宽松的地方创新，在利润最高的地方销售。然而，在当前充满不确定性的环境中，过度优化反而可能带来脆弱性。

韧性思维要求企业从最优化转向可适应性，不再仅仅追求短期效率最大化，而是更加重视长期生存和发展能力。

具体而言，韧性思维体现在多方面。（见图6-4）首先是多元化的市场布局，避免过度依赖单一市场；其次是柔性的供应链和技术路线，能够在外部环境变化时快速调整；再次是预留资源余量，为应对突发事件提供缓冲；最后是情景规划能力，能够预想多种可能的未来，并为每种情景准备相应策略。

例如，微软的全球化韧性策略就体现了这种思维。它不仅在全球主要市场都有业务布局，还针对不同地区开发了差异化的产品和服务。在中国等特殊市场，微软通过与本地伙伴的深度合作，降低了政策不确定性带来的风险。同时，微软还积极参与各国人工智能治理讨论，主动适应而非被动应对监管变化。这种全方位的韧性策略，使微软能够在全球环境变化中保持相对稳定的发展。

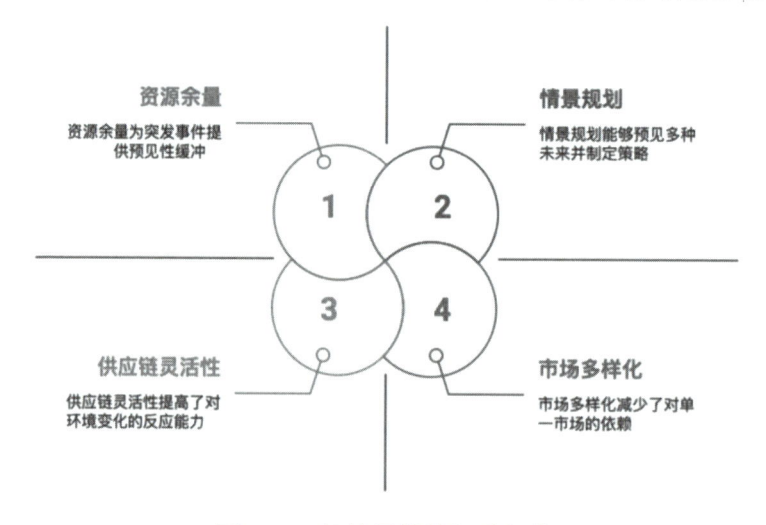

图6-4 韧性思维的组成部分

多区域战略：从"全球统一"到"区域适应"

面对日益碎片化的全球环境，越来越多的人工智能企业开始从"全球统一"的运营模式转向"区域适应"的多区域战略。这种战略不再追求全球完全一致的产品和服务，而是根据不同区域的政策环境、市场需求和竞争格局，发展差异化的区域策略。

多区域战略的核心是识别全球市场的主要区域板块，并为每个板块制定相应的适应策略。当前，全球人工智能市场大致可以分为四个主要板块：北美（以美国为核心）、欧洲（以欧盟为核心）、中国，以及其他新兴市场。每个板块都有其独特的监管环境、数据规则和技术路径，企业需要有针对性地调整发展战略。

例如，在数据治理方面，企业可能需要在欧洲实施最严格的隐私保护措施，在中国采取数据本地化策略，在新兴市场则提供更加灵活的解决方案。在产品设计方面，可能需要为不同区域开发具有差异化功能的版本，以适应当地监管要求和用户偏好。在技术路线方面，也可能需要为不同地区准备不同的技术方案，以应对可能的供应链中断或技术限制。

谷歌的多区域战略就是一个典型案例。在大多数市场，谷歌提供完整的服务套件；在欧洲，针对 GDPR 调整了数据处理方式；在印度等新兴市场，则开发了更适合当地基础设施和消费习惯的轻量级产品。虽然谷歌退出了中国搜索市场，但仍通过 Android、TensorFlow 等产品和技术保持其在场角色，展现了区域策略的灵活性。

本地化深度：从"表面调整"到"深度扎根"

在地缘政治复杂的环境中，"本地化"已经从简单的产品调整上升为战略命题。成功的全球化人工智能企业不再满足于表面的本地化（如语言翻译、界面调整），而是追求更深层次的"扎根"——在目标市场建立本地研发团队、培育本地合作伙伴、融入本地创新生态，甚至调整公司治理结构，这反映了人工智能企业看重当地市场。

深度本地化的理念，是将企业变成既有全球视野又有本地根基的"跨国公民"，而非单纯的"外来者"。这种转变不仅有助于降低地缘政治风险，还能够更好地理解和满足本地市场需求，创造与当地社会的共同利益。

亚马逊 AWS 在全球扩展中，就采取了这种深度本地化策略。（见图 6-5）在进入新市场时，AWS 不仅建设本地数据中心，还投资培养本地技术人才，与当地学术机构、创业企业合作，构建完整的云计算和人工智能生态系统。

在监管方面，AWS 积极与当地政府合作，确保服务符合当地数据保护要求。这种"生态系统思维"的本地化，使 AWS 能够在全球不同市场建立稳固的业务基础，降低政策波动带来的风险。

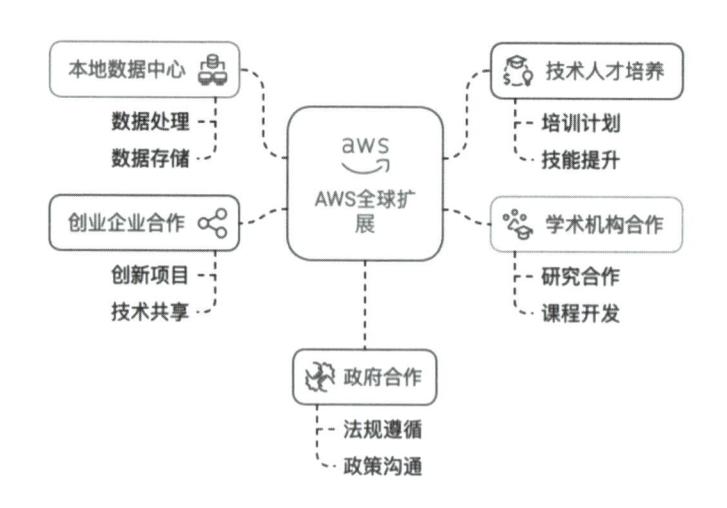

图 6-5　亚马逊 AWS 在全球扩展中的深度本地化策略

技术自主与合作并重：应对脱钩风险的双轨战略

面对技术脱钩的风险，前瞻性的人工智能企业正在采取"自主与合作并重"的双轨战略。一方面加强关键技术的自主掌控，减少外部依赖；另一方面，积极维护和拓展全球技术合作网络，在开放领域保持深度参与。这种双轨策略就像是既准备自己的"备用发电机"，又尽力维护与"公共电网"的稳定连接。

在技术自主方面，企业需要抓住全球化中的"卡脖子"环节，有针对性地加强自主创新或寻找多元化替代方案。例如，面对芯片供应限制，中国的人工智能企业一方面投资国产芯片研发，另一方面也在探索软件升级的优化，以及多样化的国际采购渠道，构建多层次的技术防线。

同时，在许多非敏感领域，保持开放合作仍然是最优选择。参与国际开源社区、行业标准制定、学术交流等活动，不仅能够获取前沿知识，还能维持全球创新网络的连接。特别是在基础研究等竞争前阶段，合作往往比对抗更能促进技术进步。

华为的双轨战略就体现了这种平衡。(见图6-6)在遭遇美国实体清单限制后,华为一方面加大了对鲲鹏、昇腾等自研芯片的投入,开发鸿蒙操作系统等自主技术栈;另一方面,又积极维护与全球学术机构、标准组织的合作,开放分享多项技术成果,保持在国际科技生态中的参与度。这种既重视自主又不放弃合作的策略,为华为应对复杂的国际环境提供了更多战略选择。

图6-6 华为的双轨战略

韧性战略的整合与平衡

韧性战略的核心不是单一的策略选择,而是多元策略的整合与平衡。企业需要在全球一致性和区域差异化、技术开放与自主掌控、业务扩张与风险控制等多个维度找到动态平衡点,形成符合自身条件和外部环境的整体解决方案。

这种平衡不是一劳永逸的,而是需要持续调整的动态过程。随着国际环境的变化,平衡点也会不断移动,企业需要保持战略敏感性,及时感知变化并作出调整。正如一位优秀的船长,不仅要熟悉航线,还要随时观测风向变化,调整帆的方向和角度。

成功的韧性战略也不仅仅是防御性的,而应当在应对挑战的同时,积极寻找机遇。例如,数据本地化要求虽然增加了合规成本,但也可能为深度理解本地市场创造条件;地缘政治分化虽然限制了部分市场准入,但也可能在其他市场创造竞争真空。韧性战略的高级形态,是将挑战转化为机遇,在变局中开创新局。

第六章 人工智能企业的全球布局与发展路径

三 人工智能企业全球化的未来趋势与对国家战略的启示

站在当下这个时间节点，我们已经看到人工智能企业全球化正在经历深刻变革。通过分析当前趋势和未来可能的发展方向，我们不仅可以为企业提供战略参考，也能为国家人工智能发展战略提供有益启示。

人工智能企业全球化的未来发展趋势
从"无国界数字世界"到"多极数字秩序"

过去数十年，互联网和数字技术的全球化建立在一种相对统一的全球秩序之上。然而，未来的数字世界很可能呈现多极化特征，形成几个具有不同规则、标准和价值取向的技术生态系统。这种多极化并非简单的"东西对立"，而是可能涉及欧洲、印度等多个独立极点，每个极点都有自己的数据规则、市场准入条件和技术标准。

在这种多极数字秩序中，人工智能企业的全球化将不再是简单地"走出去"，而是需要适应多套规则体系，甚至可能需要发展多个版本的产品和服务。企业需要具备在多个技术生态系统中同时运作的能力，这对组织结构、技术路线和市场策略都提出了新的要求。

从"复制推广"到"共创本地化"

未来人工智能企业的全球化，将从简单的"复制推广"模式转向更深度的"共创本地化"模式。企业不再只是将成熟产品搬运到新市场，而是从一开始就与目标市场的合作伙伴、用户和监管机构共同创造适应当地的解决方案。

这种共创不仅是产品层面的调整，还包括商业模式、合作方式甚至企业文化的深度融合。例如，进入印度市场的人工智能企业，可能需要从根本上重新思考如何为低收入但规模庞大的用户群体提供服务；进入非洲市场，则可能需要考虑如何在基础设施有限的条件下开发创新解决方案。这种换位思考的能力，将成为企业未来全球化成功的关键因素。

从"技术输出"到"价值共创"

随着全球对人工智能伦理、安全和社会影响的关注增加，未来的人工智能企业全球化不再仅仅是技术输出，而是融入更广泛的价值观和治理框架。成功的全球化企业需要能够参与并影响人工智能全球治理的讨论，在隐私保护、算法透明、安全可控等议题上形成符合多方利益的解决方案。

这种从技术中心向价值中心的拓展，要求人工智能企业在全球化过程中更加注重责任伦理和可持续发展，将技术创新与社会价值创造结合起来。例如，一家面向全球医疗市场的人工智能企业，不仅需要提供准确的诊断算法，还需要考虑如何确保算法的公平性、透明度和可解释性，以及如何平衡商业利益与公共卫生需求。

"数字主权"与开放创新的动态平衡

未来全球数字格局的一个核心特征，是"数字主权"意识与开放创新需求之间的持续博弈。各国一方面希望保护数据安全和技术自主，另一方面又需要参与全球创新网络以保持竞争力。这种张力将长期存在，并形成全球数字秩序的基本动力。

对人工智能企业而言，这意味着需要在尊重各国数字主权的同时，寻找促进开放创新的平衡点。这可能包括发展模块化的技术架构（允许关键模块本地化）、探索新型的数据治理模式（如联邦学习、隐私计算等）、建立跨境技术合作的新机制等。未来最成功的全球化企业，将是那些能够在主权与开放之间找到创造性平衡的企业。

对国家人工智能战略的启示

人工智能企业全球化的经验和趋势，不仅对企业自身具有参考价值，对国家层面的人工智能战略也有重要启示。在当前复杂的国际环境中，如何既支持本国人工智能企业的全球化，又保障国家技术安全，是各国政府面临的共同挑战。

推动"负责任创新"的国际规范构建

面对全球数字治理碎片化的趋势，各国政府需要积极参与国际规则制定，推动形成平衡创新活力和安全责任的全球人工智能治理框架，而不是简单地封闭自己或排斥他国。中国作为人工智能大国，可以更加积极地参与联合国、G20、ISO 等多边平台的人工智能治理讨论，提出符合多方利益的方案。

中国通过参与国际规则制定，一方面可以确保规则体现本国利益和关切，另一方面也有助于塑造开放包容的全球创新环境，为本国企业的全球化创造有利条件。例如，中国在数据跨境流动、算法透明度、人工智能安全评估等领域，可以寻求与其他国家的共识，建立促进创新又保障安全的平衡机制。

构建"韧性开放"的技术创新体系

国家战略需要在开放合作和自主创新之间找到平衡，构建既能充分利用全球创新资源，又具有足够韧性应对外部冲击的技术体系。这种"韧性开放"战略，不是简单的封闭自给，也不是完全依赖外部，而是有选择、有重点地推进关键技术的自主可控，同时保持开放合作的整体方向。

具体而言，在人工智能技术链条中的关键环节和潜在瓶颈处，须有针对性地加强自主创新的力度。同时，在非敏感领域保持开放姿态，鼓励企业参与国际合作和竞争。特别是基础研究和前沿探索等竞争前阶段，更应该鼓励广泛的国际合作，以避免科研资源的重复投入和浪费。

培育具有全球竞争力的创新企业生态

国家战略应着力培育多层次、多类型的人工智能企业生态，支持不同类型企业发挥各自优势，形成互补协同的整体竞争力。如前文所述，科技巨头、独角兽企业和垂直应用企业在全球人工智能竞争中扮演着不同角色，国家政策应针对不同类型企业的特点，提供差异化的支持。

全球人工智能政策与战略

第七章

本章阅读导图

第一节

全球人工智能政策格局：中国、美国、欧盟的战略比较

全球人工智能发展正处于关键历史时期，中国、美国、欧盟作为世界上最具影响力的三大经济体，在人工智能领域展开了全方位竞争与合作。三者的政策选择不仅关系到各自在未来科技竞争中的地位，更将塑造全球人工智能治理的基本格局。本节将深入剖析三大经济体人工智能战略的核心理念与政策框架，探究政策制定背后的发展模式与价值取向差异，以及战略竞争的焦点所在，为读者勾勒出全球人工智能政策的宏观图景。

一 三大经济体人工智能战略的核心理念与政策框架

中国、美国、欧盟三大经济体因各自的政治、经济、文化等因素不同，人工智能战略的核心理念与政策框架各有侧重。

中国：顶层设计与创新驱动相结合

2017年7月，国务院正式发布《新一代人工智能发展规划》，将人工智能上升为国家战略，这标志着中国人工智能发展进入了新阶段。该规划提出了到2030年中国成为世界领先人工智能创新中心的战略目标，描绘了中国人工智能发展的宏伟蓝图。

在核心理念方面，中国人工智能战略是通过人工智能技术实现国家经济社会发展的跃升，推动产业转型升级，增强国家竞争力。中国强调"人工智

能 + 实体经济"的深度融合，将人工智能视为推动经济高质量发展的新引擎。

在政策框架方面，中国的人工智能政策框架体现了"顶层设计、整体规划、分步实施"的特点：

战略规划：中国采取"国家队"模式推动人工智能发展，通过《新一代人工智能发展规划》等顶层设计文件，明确发展目标和路线图，形成从中央到地方的政策联动。规划提出了"三步走"目标，分阶段推进人工智能产业发展，体现了中国特色的长期规划思维。

科技投入：中国建立了包括国家自然科学基金、国家重点研发计划等在内的多层次科技支持体系，为人工智能基础研究和应用研究提供持续稳定的资金支持。同时，地方政府也设立专项资金支持人工智能产业发展，形成中央与地方协同推进的格局机制。

产业培育：中国政府通过设立国家新一代人工智能创新发展试验区、人工智能开放创新平台等举措，搭建产学研用协同创新的平台，培育具有全球竞争力的人工智能企业和产业集群。

数据政策：中国构建了以《网络安全法》《数据安全法》《个人信息保护法》为核心的数据治理法律体系，强调数据安全与发展并重，推动数据要素市场建设，释放数据价值。

监管态度：中国采取"包容审慎"的监管策略。一方面鼓励创新；另一方面防范风险，如通过《生成式人工智能服务管理暂行办法》等以规范新兴人工智能应用。中国的监管理念体现了在促进产业发展与风险管理之间寻求平衡的政策思路。

在实施过程中，中国充分发挥"新型举国体制"优势，整合政府、企业、高校、研究机构等多方资源，构建协同创新生态。这种体制机制创新为中国人工智能产业发展提供了独特优势，使中国能够在短时间内实现人工智能领域的跨越式发展。

美国：市场驱动与国家安全双轮驱动

美国的人工智能战略可追溯至奥巴马政府时期，那时美国就开始将人工智能作为国家科技战略的重点方向。2019年，特朗普政府正式发布了首个国家人工智能战略——《美国人工智能倡议》（American AI Initiative），旨在确保美国在人工智能技术创新和应用方面持续保持全球领先地位。2023年5月，拜登政府更新了《国家人工智能研发战略计划》，以进一步巩固美国在人工智能领域的全球领导地位。

在核心理念方面，美国人工智能战略是确保在"可信赖人工智能"（TrustworthyAI）系统的开发和应用方面维持全球领先地位。这一理念体现了美国对技术创新、市场机制与国家安全的平衡考量，既强调通过市场竞争推动创新，又注重保障美国在关键技术上的领先优势。

在政策框架方面，美国的人工智能政策框架呈现出分散但协调的特点：

研发投入：通过国家科学基金会（NSF）、国防高级研究计划局等机构对人工智能基础研究提供大规模资金支持，为长期技术突破奠定基础。美国政府每年在人工智能研发方面的投入超过60亿美元，是全球投入资金最大的国家。

人才培养：美国政府与高校、产业界紧密合作，通过奖学金、科研项目等形式培养人工智能人才，同时通过灵活的移民政策吸引全球顶尖人工智能人才。美国拥有世界上最优质的人工智能教育资源，麻省理工学院、斯坦福大学等学府持续为人工智能产业输送高端人才。

数据政策：美国采取相对开放的数据政策，鼓励数据共享和流动，但对涉及国家安全的数据进行严格管控。美国强调数据自由流动，反对"数据本地化"要求。

监管态度：美国联邦层面几乎没有专门针对人工智能的统一法规，更多采取行业自律和市场调节的方式。这种"轻监管"的态度体现了美国政府对市场创新机制的信任。

国际战略：美国积极推动与盟国在人工智能领域的合作，企图构建以美国为主导的全球人工智能治理体系，同时通过出口管制等手段限制先进人工智能技术向中国等战略竞争对手的转移。

值得注意的是，美国的人工智能战略呈现出鲜明的双轨特征：一方面，对国内人工智能产业采取相对宽松的"轻监管"态度，充分发挥市场机制作用；另一方面，将人工智能视为关键战略资产，通过国家安全审查、出口管制等手段加以保护和控制。这种双重标准反映了美国试图在推动创新与维护技术领先地位之间寻找到微妙平衡点。

欧盟：以人为本的伦理规范引领

与中国和美国相比，欧盟的人工智能战略更加注重伦理规范和价值导向。2021年4月，欧盟委员会发布人工智能监管提案，旨在构建全球首个人工智能综合监管框架。2024年8月1日，《人工智能法案》（AI Act）正式生效，标志着欧盟在全球人工智能治理领域的暂时引领地位。

在核心理念方面，欧盟人工智能战略是"以人为本的可信赖人工智能"（Human-Centric Trustworthy AI），强调人工智能技术应当服务于人类福祉，尊重欧盟的价值观和基本权利，确保安全可靠。欧盟将人工智能视为提升欧洲竞争力和生活质量的工具，同时强调对技术的民主控制和伦理约束。

在政策框架方面，欧盟的人工智能政策框架体现了"伦理引领、法规跟进、区域协同"的特点：

伦理规范：欧盟率先发布《可信赖人工智能伦理指南》，确立了透明度、多样性、非歧视和公平性、社会和环境福祉等伦理原则，为人工智能发展提供价值导向。这些伦理原则随后被其他地区广泛采纳，体现了欧盟在全球人工智能伦理规范制定中的引领作用。

法律框架：欧盟《人工智能法案》采用基于风险的分级监管思路，对不同风险等级的人工智能应用制定差异化监管要求，平衡创新与安全的关系。该法案为全球首部全面规制人工智能的法律，体现了欧盟在全球数字治理中的规则制定能力。

研发支持：欧盟通过"地平线欧洲"（Horizon Europe）计划为人工智能研究提供资金支持，同时推动成员国间的科研协作，整合区域资源。欧盟强调人工智能研究必须遵循"负责任研究与创新"（RRI）原则，将伦理考量融入研究过程。

数据战略：欧盟强调数据主权和数据空间建设，通过《通用数据保护条例》（GDPR）等法规保障个人数据权利，同时通过建立欧洲数据空间促进数据共享和利用，增强欧洲在数字时代的竞争力。

国际合作：欧盟积极推动与志同道合的国家在人工智能治理方面的合作，如与美国建立"贸易和技术委员会"（TTC）以讨论人工智能治理问题，力求在全球人工智能治理中发挥更大影响力。

欧盟的人工智能政策作为全球人工智能治理的"第三条道路"，既不同于美国的市场主导模式，也不同于中国的国家主导模式，而是走出了一条以价值观和伦理为基础的发展道路，为全球人工智能治理提供了独特的欧洲方案。

三大战略的比较分析

中国、美国、欧盟这三大经济体的人工智能战略之间有显著的共性与差异。

它们的共同点——

三大经济体均将人工智能视为影响国家竞争力和未来发展的战略性技术，给予高度重视。

都重视人工智能生成内容（AIGC）、大模型等前沿方向，并关注人工智能与实体经济的融合。

都认识到人工智能治理的重要性，但采取了不同的治理路径。

都强调人工智能发展需要国际合作，但合作的方式和边界存在差异。

它们的差异点——

战略定位：中国强调赶超和自主创新，美国强调维护技术领先地位，欧盟则强调在伦理和规制领域的引领作用。

政策工具：中国采用规划引导和政策支持，美国主要通过市场激励和政府采购推动人工智能发展，欧盟则通过立法和伦理框架规范人工智能发展。

治理理念：中国采取"包容审慎"策略，美国采取"轻监管"策略，欧盟则采取"风险预防"策略。

重点领域：中国更注重人工智能与实体经济的融合，美国更注重人工智能在国防和安全领域的应用，欧盟则更关注人工智能在公共服务和社会治理领域的应用。

三大经济体的人工智能战略各具特色，既反映了各自的发展阶段和需求，也体现了不同的治理哲学和价值取向。这些差异构成了全球人工智能政策格局的基本特征，也为我们理解全球人工智能发展的多元化路径提供了重要视角。

二 政策制定背后的发展模式与价值取向差异

人工智能政策的差异性绝非偶然，而是深刻反映了不同国家和地区在政治制度、文化传统、发展阶段和价值导向等方面的深层次差异。理解这些底层逻辑，有助于我们更全面地把握全球人工智能政策格局的形成机理。

发展模式的差异

中国：国家引导的创新模式

中国的人工智能发展模式可以概括为"国家引导、企业主体、市场运作"，具有以下特点：

创新机制："新型举国体制"是中国人工智能发展的独特优势，通过政府引导、企业承担、市场验证的方式，集中力量进行科技攻关和产业化推进。

资源调动：中国能够通过财政支持、政府采购、政策引导等方式，迅速调动大量资源投入战略性技术领域，形成规模效应和速度优势。2023年，中国地方省市已经完成对大模型产业的600亿元投资计划，多地积极引导大模型企业落地。

政企协同：中国的政企关系更为紧密，政府、企业、高校等主体形成协同创新的格局，如科技部遴选的国家新一代人工智能开放创新平台，依托华为、阿里巴巴等人工智能企业建设，推动产学研深度融合。

市场驱动：虽有国家引导与监管，但中国的人工智能创新同样高度市场化，企业是创新主体，市场竞争激励创新。中国互联网巨头和新兴人工智能企业的崛起，展示了中国模式中市场力量的活力。

中国的这种国家引导模式能够迅速集中资源解决关键问题，但也可能面临资源配置效率和长期创新动力的挑战，需要不断优化政府与市场的关系。

美国：市场主导的创新模式

美国的人工智能发展模式可以概括为"市场主导、政府辅助"，具有以下特点：

创新生态：以硅谷为代表的创新生态系统是美国人工智能发展的核心驱动力，风险投资、高校研究和企业创新形成良性循环，催生了谷歌、微软、OpenAI等全球领先的人工智能企业。

制度安排：美国的制度环境高度重视市场机制，政府主要扮演"守夜人"角色，通过提供公共品（如基础研究资金和教育）和规范市场秩序来支持创新，而不是直接干预市场。

政企关系：美国政府与企业之间保持相对独立的关系，但在国家安全等领域存在紧密合作关系。例如，国防部与硅谷科技公司的合作为人工智能创新提供了重要应用场景和资金支持。

资源配置：美国主要通过市场机制配置创新资源，资本市场在识别和支持有潜力的创新项目方面发挥关键作用。美国的人工智能投资主要来自市场，政府资金主要用于基础研究和国防应用。

美国的这种市场主导模式具有灵活性高、激励创新的优势，但也可能导致创新方向过于市场化，忽视长期社会需求，以及加剧数字鸿沟等问题。

欧盟：伦理引领的创新模式

欧盟的人工智能发展模式可以概括为"伦理引领、规则驱动"，具有以下特点：

价值导向：欧盟将伦理和价值观置于技术发展的中心位置，强调人工智能必须增进人类福祉、尊重基本权利、确保可问责性。

多元协调：欧盟需要协调27个成员国的利益和政策，决策过程更为复杂，但一旦形成共识，其规则制定能力和执行力就十分强大。

规则创新：欧盟擅长通过规则制定来引领技术发展方向，如《通用数据保护条例》（GDPR）对全球数据治理的影响，体现了欧盟"监管外溢"的能力。

公私合作：欧盟推动公共部门和私营部门在人工智能领域的合作，如"欧洲人工智能公私伙伴关系"旨在整合公共资源与私营部门力量，推动人工智能技术在欧洲经济发展中的应用。

欧盟的这种"伦理引领"模式有助于确保人工智能发展符合全人类共同的价值追求和长远利益，但也可能因过度谨慎而错失创新先机，面临与中美两强竞争中落后的风险。

价值取向的差异

除发展模式外，三大经济体在人工智能政策制定中还体现出不同的价值取向，这些价值取向深刻影响了政策的具体内容和实施方式。

中国：以发展与治理为核心

中国的人工智能政策体现了对发展与治理的双重关注：

发展优先：中国作为发展中大国，将人工智能视为实现经济社会发展和国家现代化的关键推动力，优先考虑人工智能对经济增长、产业升级和民生改善的贡献。

国家安全：同时，中国也高度重视国家安全，强调技术自主可控的重要性，建立技术安全评估机制，防范人工智能技术可能带来的安全风险。

社会和谐：中国强调人工智能发展必须符合社会主义核心价值观，促进社会和谐，这体现在对算法的社会责任要求和内容管理规范上。

全球治理：中国倡导构建人类命运共同体，主张各国共同参与全球人工智能治理，反对技术霸权主义和"数字鸿沟"，呼吁建立更加公平、合理的国际秩序。

这种价值取向使得中国的人工智能政策既具有强烈的发展导向，又注重社会稳定和国家安全，同时不断增强对全球治理的话语权，形成了独特的中国方案。

美国：以自由与安全为核心

美国的人工智能政策体现了对自由市场和国家安全的双重关注：

个人主义：美国文化传统强调个人自由和企业家精神，人工智能政策设计倾向于最小化政府干预，相信市场力量能够有效推动创新。美国反对过度监管人工智能，担心监管会扼杀创新活力。

国家安全：美国高度重视人工智能技术与国家安全的关联性，将人工智能视为维护全球领导地位的关键技术，通过加强出口管制、外资审查等手段保护关键人工智能技术。

国际主导：美国力求在全球人工智能治理中发挥主导作用，推动符合美国利益和价值观的国际规则，构建以美国为中心的人工智能治理体系。美国通过 G7 等平台推动"以价值观为导向"的人工智能规则，旨在确保西方主导的治理框架。

竞争与创新：美国将创新视为国家竞争力的核心，人工智能政策旨在释放市场活力和创新潜能，通过竞争实现技术进步。

这种价值取向使得美国的人工智能政策呈现出鲜明的二元性：对内宽松，鼓励创新；对外防范，保护领先地位。这种二元性也导致了美国人工智能政策的某些内在矛盾，如在推动人工智能普及与保护国家安全之间的张力。

欧盟：以权利与责任为核心

欧盟的人工智能政策体现了对权利保护和社会责任的高度重视：

人权保障：欧盟将人权、隐私、自主权等价值置于人工智能发展的核心位置，《人工智能法案》明确将保障基本权利作为监管目标。

风险预防：欧盟采纳"预防原则"，对新技术可能带来的风险持谨慎态度，倾向于建立前置性监管框架，防范潜在风险。

社会责任：欧盟强调人工智能开发和使用者的社会责任，要求人工智能系统满足透明度、可解释性、可审计性等要求，确保对社会负责。

数字主权：欧盟追求"数字主权"，通过建立自主的数字基础设施和规则体系，减少对外部技术的依赖，增强在数字时代的自主能力。

这种价值取向使得欧盟的人工智能政策更加注重保障权利、防范风险，较少考虑创新效率，形成了与中美两国截然不同的监管风格。

价值差异的根源与影响

三大经济体关于人工智能政策的价值取向有较大差异，是源于多重因素的综合作用。

政治制度：中国的社会主义制度，美国的联邦制和三权分立，欧盟的超国家治理结构，这些不同的政治制度框架决定了决策过程和权力配置的差异性。

历史文化：中国注重集体主义和整体协调的文化，美国强调个人自由的传统，欧盟深受启蒙运动和人道主义影响的价值观，这些文化传统深刻塑造了不同的政策取向。

发展阶段：美国作为技术领先者，中国作为快速追赶者，欧盟作为相对落后者，三者处于不同的发展阶段，导致政策优先级和关注点存在差异。

国际地位：中国的发展中大国身份，美国的全球霸主地位，欧盟的区域一体化特性，决定了三者在国际体系中的角色定位和战略考量是各有侧重的。

三大经济体的价值取向差异对其人工智能政策产生了深远影响：

监管严格程度：欧盟监管最严，注重前置性、全面性监管；中国次之，强调包容审慎、分类施策；美国最宽松，主要依靠行业自律和事后监管。

数据政策：欧盟最强调数据主权和个人数据保护；中国次之，兼顾安全与发展；美国最强调数据自由流动，反对设置壁垒。

研发方向：中国更注重应用落地和产业升级；美国更注重技术突破和竞争优势；欧盟更注重社会价值和可持续发展。

国际合作：中国主张开放合作，构建人类命运共同体；美国倾向于与盟友建立排他性合作；欧盟则寻求在价值观基础上的广泛合作。

厘清三大经济体人工智能政策背后的文化基因、价值取向和发展模式等差异，有助于我们更深入地把握全球人工智能政策格局的形成逻辑，也为预测未来人工智能发展趋势提供了重要线索。

第二节

人工智能政策创新：科研支持、数据治理

人工智能技术的迅猛发展正深刻重塑全球创新格局与竞争秩序。各国政府面临的共同挑战是：如何通过创新的政策工具，既能推动人工智能核心技术突破与产业繁荣，又能确保其发展方向符合人类共同价值与长远利益？本节将聚焦全球主要国家和地区在人工智能科研支持、数据治理与伦理规范三大关键领域的政策创新实践，揭示不同治理模式背后的理念差异与共同趋势，为把握"人工智能+"时代的全球政策脉动提供全息视角。

一 科研资助的政策工具与资源配置方式

科研是人工智能发展的基石，各国政府普遍将人工智能科研支持作为政策工具箱中的核心组件。然而，由于创新体系与资源禀赋的差异，不同国家在科研资助的具体方式与重点上呈现出鲜明的特色。

全球主要国家的人工智能科研资助策略
中国：集中力量办大事的新型举国体制

中国的人工智能科研资助采取了更为集中的策略，充分发挥了社会主义制度集中力量办大事的优势。中国政府通过国家重点研发计划、国家自然科学基金等渠道为人工智能研究提供稳定支持，并设立了新一代人工智能重大专项，聚焦基础理论、核心算法、关键技术等多个层面的突破。

与西方国家相比，中国的人工智能科研资助更加注重顶层设计与战略引

领，通过《新一代人工智能发展规划》等文件明确研究方向与优先领域。中国的科研资助政策鼓励产学研用深度融合，支持高校、科研机构和技术企业多主体合作，共同开展人工智能技术研究和落地应用。

在经费使用上，中国越来越重视提高资金使用效率，探索建立动态的评估评价机制，开发合理有效的测试方法和指标体系，建设测试平台，推动安全认证，确保研究成果的科学性和可靠性。

美国：市场导向与国家安全并重

美国的人工智能科研资助体系以多元化和竞争性著称。联邦政府通过国家科学基金会（NSF）、国防高级研究计划局等机构，设立多层次的人工智能研发项目。2023年，美国人工智能研发拨款中，联邦政府提供了约20亿美元的资金支持，重点投向基础研究和高风险探索性项目。

美国的人工智能科研资助政策显著特点是双轨并行：一方面，保持对基础研究的持续投入，为长期技术突破奠定基础；另一方面，针对国家安全的关键人工智能技术，采取特殊支持政策。正如美国国家科技委员会（NSTC）在2024年发布的关键和新兴技术清单中所强调的，美国将重点支持包括人工智能在内的18类关键技术的研发，以加强在全球人工智能领域的竞争优势。

美国的人工智能研究经费分配机制强调市场导向与开放竞争，政府资助与市场投资相互补充，形成了"政府引导、市场主导"的科研生态。这一模式促进了创新的多样性和活力，但也可能导致研究方向过于分散，难以形成合力攻关某些关键技术瓶颈。

欧盟：协同创新与伦理并举

与美国相比，欧盟的人工智能科研资助更强调协同创新与伦理考量。欧盟委员会通过"地平线欧洲"（HorizonEurope）计划为2021—2027年的人工智能研究提供专项资金支持，总规模接近1000亿欧元，并强调人工智能研究必须遵循"负责任研究与创新"（RRI）原则。

欧盟的人工智能研究资助政策注重跨国协作，鼓励成员国间的科研机构组建联合研究团队。欧盟委员会大力倡导"欧洲人工智能公私伙伴关系"，旨在整合公共资源与市场力量，确保欧洲在人工智能领域的竞争力，推动人工智能技术在欧洲经济中的广泛应用。

欧盟的科研资助强调将伦理考量融入研究过程，研究人员需在项目申请阶段就明确说明如何应对潜在的伦理挑战。这反映了欧盟在推动人工智能发展时对人权保护与透明度的高度重视。

英国：灵活创新与可信人工智能结合

英国的人工智能科研资助策略注重创建灵活且创新友好的环境，同时关注伦理考量与公众信任。英国政府通过英国创新署（Innovate UK）、工程与自然科学研究理事会（EPSRC）等机构为人工智能研究提供资金支持，强调技术研发与产业应用的结合。

英国的人工智能研究经费分配机制更加灵活，对研究团队给予较大的自主权，鼓励探索性研究和创新性思维。同时，英国政府提出建立"可信赖的人工智能框架"的目标，试图将伦理考量与创新发展有机结合。

科研资助的创新模式与趋势

全球人工智能科研资助政策正在经历深刻变革，呈现出若干创新模式与发展趋势（见图 7-1）。

图 7-1　人工智能研究资助战略的创新与协同发展趋势

问题导向的多学科联合攻关

随着人工智能研究日益复杂，单一学科难以应对技术前沿的挑战，各国政府纷纷转向支持多学科交叉的联合攻关模式。美国国家科学基金会推出的"国家人工智能研究所"计划就是典型案例，该计划围绕特定主题（如气候变化、医疗健康等）设立研究所，整合计算机科学、认知科学、社会科学等多学科力量协同攻关。

这种问题导向的多学科联合攻关模式，有助于打破学科壁垒，形成解决复杂问题的合力，也更符合人工智能技术的综合性特点。然而，这种模式也面临评价标准不统一、团队协作效率低等挑战，需要创新管理机制以应对。

长周期稳定支持与灵活机动资助相结合

人工智能技术的发展既需要长期积累，也需要研究者快速响应新兴方向。针对这一特点，各国正在探索长周期稳定支持与灵活机动资助相结合的创新模式。

例如：欧盟设立了7至10年长周期的人工智能基础研究项目，为研究团队提供稳定支持；同时建立"快速通道"机制，对新兴人工智能热点方向给予灵活机动的资金支持。中国也在推行类似做法，对基础理论研究给予长期稳定支持，对应用前景明确的方向采取更为灵活的资助方式。

产学研一体化的协同创新生态

全球人工智能科研资助正从单纯支持高校和科研机构，转向构建产学研一体化的协同创新生态。政府资助不仅关注科研本身，更注重促进科研成果转化和产业化应用。

中国推动建设国家人工智能开放创新平台，以行业龙头企业为依托，汇聚产学研各方力量，打造协同创新的生态系统。欧盟的数字创新中心（Digital Innovation Hubs）网络是这种趋势的典型代表，这些中心连接大学、研究机构和企业，促进人工智能技术从实验室走向市场应用。

数据与计算设施作为研究基础设施的支持

随着人工智能研究对数据和计算资源需求的日益增长，各国政府将支持数据平台和计算设施建设作为科研资助的重要内容。这种转变反映了人工智能研究范式的深刻变化——高质量数据和强大计算力已成为人工智能突破的关键条件。

中国依托国家超级计算中心和各类科学数据中心，为人工智能研究提供数据和计算支撑。欧盟则推动建设欧洲开放科学云和超级计算基础设施，为研究团队提供数据管理和高性能计算服务。这种面向基础设施的支持，有助于降低人工智能研究的门槛，促进资源开放共享，提高科研效率。

科研资助政策的差异化评估与启示

比较分析不同国家的科研资助政策，可以发现其背后反映的创新理念与治理模式存在显著差异。

效率与公平的权衡取舍

中国模式在集中力量攻关与普惠发展之间寻求平衡，通过国家战略引导重点突破，同时兼顾区域协调发展。美国模式更注重效率，强调竞争性资源分配与市场导向，这有助于激发创新活力，但也可能加剧研究资源分配的不平等。欧盟模式则更重视公平，强调成员国间的平衡发展与协同合作，有助于缩小区域差距，但决策效率和资源整合能力相对较弱。

短期应用与长期突破的动态平衡

不同国家在短期应用与长期突破之间的侧重也有所不同。中国的科研资助正从过去偏重应用导向，逐步转向基础研究与应用研究并重，寻求两者的动态平衡。美国科研资助在军民两个领域呈现不同特点：民用领域更注重市场应用，军事领域则更注重长期突破。欧盟科研资助总体上更侧重长期价值，关注人工智能技术对社会和环境的可持续影响。

开放协同与自主可控的辩证关系

在全球化与地缘政治博弈的双重压力下，各国科研资助政策都在开放协同与自主可控之间寻求平衡。中国提出"自主创新与全球合作"并重的发展模式，积极推动与其他国家的技术共享与协作，以应对人工智能引发的伦理与安全挑战。美国正逐步收紧对中国等国家的技术合作限制，增强对关键人工智能技术的保护。欧盟强调"开放战略自主"，在保持开放协作的同时，增强自身在关键技术上的自主能力。

综合而言，全球人工智能科研资助政策呈现出多元化发展路径，各具特色又相互借鉴。对于中国而言，应坚持自身优势，吸收借鉴国际有益经验，构建更加开放包容、更具创新活力的科研支持体系，推动负责任的人工智能研究与应用。

二 数据治理的国际规则与国家实践

数据作为人工智能发展的"燃料"，其获取、使用、流动与保护已成为全球人工智能治理的核心议题之一。在当前国际形势下，数据治理不仅关乎技术创新和产业发展，更具有深刻的政治经济和地缘战略意义。

数据治理的国际规则框架
全球数据治理的多边协调机制

随着数据跨境流动日益频繁，全球数据治理已成为国际社会共同关注的议题。联合国、经济合作与发展组织（OECD）、二十国集团（G20）等国际组织积极推动建立多边协调机制，探索数据治理的共同原则和框架。

联合国经济及社会理事会指出，成功的人工智能政策和法规取决于能否同时促进创新和保护公众利益，这需要建立全面的体制和法律框架来规范人工智能的应用。联合国在其文件中提出人工智能治理应遵循的指导原则，包括人工智能的公共利益导向和包容性治理，以确保其造福全人类。重要的是，治理应包括与数据治理和数据共享的促进相结合。

2023年，联合国将人工智能治理列为数字契约的九大议题之一，印太经济框架将人工智能治理列为成员国重大关切和未来技术标准合作的重点。国际社会正逐步通过组织和峰会在人工智能治理的原则上取得共识。然而，这些共识多停留在原则层面，各国在具体规则的制定与实施上仍存在显著差异。

区域性数据治理框架的形成

在全球层面难以达成一致的背景下，区域性数据治理框架逐渐成形，其中中国、欧盟、美国三大经济体的做法最具代表性。

中国正在构建具有自身特色的数据治理框架，通过《网络安全法》《数据安全法》《个人信息保护法》三大法律构筑数据治理的基础，并通过《生成式人工智能服务管理暂行办法》等规章制度对人工智能应用进行监管。中国在人工智能监管方面正处于探索阶段，尽管还没有成文法律，但这些法规要求提供商承担网络信息安全和个人信息保护责任，显示出中国尝试在人工智能监管中寻求产业发展与风险管理的平衡。

欧盟通过《通用数据保护条例》（GDPR）、《数据治理法案》（DGA）和《人工智能法案》（AIA）等一系列法规，构建了以个人权利保护为核心的数据治理框架。2024年8月1日生效的《人工智能法案》是全球首部全面监管人工智能的法规，根据人工智能对社会的伤害能力实行分层监管，风险越高，规则越严格。这标志着欧盟在人工智能治理方面的领先地位，特别是在保护公民权利和隐私方面。

美国则采取更为分散的数据治理模式，联邦层面缺乏统一的数据保护法律，而是依靠行业自律和州级立法进行监管。美国的人工智能监管政策相对松散，目前几乎没有联邦法规部回应针对人工智能的监管要求。美国政府倾向于弱化监管，以支持人工智能技术的发展。

数据跨境流动规则的博弈与协调

数据跨境流动规则已成为国际贸易谈判和地缘政治竞争的焦点。中国主张在确保国家安全的基础上促进数据有序自由流动；美国主张数据自由流动，反对数据本地化要求；欧盟强调充分的数据保护措施是数据跨境流动的前提。

这种理念差异导致全球数据治理呈现碎片化趋势。以数据充分性认定为例，中国提出了"全球数据安全倡议"，主张共同构建和平、安全、开放、合作、有序的网络空间；欧盟只与少数被认为具有"充分保护水平"的国家和地区建立了数据自由流动机制；美国则通过双边或区域贸易协定推动数据自由流动。

为打破僵局，美国与欧盟正在通过美欧贸易和技术理事会强化人工智能监管协调，主要目标是促进双方在人工智能治理和政策上的合作，从而提升双方在全球人工智能治理规则和标准领域的有利地位。这种双边协调可能对全球数据治理格局产生深远影响。

主要国家的数据治理实践创新

中国：数据安全与发展并重的整体推进

中国的数据治理实践强调国家安全与发展利益的整体平衡。通过数据分类分级制度，对不同类型和敏感程度的数据实施差异化管理，既确保关键数据的安全可控，又促进数据要素的市场流通与价值释放。

中国十分重视政府数据的开放共享，各地政府积极建设数据开放平台，推动公共数据资源向社会开放，支持民间开发利用。《国家数据局关于向社会公开征求〈关于促进企业数据资源开发利用的意见〉意见的公告》提出要完善数据联管联治机制，强化部门协调和央地协同；针对新技术和新业态建立容错纠错等制度，构建包容的治理环境。

中国的数据治理实践特别注重培育数据要素市场，积极探索数据确权、定价、交易等机制创新。十七部门印发的《"数据要素×"三年行动计划（2024—2026年）》提出完善数据资源体系，在科研等领域推动行业共性数据资源库建设，打造高质量人工智能大模型训练数据集，加大公共数据资源供给。

欧盟：以《通用数据保护条例》（GDPR）为核心的全面数据保护

欧盟建立了以《通用数据保护条例》为核心的全面数据保护体系，强调个人对自身数据的控制权。《通用数据保护条例》确立的数据主体权利（如知情权、访问权、更正权、被遗忘权等）已成为全球数据保护的重要参考标准。

欧盟的数据治理实践强调人工智能系统的透明度和可解释性要求，规定高风险人工智能系统必须保持足够的文档记录，以便监管机构审查其决策过程和数据使用情况。欧盟《人工智能法案》采用基于风险的分级监管思路，对不同风险等级的人工智能应用制定差异化监管要求，平衡创新与安全的关系。

欧盟还积极推动数据主权和数据空间建设，通过"欧洲数据战略"构建覆盖工业、医疗、金融等领域的数据共享空间，提高数据的可用性和互操作性，同时保障数据安全和个人隐私。

美国：行业自律与隐私保护相结合

美国的数据治理实践强调市场自律与有限政府干预的结合。联邦层面虽然缺乏统一的数据保护法律，但通过行业特定法规（如HIPAA、GLBA等）和联邦贸易委员会（FTC）的监管等手段，构建了灵活多变的数据治理体系。

美国各州正积极推进数据保护立法，加利福尼亚州的《消费者隐私法案》（CCPA）和《隐私权法案》（CPRA）在很大程度上借鉴了《通用数据保护条例》的理念，但更注重平衡商业利益与个人权利。美国的人工智能监管议程强调鼓励创新的同时保障公平和消费者权益，联邦政府制定框架性指导，具体实施则下放至州和行业层面。

美国的数据治理特别注重通过技术手段增强个人对数据的控制能力，大力推动隐私增强技术（PETs）的研究与应用，如差分隐私、联邦学习等，以实现数据使用与隐私保护的平衡。然而，目前美国在建立统一的人工智能监管体系方面正面临着挑战。由于联邦层面相关立法努力的停滞，各州开始采取行动来缓解人工智能带来的相关风险。

新兴经济体：因地制宜的数据治理模式

除三大经济体外，印度、巴西等新兴经济体也在积极探索符合自身国情的数据治理模式。印度提出"数据本地化"要求，强调关键数据必须存储在本国境内；巴西则通过《通用数据保护法》（LGPD）建立了与欧盟《通用数据保护条例》类似的数据保护框架，但更加关注本土特色和发展需求。

这些经济体的实践表明，数据治理没有放之四海而皆准的标准模式，而是需要根据各经济体政治、经济、文化和技术发展水平等因素进行制度设计。

对于发展中国家而言，平衡数据安全与发展需求、加强数据治理能力建设尤为重要。

数据治理的创新趋势与未来挑战

从被动防御走向主动赋能

全球数据治理正从早期的被动防御型监管，走向更加主动的赋能型治理。新一代数据治理框架不仅关注如何限制数据滥用，更注重如何促进数据的安全流动与价值创造。

中国提出鼓励企业"走出去"，积极参与国际数据治理规则和技术标准制定，支持企业开拓全球数据市场，引进优质数据企业，促进和规范企业数据跨境流动，以扩大数据领域高水平开放；欧盟的"数据治理法案"和"数据法案"已超越纯粹的保护导向，开始强调数据共享、数据互操作性和数据市场构建。这种转变反映了各国对数据价值的深刻认识——数据只有在流动和使用中才能创造价值，过度限制反而会阻碍创新和发展。未来的数据治理将更加注重在保障安全的前提下，最大化数据价值的释放。

技术赋能与制度创新相结合

面对人工智能时代数据治理的复杂挑战，单纯依靠法律法规和政策文件已经不够，需要将技术赋能与制度创新有机结合。各国正积极探索将先进技术融入治理过程，如使用区块链技术保障数据流转的透明可溯，运用联邦学习等隐私计算技术实现"数据可用不可见"。

中国山西省的实践就是这种趋势的典型案例。该省设立大数据、人工智能等相关领域科技研发专项，研究完善行业数据安全管理政策，建立数据分类分级保护制度和数据目录管理制度。这种技术与制度双轮驱动的治理模式，有望提升数据治理的精准性和有效性。

全球碎片化与区域协调的博弈

当前全球数据治理呈现碎片化趋势，各国和地区基于自身利益和价值观，构建差异化的数据治理框架。这种碎片化一方面增加了全球人工智能企业的合规成本，限制了数据的跨境流动；另一方面也反映了不同国家或地区对数据主权和安全的正当关切。

未来全球数据治理可能继续呈现"大国引领、区域协调、局部融合"的态势。大国之间的竞争与合作将塑造全球数据治理的基本格局；区域内部则可能形成更为协调的规则体系；在非敏感领域，各方可能通过双边或多边协议实现局部规则融合。对于中国而言，应积极参与国际数据治理规则制定，推动建立开放包容、协同共治的跨境流动全球数据治理体系。

数据垄断与数据公平的张力

随着大型科技企业对数据资源的集中控制日益加强，数据垄断与数据公平的张力成为数据治理的新挑战。大型人工智能企业通过其平台优势和先发优势，积累了海量数据资源，这虽有利于技术进步和规模效应的发挥，却也可能带来市场竞争失衡、创新受阻甚至算法歧视等问题。

如何防止数据资源过度集中，促进数据的广泛可及和公平使用，正成为各国数据治理的共同课题。欧盟通过《数字市场法》（DMA）限制大型平台企业对数据的垄断使用；中国也在推动数据要素市场化改革，鼓励数据开放共享，防止数据"孤岛"和"垄断"。

数据安全与数据创新的平衡点

在地缘政治紧张加剧的背景下，如何在确保数据安全与促进数据创新之间找到平衡点，是各国数据治理面临的核心挑战。过度强调安全可能抑制创新活力，而忽视安全则可能带来不可控的风险。

杭州市在制定人工智能产业发展"十四五"规划时强调，在人工智能应用中必须考虑法律与社会伦理的问题，以促进行业的可持续发展并维护社会稳定。这包括针对数据治理和应用场景的政策制定，以及确保数据质量和伦理争议的规避。这种做法体现了在推进数据创新的同时，也需要谨慎考量安全与伦理边界。

未来各国数据治理将更加注重分类施策，对战略性、敏感性数据实行严格保护和管控，对一般性、可流通性数据则采取更为开放的态度。

第三节

中国人工智能政策实践：从规划制定到落地实施

当全球各国纷纷将人工智能提升至国家战略高度时，中国也以自己独特的方式踏上了这场科技革命的征程。不同于欧美国家的路径，中国的人工智能政策体系呈现出鲜明的中国特色——既有顶层设计的系统性和前瞻性，又有基层实践的灵活性和创造力，形成了一套从中央到地方、从战略规划到具体落地的完整政策链条。本节解读中国人工智能政策实践的全景图，揭示这一波澜壮阔科技革命背后的中国方案。

一 《新一代人工智能发展规划》：中国人工智能战略的顶层设计

2017年7月，国务院正式发布《新一代人工智能发展规划》，这一里程碑式的文件标志着中国将人工智能发展正式上升为国家战略。值得注意的是，虽然该规划在2017年发布，但早在2015年，国务院就已经开始针对人工智能产业布局进行战略部署，显示出中国政府对人工智能战略价值的早期洞察。

规划出台的时代背景与战略意义

这一规划的出台并非偶然，而是对全球科技变革大势的主动把握。当时，以深度学习为代表的人工智能技术正经历第三次浪潮，全球数字经济蓬勃发展，国际科技竞争格局加速重塑。中国作为发展中大国，亟须抢抓人工智能发展的历史机遇，在新一轮科技革命中占据有利位置。正如规划所指出的，新一代人工智能呈现出五个新特点：从人工知识表达到大数据驱动的知识学习；跨媒体认知、学习与推理；高水平的人机、脑机协同；从个体智能到基于互联网和大数据的群体智能；以及智能自主系统的出现。这些特点预示着人工智能将从根本上改变人类生产和生活方式。

从战略定位来看，《新一代人工智能发展规划》是中国在人工智能领域的第一个系统性部署文件，它不仅仅是一个产业规划，更是一个国家战略，旨在通过人工智能技术提升国家综合实力和国际竞争力。这一规划紧密结合国情，强调依托我国优势，走出一条符合中国特色的人工智能发展之路。

"三步走"战略目标与政策愿景

《新一代人工智能发展规划》提出了清晰的"三步走"发展战略，展现了中国在人工智能领域的长远规划和阶段性目标。

第一步：到2020年，人工智能总体技术和应用与世界先进水平同步，人工智能产业成为新的重要经济增长点，应用成为改善民生的新途径。

第二步：到2025年，人工智能基础理论实现重大突破，部分技术与应用达到世界领先水平，人工智能成为产业升级和经济转型的主要动力，智能社会建设取得积极进展。

第三步：到2030年，人工智能理论、技术与应用总体达到世界领先水平，成为世界主要人工智能创新中心。此阶段，中国的人工智能核心产业规模将超过1万亿元，带动相关产业规模超过10万亿元，这将极大提升国家的财富创造能力和技术水平。

这个"三步走"战略不仅设定了量化的经济目标，更规划了技术创新、产业发展、人才培养等全方位的系统布局，反映了中国政府对人工智能发展的系统性思维和战略远见。这种阶段性的目标规划便于政策实施的跟踪评估，同时也向社会各界传递了明确的政策信号和发展预期，引导社会资源向人工智能领域集聚。

政策体系的多层次架构

《新一代人工智能发展规划》构建了一个多层次、多维度的政策体系，覆盖了从基础研究、技术开发到产业应用、伦理规范的全链条。

战略层面：规划明确提出要建立健全人工智能法律法规、伦理规范和政策体系，支持人工智能发展的安全评估和监管能力。这一战略框架为后续各项具体政策的制定提供了指导原则。

产业层面：规划提出了三个层次的人工智能产业发展策略：第一层次是发展具有国际竞争力的智能机器人、物联网等战略性新兴产业；第二层次是推动传统产业的智能化改造，如智能制造、智慧农业；第三层次是培育智能企业，促进企业智能化升级。这一产业结构设计体现了从点到面的梯次推进策略。

技术层面：规划强调了人工智能产业链的完整构建，包括基础层（硬件、云计算等）、技术层（算法、开发平台等）和应用层（各领域应用解决方案）的协同发展，为产业生态的构建提供了系统性指导。

人才层面：规划要求加强人工智能学科建设和高端人才引进，明确提出到2030年形成一批全球领先的人工智能科技创新和人才培养基地，强调了人才在人工智能发展中的核心地位。

治理层面：规划强调创建安全可控的人工智能发展环境，确保人工智能技术可信、可靠、可追溯，推动绿色低碳的人工智能发展。这体现了中国对人工智能治理的前瞻性思考。

与国家整体战略的协同

《新一代人工智能发展规划》并非孤立存在，而是与中国的其他国家战略形成协同效应。它与"中国制造2025""互联网+""大数据战略"等国家战略紧密衔接，共同构成了中国数字经济的战略版图。

规划提出的主攻方向是提升新一代人工智能科技创新能力，重点任务包括建设安全便捷的智能社会和培养高端高效的智能经济，这与中国推动经济高质量发展、建设现代化经济体系的总体战略方向高度一致。

借助与其他国家战略的协同效应,《新一代人工智能发展规划》构建起"1+N"的政策矩阵,即以该规划为总纲,配套出台一系列专项政策和实施细则,如《促进新一代人工智能产业发展三年行动计划(2018—2020年)》,共同构成推动人工智能发展的政策合力。

二 从中央到地方:多层级政策响应与落地实践

在《新一代人工智能发展规划》的引领下,全国各地方政府迅速行动,结合本地区产业基础和发展模式(见图7-2),制定了富有地方特色的人工智能发展政策和实施方案。科技部等六部门在相关文件中明确指出,为落实《新一代人工智能发展规划》,各地方和主体须系统指导加快人工智能场景应用,以促进经济高质量发展。

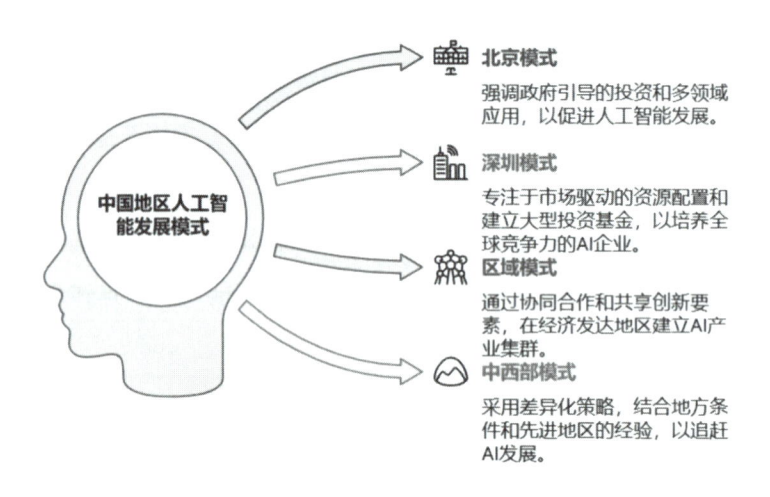

北京模式
强调政府引导的投资和多领域应用,以促进人工智能发展。

深圳模式
专注于市场驱动的资源配置和建立大型投资基金,以培养全球竞争力的AI企业。

区域模式
通过协同合作和共享创新要素,在经济发达地区建立AI产业集群。

中西部模式
采用差异化策略,结合地方条件和先进地区的经验,以追赶AI发展。

图 7-2 中国地区人工智能发展模式

地方政府的政策响应与创新举措

北京模式:作为科技创新中心,北京发布了"人工智能+"行动计划,围绕机器人、教育、医疗、文化、交通等多个领域打造标杆应用,注重发挥政府投资基金的引导作用,吸引社会资金参与人工智能产业,形成了政府引导与市场主导相结合的发展模式。

杭州模式：杭州与人工智能结缘非常早。1982年，浙江大学率全国高校之先，成立了人工智能研究室，之后又升格成为人工智能研究所。此后，杭州在人工智能领域不断探索，特别是在应用场景方面形成了独特优势。2019年10月17日，杭州获批建设国家新一代人工智能创新发展试验区。2025年，DeepSeek震动全球AI圈，宇树科技的人形机器人跳着秧歌火遍全国，再往前看，游戏科学的《黑神话：悟空》开启国产3A游戏新纪元，这几家企业均来自杭州。有科技观察者还梳理出杭州一批科技新锐，称之为"杭州六小龙"。杭州高水平实施"人工智能+"行动，加速布局通用人工智能、人形机器人等未来产业领域。目前，全市人工智能领域拥有营收超百亿元企业7家，营收超过20亿元企业31家。

深圳模式：作为创新型城市的代表，深圳推出了打造人工智能先锋城市的若干措施，计划打造规模1000亿元的人工智能基金群，充分发挥市场在资源配置中的作用机制，打造了一批具有全球竞争力的人工智能企业。

长三角、珠三角等区域模式：这些经济发达地区注重区域协同，通过产业链分工合作和创新要素共享，形成区域人工智能产业集群，提升整体竞争力。福建省科技厅等地方政府部门出台了相关规划或实施意见，并强调推动应用场景落地，体现了地方政府对人工智能产业落地的重视。

中西部地区的追赶：中西部地区积极借鉴先进地区经验，结合自身条件，制定了支持人工智能产业发展的政策文件，寻求在人工智能浪潮中的差异化发展路径。

地方政府的政策创新实践表明，中国的人工智能政策体系已经形成了"中央统筹、地方探索"的良性互动格局。各地区在国家战略框架下，结合本地实际，探索出了富有地方特色的发展路径，既确保了国家战略的贯彻落实，又激发了地方创新活力。

政府引导与市场驱动的协同机制

中国的人工智能政策实践形成了政府引导与市场驱动相结合的协同机制，这是中国人工智能发展的独特优势。

政策引导与资金支持：国家和地方政府通过设立各类科技专项和产业引导基金，为人工智能技术研发和应用提供资金支持。政府鼓励各类机构构建人工智能创新基地和众创空间，以提升研发能力和技术应用效率，同时支持中小企业推进数据开放，加快公共数据有序共享，增强政策执行效果。

科研体系建设：国家药监局等部门鼓励高校、科研机构和技术企业多主体合作，共同开展人工智能技术研究和落地实施，并积极寻求资金和技术支持，形成产学研一体化的创新生态。

市场化运作：与西方国家不同，中国的人工智能政策更注重市场在资源配置中的决定性作用，政府主要发挥引导和服务功能，为企业创造良好的发展环境。根据统计，中国的人工智能市场规模已达数千亿人民币，尤其在智能交通、智能医疗和智能制造等领域表现尤为突出。

国际合作与开放：规划鼓励国际企业参与中国的人工智能研发与产业发展，同时推动中国企业和研究机构参与国际标准的制定，提高中国在全球人工智能产业中的话语权。这种开放合作的政策取向，为中国人工智能产业融入全球创新网络创造了条件。

创新试验区建设与典型应用场景

为推动人工智能政策的落地实施，国家设立了一批人工智能创新发展试验区，作为政策先行先试的试验田。《国家新一代人工智能创新发展试验区建设工作指引》中提到，地方政府对人工智能发展高度重视，已出台人工智能发展规划或实施意见，在人才、资金、项目、基地等方面给予支持。

这些试验区聚焦不同的应用场景和产业方向，探索人工智能技术与实体经济深度融合的有效路径。例如，北京市重点打造人工智能＋医疗健康、人工智能＋教育等应用场景；上海市聚焦人工智能＋金融、人工智能＋港口物流等领域；深圳市则重点发展人工智能＋智能制造、人工智能＋智慧城市等方向。

通过试验区建设，各地形成了一批可复制、可推广的人工智能应用模式和经验做法，为全国人工智能政策实施提供了有益借鉴。同时，试验区也成为政策反馈的"感应器"，帮助政府及时发现政策实施中的问题和不足，为政策调整优化提供依据。

三 政策成效评估与优化方向

中国高度重视人工智能规范有序发展，近年来在各方共同努力下，人工智能治理稳步推进，政策成效评估制度不断完善，政策调整方向持续优化。

规划实施以来的主要成效

《新一代人工智能发展规划》实施以来，中国在人工智能领域取得了显著的成就，主要体现在以下几个方面。

产业规模快速扩张：2025年，中国的人工智能市场预计将超过610亿美元，最近几年风险投资约达1200亿美元。根据普华永道的研究预测，到2030年，人工智能将对全球经济的贡献达到15.7万亿美元，中国的人工智能产业在其中将扮演重要角色。

创新能力显著提升：2024年的《人工智能发展报告》指出，近年来，语言大模型、多模态模型、智能体和具身智能等领域不断出现突破性创新，推动人工智能迈向通用智能初始阶段。与此同时，人工智能的工程化持续加速推进，新产品新模式层出不穷，行业应用走深向实。

应用场景不断拓展：人工智能技术在智能交通、智能医疗、智能制造等领域的应用已经取得了突破性进展，形成了一批具有国际竞争力的应用解决方案和产品。中国的人工智能应用特别集中在交通、安全和生物特征识别等领域，这些领域的突破带动了整个产业链的发展。

政策体系日益完善：伴随《新一代人工智能发展规划》的实施，中国逐步建立了涵盖基础研究、技术开发、产业应用、伦理规范等全链条的人工智能政策体系，政策环境不断优化。2019 年，中央深改委发布《关于促进人工智能和实体经济深度融合的指导意见》，提出"人工智能+"应用场景清单（如智能工厂、智慧农业），旨在推动人工智能与制造业、农业、金融等深度融合。2020 年，国家发展改革委出台了《关于促进人工智能和实体经济深度融合的指导意见》，进一步明确了人工智能与各行业融合的路径。2023 年 7 月，网信办等七部门发布的《生成式人工智能服务管理暂行办法》，是全球首部针对 AIGC 的专项法规。它提出生成内容需标识 + 人工审核，训练数据须有合法来源，服务上线前须进行安全评估，等等。2024 年政府工作报告首次提出"人工智能+"行动，将人工智能定位为新质生产力核心引擎，并推动其在制造业智能化改造、生物医药 AI 研发、教育 / 医疗等方面的应用。2024 年 6 月，工业和信息化部等四部委联合印发《国家人工智能产业综合标准化体系建设指南（2024 版）》，旨在加快构建满足人工智能产业高质量发展和"人工智能+"高水平赋能需求的标准体系。

国际影响力提升：中国的人工智能政策实践受到国际社会广泛关注，中国人工智能企业的国际竞争力明显增强，在全球人工智能产业格局中的地位日益提升。有研究指出，中国的人工智能整体战略被认为是世界上最复杂的，涵盖了从技术研发到应用实施的全方位政策框架。

面临的挑战与不足

中国的人工智能政策实践尽管取得了显著成就，但仍面临一些挑战和不足。

政策落实与成效追踪有待加强。目前，中国的人工智能整体战略在实施层面仍有提升空间，政策落实与成效追踪需要加强，以提升人工智能的应用效益和落地效果。政策从制定到落地实施存在一定时滞，部分地区和企业对政策的响应不够及时或深入。

核心技术短板亟待突破。在评估与优化政策方向时，当前面临的主要挑战包括技术封锁和产业链不合理分布，需聚焦于开展基础研究及推动应用落地，强化政府与企业的协同合作关系，以实现关键技术突破和产业的数字化转型。特别是在芯片、基础算法等领域，与美国等发达国家相比仍存在一定差距。

数据治理与伦理规范体系尚不完善。随着人工智能应用的普及，数据安全、隐私保护、算法公平性等问题日益凸显，2023年以来，全国已发生多起不法分子利用人工智能换脸、换声技术实施诈骗的案例，涉案金额高达百万元人民币。为寻求应对策略，全球纷纷调整人工智能安全治理布局，积极构建人工智能治理体系、建设标准体系，提升技术安全能力。

产业链协同与区域发展不平衡。不同地区的人工智能发展水平差异较大，产业链上下游协同不够充分，领军企业与中小企业的合作机制尚须完善。

国际规则制定中的话语权有限。在全球人工智能治理规则的制定过程中，中国的参与度和影响力仍有待提升，需要更积极主动地参与国际标准制定和规则构建。

政策优化的主要方向

基于对现有政策成效的评估和挑战的分析，未来中国人工智能政策的优化可以从以下几个方向展开。

强化基础研究与关键技术攻关。优化科研项目的设置和资源配置，加大对基础理论和关键技术的支持力度，鼓励"揭榜挂帅"等新型科研组织方式，突破"卡脖子"技术。为了优化人工智能产业政策，中国政府须采取一系列推进行业发展的措施，包括建设产业链生态圈、制定支持产业创新的政策，以及加强人才引进和培养，侧重于解决关键技术的短板，支持国内企业拓展全球市场。

完善数据治理与伦理规范体系。加快数据安全、隐私保护、算法公平性等领域的法律法规建设，建立人工智能伦理审查机制，推动负责任的人工智能发展。中国在人工智能领域强调国家监管，这种策略需要与保护个人权益和促进创新之间找到平衡点。

促进产业链协同与区域协调发展。优化产业布局，促进上下游企业协同创新，建立跨区域的资源共享和协作机制，缩小区域发展差距。《促进新一代人工智能产业发展三年行动计划》强调顶层引导与区域协作相结合，促进人工智能产业的体系化发展。

提升国际合作与规则参与度。更积极主动地参与国际人工智能标准制定和规则构建，提升在全球人工智能治理中的话语权，同时加强国际科技合作，融入全球创新网络。对全球人工智能监管的对比分析表明，尽管各国/地区的政策有所不同，但多数国家/地区都在努力寻找合适的监管框架，中国可以在这一过程中发挥更积极的作用。

健全政策评估与调整机制。建立常态化的政策评估与反馈机制，及时发现政策实施中的问题和不足，及时调整和优化，提高政策的针对性和有效性。针对人工智能产业的政策体系，对于推动创新政策与产业政策、社会政策的协调和完善，可以采取先行先试的做法，通过实践检验政策成效。

未来政策发展趋势展望

展望未来，中国的人工智能政策发展将呈现以下趋势。

政策体系更加精细：从宏观战略规划向中观产业政策再到微观应用场景的精细化政策体系将更加完备，政策的针对性和有效性将进一步提升。

治理模式更加协同：政府、企业、学术机构、社会组织等多元主体共同参与的人工智能治理模式将逐步形成，治理体系更加开放和包容。

国际合作更加深入：中国将更加积极主动地参与全球人工智能治理规则的制定，同时深化与各国在人工智能领域的技术合作和产业合作，共同应对全球性挑战。

发展理念更加可持续：人工智能政策将更加注重可持续发展，将碳中和、绿色低碳等发展理念融入人工智能产业政策，推动人工智能技术在环保、节能等领域的应用。

安全意识更加凸显：随着人工智能技术的广泛应用，安全风险也随之增加，未来的人工智能政策将更加重视安全可控，强化风险防范和安全治理。

四 中国人工智能政策实践的特色

中国的人工智能政策实践体现了自上而下与自下而上相结合的中国特色。一方面，中央政府通过《新一代人工智能发展规划》等战略性文件，设定了明确的发展目标和路径，提供了全局性指导；另一方面，地方政府和企业在落实国家战略的过程中，结合本地实际和市场需求，进行了灵活创新的探索，形成了丰富多样的实践经验。

中国的人工智能政策实践既深刻反映了中国特色社会主义制度的优势——能够集中力量办大事，又充分发挥了市场机制的作用——激发各类主体的创新活力。这种契合中国国情的政策实践，正成为推动中国人工智能产业快速发展的强大动力，也为全球人工智能治理提供独特的经验和方案。

从《新一代人工智能发展规划》提出"三步走"战略目标至今，中国的人工智能政策体系日益完善，落地实施效果逐步显现，未来仍需在强化基础研究、优化产业生态、完善治理体系等方面持续发力，推动中国人工智能产业向更高质量发展。正如中国的人工智能政策实践所强调的那样，发展安全、可控和绿色低碳的人工智能技术，推动实体经济深度融合，将为实现中华民族伟大复兴提供强大的科技支撑。

系统梳理中国人工智能政策实践的全景图后，我们可以看到，中国正以自己独特的方式参与并引领这场影响深远的科技革命，彰显着一个负责任大国的历史担当和战略远见。在人工智能引领的新一轮科技革命和产业变革中，中国正以开放包容的姿态，与世界各国共同书写人类科技进步的新篇章。

第八章 人工智能与全球竞争新格局

未来趋势

区域合作将重塑全球人工智能格局

多中心网络取代单极格局
深化跨大西洋伙伴关系形成更紧密的技术协作

美欧 ← 中日韩 →

产业链区域化重构
强化半导体、云计算核心技术战略自主形成更加完整的区域内人工智能产业链

分析芯片、算力等硬件技术出口管制与国产替代策略

说明在数据和算法（大模型）领域的竞争态势，包括数据安全限制与AI计算资源的争夺

技术限制与芯片战争 — 核心战场 — 扩展战场 — **数据与算法的较量**

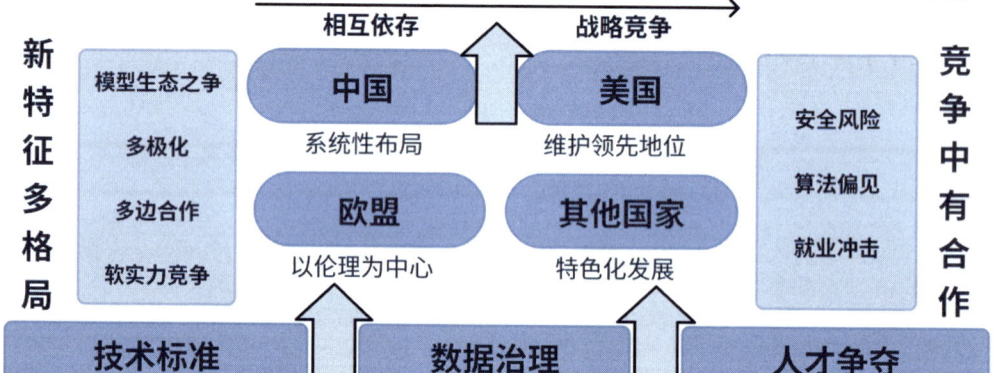

相互依存 → 战略竞争

中国 系统性布局	**美国** 维护领先地位
欧盟 以伦理为中心	**其他国家** 特色化发展

新特征多格局
- 模型生态之争
- 多极化
- 多边合作
- 软实力竞争

竞争中有合作
- 安全风险
- 算法偏见
- 就业冲击

技术标准
标准制定如何影响技术路线图与市场准入

数据治理
数据流动与治理规则如何成为国家竞争要素

人才争夺
AI人才对创新和产业发展的重要性各国争夺高端人才的策略

全球AI竞争的核心领域

本章阅读导图

第一节

全球人工智能竞争的核心领域：技术标准、数据治理与人才争夺

我们会打开智能手机向 Siri 或小爱同学提问；我们会使用百度地图或高德导航规划路线；我们会在抖音或 TikTok 上刷到精准推荐的内容。这些日常体验的背后，是一场正在全球范围内激烈展开的人工智能竞争。与传统产业竞争不同，人工智能领域的较量并非仅仅发生在产品和市场层面，更是深入到更为基础的三大核心领域：技术标准、数据治理和人才争夺。这三大领域犹如一场全球围棋赛的关键星位，谁能在此占据优势，谁就能在未来人工智能发展中掌握主动权。

一 技术标准：隐形的竞争战场

技术标准就像城市的道路规划，一旦确立，就会长期影响整个城市的发展格局。在人工智能领域，谁主导了技术标准，谁就能影响整个产业的发展方向。技术标准的竞争，实质上是一场关乎产业话语权和长期利益的博弈。

TensorFlow 与 PyTorch：框架之争背后的标准之战

想象一下，如果把人工智能比作现代建筑，那么深度学习框架就是建筑师使用的 CAD 软件，决定了如何设计和构建这些建筑。在这个领域，谷歌的 TensorFlow 和 Facebook（Meta）的 PyTorch 的竞争堪称经典案例。

2015 年，谷歌开源了 TensorFlow，迅速成为人工智能研发的主流工具。

TensorFlow 采用了静态计算图的设计理念，这意味着开发者需要先定义好整个运算流程，然后才能执行，就像先绘制完整的建筑蓝图，再开始施工。这种设计使得 TensorFlow 在大规模部署和性能优化方面具有优势，迅速赢得了工业界的青睐。谷歌通过 TensorFlow 不仅推广了自己的人工智能技术理念，还培养了大量依赖其生态系统的开发者，巩固了自己在人工智能领域的主导地位。

然而，2017 年发布的 PyTorch 采用了动态计算图设计，允许开发者在运行过程中调整模型结构，就像边设计边施工，使得研究人员能够更直观、灵活地进行试验。这种设计理念迅速吸引了学术界的青睐。到 2019 年，PyTorch 在顶级人工智能会议论文中的引用率首次超过 TensorFlow，标志着学术研究领域的主导权已经发生转移。PapersWithCode 数据显示，PyTorch 框架在论文中使用比例从 2020 年 9 月的 51% 稳步提升至 2023 年 9 月的 60%，而同期 TensorFlow 则从 20% 骤降至 3% 左右。从技术能力来看，2022 年底发布的 PyTorch2.0 将计算图捕获正确率从 50% 提升至 99%，解决其上一版本动态图编译困难的致命缺陷，同时将 2000 余算子整合优化至 250 个左右，仅需一行代码即可实现 1.5 到 2 倍的 Transformers 模型训练加速，大幅提升大模型支持能力，编译效率大幅提升，受到业界广泛欢迎，逐渐扩大与 TensorFlow 的竞争优势，先前持续数年的框架两强并立局面被打破。

这场框架之争不仅仅是技术选择问题，更是 Meta 与谷歌两大科技巨头在人工智能战略上的博弈。透过这场竞争，我们可以看到技术标准如何影响整个产业生态。谷歌通过 TensorFlow 推广了自己的 TPU（张量处理单元）硬件，而 Meta 则通过 PyTorch 促进了与 NVIDIA GPU 的深度整合，进而影响了整个人工智能硬件市场的格局。

从我国来看，国产框架技术能力不断完善，基于国产框架的行业解决方案正在向垂直领域快速渗透。近年来国内涌现了一批如百度飞桨、华为昇思、一流 OneFlow、之江天枢等开发框架，支撑构建一批更加符合本土产业特色和场景需求的解决方案。随着人工智能进入大规模赋能新型工业化阶段，国产深度学习框架迎来新一轮发展机遇，向行业融合渗透不断加强。如百度飞桨已凝聚 1070 万开发者，基于飞桨创建了 86 万个模型，服务 23.5 万家企事业单位；华为 Mindspore 社区用户达到 780 万，总 PR 数达到 97.7k，已在互联网、医疗、安防、政府、科学计算等领域广泛落地应用。

RLHF：从专业术语到产业风向标

当你使用 ChatGPT 这类大语言模型时，是否好奇它为何能够理解你的意图并提供有帮助的回答？这背后的关键技术之一就是 RLHF（Reinforcement Learningfrom Human Feedback，基于人类反馈的强化学习）。这个专业术语听起来复杂，但概念其实很直观。

想象一下教导一个孩子学习礼貌用语：当孩子说"谢谢"时，你给予表扬；当孩子没有表达感谢时，你会提醒他。通过这种正反馈和负反馈，孩子逐渐学会了在适当场合使用礼貌用语。RLHF 就是类似的过程：人工智能模型提供回答，人类评判其优劣，模型从这些反馈中学习，不断调整自己的学习与思考模式。

这项技术的重要性已远超技术层面。2022 年，OpenAI 发布的 ChatGPT 正是应用了 RLHF 技术，使得模型能够更好地理解人类意图、遵循指令，并避免生成有害内容。ChatGPT 的惊艳表现引发了全球人工智能浪潮，推动 Google、Meta、百度等科技巨头纷纷加速自己的大模型研发，RLHF 也从一个学术概念迅速转变为行业标准做法。

通过 RLHF 的案例，我们可以看到，技术标准不仅仅是技术实现方式的选择，更是塑造产品形态和用户体验的关键因素。谁掌握了先进的技术标准并推动其广泛应用，谁就能在竞争中占据先机。

二 数据治理：全球博弈的核心战场

如果说算法是人工智能的引擎，那么数据就是燃料。随着人工智能发展，数据不再仅仅是企业资产，更上升为国家战略资源，数据治理已成为国际竞争的重要战场。

数据主权：数字时代的新疆界

传统国家主权以地理边界为基础，而在数字时代，数据主权逐渐成为国家主权的新维度。简单来说，数据主权是指一个国家对其境内产生、流通的数据拥有管辖权和控制权。

各国对数据主权的态度和政策存在显著差异。欧盟通过《通用数据保护条例》树立了严格的个人数据保护标准，要求跨国企业在处理欧洲公民数据时必须遵循欧盟规则，违者最高可被处以全球年营收 4% 的罚款。这一规定已经导致 Facebook 等美国企业累计被罚数十亿欧元。

中国则通过《数据安全法》《个人信息保护法》和《网络安全法》构建了以国家安全为核心的数据治理体系，对重要数据和个人信息的跨境流动实施严格管控。例如，2021 年滴滴出行因数据安全问题接受网络安全审查，并被要求下架应用程序，就反映了中国政府对数据主权的重视。

美国虽然强调数据自由流动，但对涉及国家安全的数据同样采取保护措施。2020 年，特朗普政府曾以国家安全为由，要求 TikTok 剥离其美国业务，体现了美国对数据主权的掌控。

数据主权之争本质上反映了各国在数据资源分配和人工智能发展路径选择上的分歧，这种分歧将长期影响全球人工智能治理格局。

数据隐私与人工智能发展：平衡的艺术

人工智能发展需要海量数据，而数据隐私保护则可能限制数据使用，如何平衡二者成为各国必须面对的挑战。

不同国家和地区采取了不同的平衡策略。欧盟强调隐私优先，GDPR 规定企业在收集和使用个人数据前必须获得明确同意，并赋予个人"被遗忘权"。这种严格的隐私保护虽然增强了用户信任，但也在一定程度上限制了欧盟人工智能企业的发展速度。2022年，欧洲人工智能企业融资规模仅为美国的15%左右。2024年，美国人工智能初创企业融资总额为970亿美元，而欧洲人工智能初创企业的融资总额为128亿美元。截至2024年底，欧洲人工智能企业的融资规模约为美国的13.2%。

美国则采取了相对宽松的行业自律模式，联邦层面没有统一的数据隐私法规，主要依靠行业特定法律（如《健康保险可携性与责任法案》）和各州立法（如《加州消费者隐私法》）进行监管。这种灵活策略为美国人工智能企业提供了更广阔的创新空间，但也带来了隐私保护不足的批评。

中国正在探索独特的平衡路径，一方面通过《个人信息保护法》强化隐私保护，另一方面支持在特定领域（如医疗、交通）建立数据共享机制，促进人工智能应用创新。例如，上海市建立的医疗数据共享平台，在保护患者隐私的前提下，支持医疗人工智能应用开发，推动了智慧医疗的发展。

不同的数据治理模式将持续影响各国人工智能产业的发展轨迹。找到保护隐私与促进创新的平衡点，已成为全球人工智能治理的核心挑战。

三 人才争夺：决定胜负的关键因素

在人工智能领域，核心算法的突破、创新应用的开发，最终都依赖于顶尖人才。谁能吸引和保留最优秀的人工智能人才，谁就能在全球竞争中占据有利位置。

全球人工智能人才分布与流动

全球人工智能人才分布呈现明显的不均衡态势。美国仍然是人工智能人才最集中的国家，中国位居第二，其次是欧盟等。

过去十年，中国人工智能人才增长速度最快，年均增长约30%，远高于美国的15%和全球平均的19%。这一变化得益于中国在人工智能教育和产业发展上的大力投入。截至2022年，中国人工智能相关专业毕业生数量已超过美国，成为全球最大的人工智能人才供应国。

当前人才的国际流动呈现出新趋势。传统上，人工智能人才流向以"向美国集中"为主要特征，全球约 30% 的顶尖人工智能研究者在非美国获得学位后选择赴美工作。然而，十多年来这一趋势有所变化：中国留学生回流率显著提升，从 2010 年的 25% 上升到 2020 年的约 70%；根据教育部统计和 LinkedIn 平台报告，中国近年留学生学成回国率超过 80%。同时，新加坡、阿联酋等新兴人工智能中心也开始吸引全球人才。

人才争夺战的多维策略

各国或企业在人才争夺中采取了多样化的策略。

美国凭借强大的学术环境和创业生态系统，长期保持人才吸引力。顶级大学如斯坦福、麻省理工、加州伯克利等培养了大量人工智能精英，硅谷的风险投资为人工智能创业提供了肥沃土壤。同时，谷歌、Meta、微软等科技巨头提供的高薪也是吸引全球顶尖人才的重要因素。据统计，美国人工智能领域顶尖人才的年薪可达 50 万至 100 万美元，远高于全球平均水平。

中国则采取了"引育并举"策略。通过对人才的特殊支持吸引海外华人人工智能人才回国；同时，大力扩展人工智能教育，如设立"智能科学与技术"本科专业，到 2024 年已有 200 多所高校开设相关专业。中国的 BAT（百度、阿里、腾讯）等科技企业也通过高薪和技术挑战吸引人才，百度人工智能研究院、阿里达摩院等企业研究机构成为重要的人才聚集地。

欧洲则强调工作与生活平衡以及科研自由度，瑞士苏黎世联邦理工学院、英国剑桥大学等机构成为欧洲人工智能人才高地。欧盟还通过"地平线欧洲"计划提供大量研究经费，支持人工智能基础研究（见表 8-1）。

人才争夺战的结果将直接影响未来人工智能领导权的归属。那些能够建立完整人才培养体系、创造有吸引力的工作环境，并优化移民政策的国家和地区，将在这场竞争中占据优势。

表 8-1　欧盟"地平线欧洲"计划

分类	"地平线欧洲"经费简介
总预算规模	"地平线欧洲"计划（2021—2027 年）总预算为 955 亿欧元。
阶段拨款情况	首轮拨款：2021 年启动，拨款 955 亿欧元。 后续阶段：2024 年通过第二战略规划，明确 2025—2027 年预算分配细则。
经费重点领域	绿色转型、数字化转型、基础研究与创新等。

四　主要国家的战略布局

面对技术标准、数据治理和人才争夺这三大关键领域的竞争，全球主要国家纷纷制定了系统性战略，力图在人工智能时代占据有利位置。

美国：维护领先地位的全方位布局

美国政府近年来持续强化人工智能战略布局。2019 年，特朗普政府发布《美国人工智能倡议》，将人工智能视为国家战略优先事项。2021 年，拜登政府成立国家人工智能研究资源工作组，计划投入超过 70 亿美元用于人工智能研究。2023 年 10 月，拜登签署人工智能行政令，要求人工智能企业共享安全测试结果，并授权商务部制定人工智能安全标准。

在技术标准方面，美国推动"以企业为主导"的标准制定模式，支持谷歌、微软、Meta 等企业主导开源框架和模型开发。同时，美国国家标准与技术研究院（NIST）积极参与国际人工智能标准制定，发布了《人工智能风险管理框架》等指导文件。

在数据治理领域，美国强调"数据自由流动"原则，反对"数据本地化"要求，并将数据获取能力视为国家安全的关键要素。美国商务部在 2021 年发布的《数据战略》中明确指出，数据流动是美国数字经济和技术创新的基础。

在人才战略上，美国一方面维持对全球人工智能人才的吸引力，另一方面加强对关键人才流出的管控。2022 年，美国出台新规，限制拥有先进人工智能技术的美国人才向特定国家提供服务，并对中国学生在人工智能等敏感领域的签证审查趋严。

中国：系统性布局的后发赶超

中国政府对人工智能发展给予高度重视。2017年发布《新一代人工智能发展规划》，提出"三步走"战略目标。2021年，《"十四五"规划》将人工智能列为七大科技前沿领域之一。

在技术标准领域，中国加快国家人工智能标准体系建设。2018年发布《人工智能标准化白皮书》。2023年推出《生成式人工智能服务管理暂行办法》，针对大模型等前沿技术建立标准框架。同时支持华为、百度等企业参与国际标准制定，如百度参与制定的自动驾驶测试方法已成为ISO国际标准的一部分。

在数据治理方面，中国基于"数据安全与发展并重"理念，构建了以《数据安全法》《个人信息保护法》为核心的法律框架，对重要数据实施严格保护。同时，通过"东数西算"等国家工程建设数据基础设施，推动公共数据开放共享，支持人工智能产业发展。

在人才策略上，中国实施"人工智能+教育"行动，将人工智能纳入基础教育和高等教育体系，同时通过"国家高层次人才特殊支持计划"吸引国际人工智能人才。

欧盟：以伦理为中心的独特路径

欧盟选择了一条与中美不同的人工智能发展路径，将伦理、安全和人权置于核心位置。2021年，欧盟委员会提出《人工智能法案》草案，对人工智能应用实行分级监管，禁止"不可接受风险"的人工智能系统（如社会信用评分系统），对"高风险"人工智能系统（如自动驾驶、医疗诊断）实施严格监管。经过两年讨论，该法案在2023年底达成初步协议，成为全球首部综合性人工智能监管法规。

在技术标准方面，欧盟倡导"人类中心"的人工智能技术路线，推动可信人工智能标准的制定。欧洲标准化组织（CEN-CENELEC）成立专门工作组，开发欧洲人工智能标准,并通过这些标准影响全球人工智能发展方向。

在数据治理领域,欧盟通过 GDPR 建立了严格的数据保护框架,同时推出《数据治理法案》《数据法案》,构建欧洲数据空间,促进数据在保护隐私前提下的安全共享。

在人才战略上,欧盟启动"数字欧洲计划",投入 75 亿欧元用于数字技能培训;"地平线欧洲"计划提供约 150 亿欧元支持人工智能研究,并通过"AI 博士网络"培养新一代人工智能科学家。

其他国家:特色化发展策略

除了中美欧三大人工智能发展主体外,全球其他国家也在探索符合自身条件的人工智能发展路径。

日本提出"以人为本的 AI 社会"愿景,发布《人工智能战略(2019)》,计划到 2025 年培养 25 万名人工智能人才。在技术标准上,日本积极参与国际标准制定,特别是在机器人、自动驾驶等优势领域;在数据治理方面,日本推行"数据自由流动信任"(DFFT)倡议,主张在保障安全的前提下促进数据跨境流动。

韩国则依托三星、LG 等企业的半导体和电子产业优势,制定"人工智能国家战略",计划到 2030 年成为全球人工智能强国。韩国在技术标准上注重与美国合作,同时在数据隐私保护上借鉴了欧盟 GDPR 的做法。

印度凭借其软件外包产业基础和人口红利,提出 AIforAll 战略,重点发展医疗、农业、教育等领域的人工智能应用。印度政府设立"人工智能任务小组",协调各部门人工智能发展工作,并通过"数字印度计划"建设数据基础设施。

五 未来趋势:人工智能竞争的新格局

展望未来 3 至 5 年,全球人工智能竞争格局将继续演变,在三大核心领域呈现新的发展趋势。

技术标准：从框架竞争到模型生态之争

未来技术标准的竞争将从深度学习框架之争扩展到大型语言模型（LLM）生态系统的竞争。开源模型与闭源模型的竞争将成为关键焦点。

开源模型阵营以 Meta 的 Llama 系列和 StabilityAI 的 StableDiffusion 为代表，强调技术透明和社区协作；闭源模型阵营以 OpenAI 的 GPT 系列和 Anthropic 的 Claude 为代表，强调专有技术和安全控制。两种路线各有优势：开源模式有利于技术普及和创新迭代，闭源模式则更容易控制风险和商业化发展。

未来几年，我们会看到几个主流大模型生态系统并存的局面，类似于智能手机领域的 iOS 和 Android 并存格局。在这种情况下，控制大模型基础架构和应用生态的企业将获得巨大技术影响力和商业价值。

同时，人工智能技术标准的制定也更加国际化并有多方参与。国际标准化组织（ISO）和国际电工委员会（IEC）已成立联合技术委员会，专门负责人工智能标准制定，中美欧等主要经济体都在积极参与这一进程。预计未来几年将出台一系列人工智能技术和应用的国际标准，涵盖算法、安全性、性能评估等方面。

数据治理：从单边主义到多边协调

随着全球数据量持续爆发式增长，2025 年全球数据量将达到 175ZB（泽字节），是 2020 年的 4 倍多。在这种情况下，单一国家或企业难以独自解决数据治理挑战，多边协调将成为趋势。

我们可能会看到区域性数据治理框架的形成，如欧盟 GDPR 模式的扩展、亚太数据治理联盟的建立等。这些区域性框架将为跨境数据流动提供规则基础，减少数据"筑墙"带来的效率损失。

同时，特定领域的国际数据协议也将出现。例如，在气候变化、传染病防控、金融稳定等全球性挑战领域，各国可能达成数据共享协议，支持人工智能技术应对这些共同挑战。

企业层面，数据治理将从合规驱动转向价值驱动，数据治理与人工智能战略将深度整合。那些能够在保护隐私的同时最大化数据价值的企业将获得竞争优势。

人才竞争：从数量竞争到质量与多元化竞争

未来人工智能人才竞争将从单纯的数量竞争转向高质量与多元化竞争。一方面，随着人工智能教育普及，基础人工智能人才供应将逐步充足；另一方面，能够将人工智能与特定领域知识结合的复合型人才将变得更加稀缺和宝贵。

跨学科人工智能人才将成为新焦点，例如人工智能＋医学、人工智能＋材料科学、人工智能＋气候科学等交叉领域的专家将受到追捧。这类人才不仅掌握人工智能技术，还深入理解特定领域问题，能够真正推动人工智能在垂直行业的创新应用。

人才多元化也将成为竞争优势。研究表明，人工智能系统设计中的偏见往往源于开发团队的同质性，因此那些能够吸引不同性别、种族、文化背景人才的组织将在构建更公平、可靠的人工智能系统方面占据优势。

全球人工智能人才流动将呈现更复杂的网络结构，而非简单的"向美国集中"模式。新加坡、迪拜、多伦多等新兴人工智能中心也将吸引更多国际人才。全球将形成多中心的人工智能研究网络。

六 应战路径：竞争中有合作

技术标准、数据治理和人才争夺构成了全球人工智能竞争的三大核心战场。在这些领域的竞争将长期持续，但值得注意的是，与传统产业竞争不同，人工智能竞争具有更强的双面性：一方面是国家或企业之间的激烈竞争，另一方面又需要国际合作以应对人工智能发展带来的共同挑战。

面对人工智能安全风险、算法偏见、就业冲击等全球性问题，各国需要在技术标准、数据治理和人才培养等方面加强沟通协调。只有在合理竞争与必要合作之间找到平衡，才能确保人工智能技术真正造福人类社会。

对于企业和个人而言，理解这三大核心领域的竞争态势，有助于做出更明智的战略决策和职业规划。那些能够以前瞻性眼光把握技术标准演变、适应全球数据治理新规则、培养跨学科复合型人才的组织，将在未来人工智能发展中赢得先机。

正如一位人工智能研究者所言："人工智能不是零和游戏，最终的胜利者应该是整个人类社会。"在竞争中寻找合作，在合作中保持适度竞争，或许是全球应对人工智能挑战的最佳路径。

第二节

中美竞争的深度分析：技术封锁与反制措施的博弈

我们打开手机就可以询问语音助手今天的天气如何，坐在自动驾驶的汽车里可以在自动系统的辅助下轻松平稳前行，医生利用人工智能辅助诊断系统可以很快分析 X 光片，……当我们沉浸在人工智能带来的便利中时，想过这些技术背后的政治博弈吗？在全球人工智能竞争的棋盘上，中美两国正展开一场深刻影响 21 世纪科技格局的战略博弈，这场博弈不仅关乎两国利益，也将决定全球人工智能产业的发展轨迹。

一 中美人工智能竞争的战略背景：从"和平竞争"到"战略遏制"

中美人工智能竞争并非一夜之间爆发，而是随着中国科技实力的崛起，双方关系从"相互依存"逐步演变为"战略竞争"的结果。这一转变可追溯到《中国制造 2025》和《新一代人工智能发展规划》的发布，这些政策文件明确将人工智能列为中国技术突破的战略重点，引起了美国决策层的高度关注。

2017 年，美国国家安全战略首次将中国定义为"战略竞争对手"，标志着美国对华政策的重大转向。随后，特朗普政府发起贸易战，拜登政府则延续并深化了技术竞争策略。2022 年 8 月，《芯片与科学法案》的签署，以及 10 月美国商务部对中国先进计算和半导体制造的出口管制措施，将中美技术竞争推向高潮。

一位曾参与美国对华政策制定的高级官员曾私下表示："美国对中国人工智能发展的担忧不仅来自经济和商业层面，更缘于人工智能技术在军事和国家安全领域的潜在应用。当看到中国在面部识别、监控技术和自动化系统上的快速进步时，五角大楼的警铃就已经敲响了。"中国方面则认为，美国的技术限制是维持霸权的工具。一位中国科技政策研究者指出："美国害怕的不是中国复制他们，而是中国创新超越他们。从历史上看，霸权国家从未欢迎挑战者的崛起，技术封锁是他们惯用的手段。"

二 技术限制与芯片战争：人工智能硬件的关键战场

中美技术竞争的第一个关键战场是芯片和硬件领域。如果说人工智能算法是大脑，那么芯片则是这个大脑赖以运转的物理基础。没有强大的计算能力，再先进的人工智能算法也只能停留在理论阶段。

从华为5G到人工智能芯片：全面管控的升级

2019年，华为被列入美国商务部"实体清单"，标志着中美技术战的正式开启。起初，限制主要针对5G技术，但很快扩展到了人工智能芯片领域。2020年，美国进一步收紧对华为的限制，要求使用美国技术的全球芯片制造商必须获得许可才能向华为供货，这直接切断了华为获取高端芯片的渠道。

2022年10月7日，美国商务部颁布更全面的出口管制措施，限制向中国出口先进计算和半导体制造设备、技术和产品。这些措施直接针对人工智能芯片，尤其是限制算力超过100TOPS（每秒万亿次运算）的高性能芯片出口到中国。这个阈值并非随意设定——它恰好高于许多中端人工智能应用的需求，但低于训练大规模人工智能模型所需的算力。这意味着中国可以发展普通人工智能应用，但在尖端人工智能研究和应用方面将面临算力瓶颈。

2023年8月，美国又将出口管制范围扩大到中低端芯片，并增加了对云服务的限制，试图全方位阻断中国获取人工智能发展所需的计算基础。一位半导体行业分析师曾说："美国的管制措施已经从'精准打击'升级为'全面封锁',目的是延缓中国在人工智能领域的整体进步。"

企业应对：华为、寒武纪与英伟达的不同境遇

在这场芯片战争中，不同企业面临不同命运，它们的应对之道也各具特色。

华为：从危机到转机的自主创新之路

华为是美国技术限制的首要目标，也是应对挑战最具代表性的案例。2019年被列入实体清单后，华为立即启动"南泥湾计划"（内部代号），全面梳理供应链风险，并加大自主研发投入。

2020年，华为发布麒麟9000处理器，这是其被断供前最后一代采用台积电5nm工艺的高端芯片。随后，华为不得不转向备胎方案，启用自主研发的系统架构。2022年，华为昇腾910芯片开始在国产14nm工艺上量产，虽然性能与台积电先进工艺的产品有差距，但已能支持基本的人工智能推理任务。

华为创始人任正非在内部讲话中表示："美国的打压反而让我们更加坚定自主创新的决心。我们不能依赖不可靠的供应链，必须掌握核心技术。"华为通过大量招募半导体人才、增加研发投入（2024年研发支出达1797亿元，占全年销售收入的20.8%）、与国内产学研机构深度合作等方式，构建自主可控的技术体系。

2023年9月，华为发布Mate60Pro手机，搭载了自主研发的麒麟9000S处理器，这款芯片采用中芯国际7nm工艺制造，打破了外界对中国芯片制造能力的质疑。虽然与最先进的5nm、3nm工艺仍有差距，但已展示了中国企业在高端芯片领域的突破能力。

寒武纪：国产人工智能芯片的逆势崛起

与华为不同，专注于人工智能芯片的寒武纪诞生于技术竞争的背景下，从一开始就走自主研发路线。作为中国首家商用人工智能芯片公司，寒武纪面临的挑战是如何在技术封锁环境下构建全栈人工智能计算平台。

寒武纪创始人陈天石博士曾在一次行业论坛上回忆："2016年创业时，很多人认为中国做不出像样的人工智能芯片，国内市场只会购买英伟达产品。但我们相信，任何技术都有'国产替代'的可能，关键是找到合适的路径。"

寒武纪采取了差异化战略：不与英伟达正面竞争高端市场，而是聚焦智能边缘设备和中端云计算场景，推出了思元系列人工智能芯片和MLU智能计算卡。同时，寒武纪构建了从指令集、芯片到软件开发环境的完整生态。2022年，寒武纪发布了思元370芯片，采用7nm工艺，性能已能满足中小规模人工智能训练和大多数推理场景需求。

面对美国限制，寒武纪调整了产品规划，将研发重点从高性能训练芯片转向优化后的边缘计算芯片和专用领域人工智能加速器，绕过技术限制的同时满足市场需求。

英伟达：全球人工智能芯片霸主的中国困境

美国芯片巨头英伟达则处于尴尬境地。作为全球人工智能芯片市场的主导者，英伟达约80%的人工智能计算芯片用于训练和部署大型人工智能模型，其高端产品长期占据中国人工智能市场的主要份额。

2022年美国出口管制后，英伟达被禁止向中国出售A100、H100等高端人工智能芯片，公司迅速推出性能阉割版的A800、H800芯片以满足管制要求。英伟达CEO黄仁勋在2023年的财报电话会议上坦言："中国市场对我们非常重要，我们会在合规前提下尽最大努力服务中国客户。"

然而，2023年8月的新管制进一步限制了A800、H800的出口，英伟达在中国市场的战略受到严重冲击。公司预计可能损失高达40亿美元的中国订单。为维持市场份额，英伟达开始与中国云服务提供商探索合规解决方案，包括将多个低端芯片集群化以达到类似高端产品的性能。

同时，英伟达加强了与中国伙伴的软件合作，推动CUDA平台在合规领域的应用，并增加对中国开发者的培训支持。黄仁勋在2023年访华时表示："中国拥有世界上最优秀的开发者之一，我们希望与中国伙伴共同推动人工智能生态发展。"

这三家企业的不同境遇和应对策略，生动展示了中美技术竞争对企业的深刻影响，以及企业在逆境中寻求生存和发展的智慧。

三 数据与算法的较量：大模型时代的新竞争

如果说芯片竞争是人工智能硬件层面的博弈，那么大模型和算法则是软件层面的竞赛。2022年底ChatGPT的横空出世，开启了大模型时代，也为中美人工智能竞争增添了新维度。

大模型的军备竞赛：从GPT到文心一言

伴随人工智能技术的加速演进，人工智能大模型已成为全球科技竞争的新高地、未来产业的新赛道、经济发展的新引擎，发展潜力巨大、应用前景广阔。近年来，我国高度重视人工智能的发展，将其上升为国家战略，出台一系列扶持政策和规划，为人工智能大模型产业发展创造了良好的环境。当前，通用大模型、行业大模型、端侧大模型如雨后春笋般涌现，大模型产业的应用落地将进一步提速。作为新一代人工智能产业的核心驱动力，人工智能大模型广泛赋能我国经济社会的多个领域，打开迈向通用人工智能的大门，推动新一轮的科技革命与产业变革。

大模型是指参数规模达到数十亿甚至上万亿的深度学习模型，如OpenAI的GPT系列、Google的PaLM、Anthropic的Claude，以及中国的文心一言、讯飞星火、DeepSeek大模型等。这些模型展现出惊人的语言理解和生成能力，被视为通向通用人工智能（AGI）的关键一步。

2023年3月，美国著名风险投资人SamAltman在一封内部备忘录中写道："大模型已经成为国家竞争力的象征，谁掌握了最先进的大模型，谁就掌握了下一代技术革命的主导权。"这种认识在美国政策制定者中迅速蔓延，大模型被提升至国家战略资产的高度。

美国在大模型领域拥有先发优势。OpenAI的GPT-4拥有超过1万亿参数，训练数据覆盖互联网大部分公开文本；Google 的 PaLM2 和 Anthropic 的 Claude2 也展示了强大的能力。这些模型背后是美国在算法研究、算力基础和数据资源方面的综合优势。

中国互联网巨头迅速跟进。2023 年 3 月，百度发布文心一言大模型；随后，阿里巴巴的通义千问、腾讯的混元、科大讯飞的星火认知等相继亮相。这些模型虽然在参数规模和某些性能指标上与美国产品有差距，但针对中文环境和应用场景进行了优化，在特定任务上表现出色。

中国在大模型发展中也面临独特挑战。一方面，由于算力受限，中国企业不得不在模型设计上更加注重效率；另一方面，不同的文化和监管环境要求中国模型在发展方向和应用场景上有所差异。百度某负责人曾说："我们不是要复制 ChatGPT，而是要创造更适合中国用户和应用场景的人工智能系统。"

开源与封闭的路线之争

在大模型竞争中，一个核心分歧是开源与封闭路线的选择。这不仅是技术策略问题，也反映了中美在人工智能发展理念上的差异。

美国主流大模型多采取封闭路线。OpenAI 的 GPT-4、Anthropic 的 Claude 等只提供 API 访问，核心技术和训练数据不对外开放。这种策略有利于保持技术领先、控制模型风险和实现商业变现，但也限制了模型的研究透明度和社区创新。

相比之下，中国大模型呈现更多元化的开源策略。2023 年 8 月，百度宣布开源文心一言背后的文心大模型；阿里巴巴也开源了通义千问；北京智源研究院的悟道系列、复旦大学的 MOSS 等学术模型同样选择开源路线。

这种策略差异部分源于双方的战略处境。中国学者清华大学孙茂松教授解释说："在技术追赶阶段，开源可以聚集社区力量，加速创新迭代；而在技术领先阶段，封闭策略有助于巩固优势。中国企业选择开源，是应对技术封锁的明智之举。"

2023 年，两种路线的竞争进一步升级。Meta 发布完全开源的 Llama2 模型，挑战 OpenAI 的封闭策略；中国科技部则启动开源大模型国家队项目，投入数十亿元支持开源大模型的发展。

对企业而言，模型路线的选择也成为战略难题。腾讯某负责人在一次内部讨论中指出："开源意味着更快的生态发展，但商业模式不清晰，封闭意味着更多商业控制，但发展速度可能受限。每家企业需要根据自身优势和市场定位做出选择。"

算法安全与数据壁垒：隐形的战场

在公开的技术竞赛背后，是更隐蔽的算法安全和数据壁垒之争。

美国政府越来越关注人工智能算法安全，尤其担忧先进算法流向中国。2023 年 10 月，拜登签署行政命令，要求美国公司在向中国出口或转让可用于训练基础模型的计算相关技术前，必须向美国政府申报；同时加强对美国投资者向中国人工智能企业投资的审查。

中国则担忧数据壁垒问题。随着美国及其盟友对数据流动的限制，中国人工智能企业获取国际训练数据的渠道减少，可能影响模型的多语言能力和跨文化理解。为应对这一挑战，中国加大了国内数据资源整合力度，如推动政府数据开放共享、支持行业数据合作等。

字节跳动国际化经历是这一挑战的典型案例。TikTok 作为全球最成功的中国互联网产品，其推荐算法被认为是核心竞争力。然而，在美国国家安全审查压力下，字节跳动不得不将 TikTok 的美国用户数据存储在美国境内，并由美国 Oracle 公司监管，算法也面临美方审查。一位接近字节跳动的人士表示："数据本地化要求实质上是在全球数字空间筑起隐形墙，这对全球化的技术企业是重大挑战。"

四 企业的生存智慧：创新应对的典范案例

面对中美技术博弈带来的挑战，一些中国企业展现出非凡的创新韧性和战略智慧，不仅实现了生存，更在某些领域取得了突破性发展。

商汤科技：算法优先的突围之路

商汤科技是中国领先的计算机视觉企业，在人脸识别、图像处理等领域处于全球前列。2019 年，商汤被美国列入"实体清单"，失去了获取美国技术和产品的渠道，公司发展面临严峻挑战。

面对外部限制，商汤采取"算法优先"策略，将研发重点从硬件密集型解决方案转向软件和算法创新。公司首席执行官徐立在 2020 年的一次演讲中说："当你无法获得最先进的芯片时，唯一的出路就是让你的算法更加高效，用有限的算力实现更多功能。"

商汤投入大量资源优化算法，提高模型效率，使其能在中低端硬件上高效运行。例如，公司开发的 SenseNebula-Infinity 平台可以在边缘设备上运行复杂视觉算法，降低了对高端 GPU 的依赖。

同时，商汤调整业务方向，从通用视觉技术转向垂直行业应用，特别是智慧城市、智能汽车等领域。2021 年，商汤与上海临港新片区合作的"人工智能赋能未来社区"项目，通过低算力高效人工智能系统实现社区智能化管理，成为应对技术限制的成功案例。

商汤还加强了国内合作生态建设，与寒武纪等国产芯片厂商深度合作，共同优化算法与硬件适配。2022 年，商汤推出 SenseCore 混合计算平台，可在多种国产芯片上高效运行，降低了对进口芯片的依赖。

通过这些策略调整，商汤不仅成功应对了技术限制，还于 2021 年底在香港成功上市，2022 年营收达 52 亿元。商汤的经验表明，在技术受限环境下，算法创新和业务转型是中国人工智能企业的可行出路。

大疆创新：国产替代与全球化并行的平衡术

大疆创新是全球消费级无人机市场的领导者，也是集成人工智能技术的硬件企业的典范。2020 年，大疆被美国列入"军事最终用户清单"，随后又被列入"中国涉军企业名单"，面临严格的美国技术限制。

大疆采取了"国产替代与全球化并行"的双轨策略。一方面，公司加速核心技术的国产化进程。大疆创始人汪滔在内部会议上强调："我们必须掌握自主可控的核心技术，任何关键环节都不能受制于人。"具体措施包括：成立半导体团队，开发自主飞控芯片；与国内供应商共同研发传感器、镜头等关键部件；重构软件架构，减少对美国软件工具的依赖。2022 年发布的 Mavic3 系列无人机，已实现 70% 以上核心部件的国产化或多源化采购。

另一方面，大疆不放弃全球市场，通过产品差异化和合规管理维持国际竞争力。公司推出了无网络连接的"无互联网数据模式"产品，以回应数据安全担忧；同时在北美和欧洲设立研发中心，强化本地创新能力和合规管理。

大疆还主动拥抱行业监管，参与多国无人机标准制定，以技术实力赢得监管信任。2022 年，大疆获得美国 FAA 颁发的授权，其无人机可用于关键基础设施检查，打破了美国市场上的政策障碍。

通过这种平衡策略，大疆在逆境中保持了行业领导地位。2022 年，大疆全球市场份额仍超过 70%，营收约 240 亿元。近几年，大疆无人机的销售额预计仍保持较高水平。大疆的经验展示了中国科技企业如何在地缘政治复杂环境中坚持全球化发展。

五 供应链重构：全球人工智能产业链的变革

中美技术竞争最深远的影响或许是推动了全球人工智能产业链的重构。这种重构不是简单的供应链转移，而是整个产业生态的重组与再造。

从全球整合到区域集群：产业链呈分化的趋势

过去三十年，全球科技产业链在经济全球化浪潮中高度整合，形成了以美国为主导的技术研发、亚洲负责制造、全球共享市场的分工体系。然而，中美技术竞争正推动这一体系向区域集群方向演变。

美国正尝试构建"小院高墙"的"友岸外包"（Friend-shoring）体系，即与盟友组建排除中国大陆的技术和供应链网络。2022年推出的"芯片四方联盟"（Chip4）试图整合美国、日本、韩国和中国台湾地区的半导体资源；2023年美日荷限制光刻机对华出口，进一步体现了这一战略。

中国则加速构建"自主可控、开放合作"的产业体系。一方面通过"新型举国体制"集中资源攻关"卡脖子"技术；另一方面深化与东盟、"一带一路"共建国家的科技合作，拓展技术发展的国际空间。

这种分化趋势正在改变全球人工智能产业格局。以人工智能芯片产业为例，META宣布部分芯片项目转由韩国和中国台湾的制造商负责；同时，中国上海、深圳等地正成为国产人工智能芯片的研发和生产集群。一位半导体分析师指出："我们正在看到的不是单一全球供应链的替代，而是平行供应链的出现。"

自主创新的加速：从"跟随"到"并跑"

供应链重构使中国人工智能产业自主创新得以加速。面对外部技术限制，中国企业被迫走上自主创新道路，在一些领域实现了从"跟随"到"并跑"甚至"领跑"的进化。

在基础研究方面，中国人工智能论文数量和引用率持续提升，2022年人工智能领域高被引论文数量首次超过美国。清华大学、北京大学等机构在深度学习理论、计算机视觉等领域取得重要突破。

在应用创新层面，中国展现出显著优势。以智能交通为例，中国的"车路云一体化"方案整合了人工智能感知、5G通信和云计算，创造出不同于美国"车辆中心"的创新路径。深圳已建成全球最大的智能交通示范区，实现了交通效率提升30%、事故率降低25%的显著成效。

同时，基础软硬件的国产替代也取得进展。2023年，中国自主研发的昇腾、海光等人工智能芯片已在政府和国企大规模部署；百度飞桨、旷视天元等深度学习框架的国内市场份额持续提升；国产数据库、操作系统正从政府向商业领域拓展。

这些变化反映了中国人工智能产业在外部压力下的韧性和创新能力。正如一位科技政策专家所言："技术封锁像是一剂'苦药'，短期造成阵痛，但长期可能促进中国科技体系的自我完善和创新活力释放。"

中小企业的困境与机遇：产业链断裂中的应对之策

供应链重构带给不同规模企业的影响各异。大型科技企业凭借雄厚资源可以相对性地从容应对，但中小企业则面临更严峻的生存考验。

以人工智能初创企业为例，技术限制带来了多重挑战：高端芯片采购受限导致研发成本上升；国际资本对中国人工智能企业投资谨慎，融资难度加大；全球市场拓展面临地缘政治障碍，商业合作渠道大幅收缩。2021年至2022年，中国人工智能创业公司融资额同比下降30%，多家初创企业被迫裁员或转型。

然而，产业链重构也为部分中小企业创造了机遇。一位深圳人工智能创业者分享了他的经历："2020年，我们的图像识别产品90%依赖国外技术。被断供后，我们转向国产替代路线，与本土供应商深度合作，不仅解决了断供问题，还开发出更适合中国市场的产品形态。"

在新环境下，成功的中小企业普遍采取了以下策略：一是聚焦特定垂直领域，避免与科技巨头直接竞争；二是深度融入国内产业生态，与上下游企业形成创新联合体；三是灵活调整商业模式，从硬件销售转向软件服务或整体解决方案。（见图8-1）

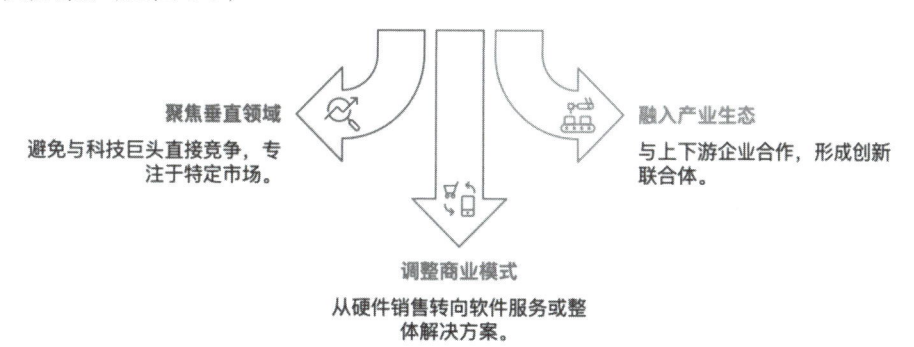

图8-1 中小企业在供应链重构中寻找新的机遇

杭州的一家人工智能安防创业公司是典型案例。该公司原计划研发高端人工智能安防摄像头与国际品牌竞争，在芯片受限后，转向开发基于边缘计算的整体解决方案，将算法优化到可在国产芯片上高效运行，并针对中国特定场景（如学校、医院）开发垂直应用。转型后，公司营收从 2020 年的 3500 万元增长到 2022 年的 1.2 亿元。

这些案例表明，供应链重构为中国企业提供了提升自身竞争力的机会。通过优化供应链管理，企业可以提高效率，降低成本，增强应对风险的能力。此外，供应链重构还可能催生新的商业模式和服务，为企业带来新的增长点。

供应链重构尽管存在挑战，但中国企业也在积极探索应对策略。例如，通过加强与供应商的合作，共享信息，共同应对不确定性。同时，政府也在采取措施，如推动产业链供应链的融合，帮助中小企业渡过难关。

第三节

区域合作与竞争：美欧、中日韩与其他新兴经济体的合作与博弈

在全球人工智能竞争格局中，除了单个国家的战略布局外，区域合作已成为一股不可忽视的力量。想象一下国际象棋比赛：单个棋子的力量有限，但当不同棋子形成联盟，它们的威力便会成倍增长。同样，在人工智能这盘全球"大棋"中，区域合作正成为改变游戏规则的关键变量。从美欧同盟到中日韩协作，从金砖国家到非洲联盟，不同区域正在形成各具特色的人工智能合作模式，它们之间既相互借力，又暗中较量。

一 美欧合作：价值观联盟下的技术协同

美国与欧盟作为具有相似民主价值观的 Western 盟友，在人工智能领域形成了一种独特的合作模式。这种合作既基于共同价值观，也存在技术竞争和市场博弈。

跨大西洋人工智能伙伴关系：原则与实践

2021年6月，拜登总统首次出访欧洲，与欧盟领导人共同宣布成立美欧贸易和技术委员会（TTC），将人工智能合作列为优先事项。2022年12月，双方进一步建立跨大西洋人工智能协议，确立了基于风险的可信人工智能共同路线图。这一协议强调人工智能系统应当尊重人权、促进民主价值观、增强隐私保护，并确保适当的人类监督。

这一合作的独特之处在于其价值导向特性。与注重效率和发展速度的人工智能模式不同，美欧合作将伦理、隐私和透明度置于核心位置。双方定期举行高级别对话，已启动多个联合研究项目，包括人工智能风险评估方法、隐私保护技术等方面。

在实践层面，2023年美国国家科学基金会（NSF）与欧盟"地平线欧洲"计划共同资助了12个跨大西洋人工智能研究项目，总金额超过3亿美元，集中在人工智能安全、公平算法和隐私保护技术等领域。这些项目有效整合了美国的技术创新能力和欧洲的伦理规范体系，形成了互补优势。

硅谷与汉诺威的合作故事：从理念到产品

美欧合作最生动的案例之一发生在医疗人工智能领域。2021年，美国硅谷的健康科技公司Tempus与德国汉诺威医学院合作开发了一个名为Hippocrates的医疗人工智能系统。该系统结合了Tempus在机器学习方面的专长与汉诺威医学院严谨的临床数据和伦理框架。

这一合作始于一次偶然的学术会议。Tempus的人工智能研究主管Sarah Johnson博士与汉诺威医学院的Klaus Weber教授在一次国际会议上就医疗人工智能伦理问题进行了激烈讨论。这场争论最终演变为深度合作，双方决定共同打造一个既有高准确率又符合严格伦理标准的医疗诊断系统。

在数据隐私方面，团队采用了符合GDPR标准的联邦学习技术，使模型能够在不共享原始病人数据的情况下进行训练。这既满足了欧洲严格的隐私法规，又保持了模型的高性能。经过两年开发和临床验证，Hippocrates系统在肺癌早期诊断方面的准确率达到94%，比传统方法提高了近20%，同时完全符合欧盟人工智能法案的伦理要求。

这个案例展示了美欧合作的典型特征：美方贡献核心算法和商业化经验，欧方提供严格伦理框架和高质量临床数据，双方优势互补，共同推动负责任人工智能创新。

合作中的张力：标准之争与数据博弈

然而，美欧关系并非全然和谐。在多个关键领域，双方存在明显分歧和竞争。

首先是人工智能标准制定权的争夺。欧盟通过《人工智能法案》确立了全球首个综合性人工智能监管框架，试图塑造全球人工智能标准，这被称为"布鲁塞尔效应"，即欧盟监管标准，因其严格性逐渐被全球采纳。美国政府虽然认同负责任人工智能理念，但担忧过于严格的监管会阻碍创新，因此更倾向于行业自律和针对特定高风险领域的监管。

这种分歧在具体案例中表现明显。2023年，欧盟要求ChatGPT等人工智能系统必须遵守《人工智能法案》中关于透明度和风险评估的规定，而美国则采取更为宽松的自愿性人工智能安全承诺机制。OpenAI一度因数据保护问题在意大利被暂时禁用，展示了美欧在人工智能监管理念上的显著差异。

数据跨境流动是另一个摩擦点。欧盟坚持数据主权原则，要求欧洲公民数据必须根据欧洲标准处理；美国则强调数据自由流动对创新的重要性。2023年，双方终于达成"跨大西洋数据隐私框架"，结束了因欧洲法院废除"隐私盾协议"而持续多年的法律不确定性，为数据流动提供了新的法律基础。（见表8-2）

表 8-2　跨大西洋数据隐私框架核心内容

分类	跨大西洋数据隐私框架核心内容
背景与目标	解决 Schrems II 判决导致的欧美数据传输障碍，维护跨大西洋经济关系
核心机制	1. 认证体系：美国企业通过自我认证加入 DPF，无须额外合规措施即可传输欧盟数据。 2. 分层监督：美国商务部与欧盟委员会联合监管。
保障措施	1. 限制美国情报机构对欧盟数据的访问，仅限"必要且相称"的国家安全目标。 2. 建立数据保护审查法庭（DPRC），由非政府人员裁决数据滥用投诉。
实施时间	2023 年 7 月，欧盟通过充分性决定，DPF 正式生效。
救济机制	欧盟公民可通过国家数据保护机构（DPA）→ EDPB → DPRC 三级渠道申诉，支持免费仲裁与数据删除。
对中国的影响	可能推动中国加速数据跨境规则建设，但短期内难以复制欧美"白名单"模式。

这种合作中的张力实际上反映了美欧在人工智能发展路径上的深层次差异：美国模式强调速度和效率，欧盟模式强调伦理和包容。这种差异使得美欧既能互补合作，又保持创新多样性，有望在未来形成一种"有竞争性的合作"关系。

二 中日韩协作：亚洲模式的崛起

在东亚，中日韩三国正在形成一种独特的人工智能合作模式，这一模式既立足于亚洲文化传统和发展阶段，又融合了三国各自的技术优势。

中日韩人工智能对话机制：竞合并存的实用主义

2019年，中日韩首次举行人工智能高级别对话，标志着三国正式建立人工智能合作机制。与重视规则和价值观的美欧模式不同，中日韩合作更具实用主义色彩，聚焦于解决共同面临的社会问题，如人口老龄化、自然灾害防控和环境保护等。

三国轮流主办年度人工智能对话会议，到2023年已举办五届。合作内容从最初的学术交流逐步扩展到联合研发、标准协调和人才培养等多个领域。2021年，三国共同启动了"智慧城市人工智能应用"联合研究计划，结合中国的市场规模、日本的机器人技术和韩国的半导体优势，探索人工智能在城市管理中的创新应用。

三国合作的独特之处在于竞合并存。一方面，三国在芯片制造、算法研发和应用市场上存在直接竞争；另一方面，面对共同挑战和欧美技术限制，三国又寻求战略协作，形成区域技术生态系统。这种平衡竞争与合作关系的能力，成为中日韩人工智能协作的显著特征。

应对老龄化的联合创新：技术融合的典范

中日韩合作的代表性案例是针对老龄化社会的人工智能解决方案联合研

发计划。2022 年，中国科学院自动化研究所、日本理化学研究所和韩国科学技术研究院联手启动了"人工智能赋能银发社会"项目，针对三国共同面临的人口老龄化挑战开发创新解决方案。

这一合作充分展示了三国的互补优势：中国团队贡献了基于大规模数据训练的健康监测算法；日本团队提供了先进的护理机器人技术和人机交互设计；韩国团队则负责高效能传感器和嵌入式人工智能系统的开发。

项目最引人注目的成果是一款名为"伙伴"的智能辅助系统，它融合了三国技术，包括中国的远程健康监测算法、日本的情感交互技术和韩国的可穿戴设备。这一系统已在三国的养老机构进行试点，显著提升了老年人的生活质量和医护效率。上海某养老院的使用数据显示，智能系统实施后，老年人孤独感降低 30%，护理人员工作效率提升 25%。

日本京都大学的 Tanaka 教授评价道："这种合作模式展示了东亚国家如何将各自优势结合起来，创造出与西方不同路径的人工智能解决方案。"这一案例不仅解决了实际社会问题，也为"东亚人工智能发展模式"提供了生动注脚。

技术与地缘政治的交织：合作中有挑战

中日韩合作也面临多重挑战，特别是地缘政治因素对技术合作的干扰日益明显。

第一个挑战来自美国技术限制政策的溢出效应。美国对中国人工智能技术的限制措施间接影响了日韩企业与中国伙伴的合作深度。2022 年，韩国三星与中国百度的自动驾驶人工智能芯片合作项目因担忧违反美国出口管制而被迫调整规模和内容。日本企业也面临类似压力，不得不在中美之间谨慎平衡。

第二个挑战是数据跨境流动的政策障碍。三国数据安全和隐私保护法规存在显著差异，中国《数据安全法》对重要数据跨境传输设置了严格要求，日本则采取相对开放的 APEC 跨境隐私规则（CBPR），韩国的规定介于两者之间。这种政策差异增加了联合研发的复杂性和合规成本。

第三个挑战是历史与领土争端导致的政治互信不足。历史问题和领土争端时常影响中日和韩日关系，使得深度技术合作面临不确定性。一位参与中日韩人工智能对话的韩国代表私下表示："我们的技术合作往往受制于政治气候变化，项目进展经常随两国关系起伏而波动。"

面对这些挑战，三国正尝试建立"防火墙"机制，将技术合作与政治争端分开处理。2023 年，三国科技部门签署了《技术合作稳定性框架》，承诺即使在政治关系紧张时期仍维持必要的科技交流渠道。这种"排除干扰、务实合作"的模式，可能成为中日韩在复杂地缘政治环境中推进人工智能协作的重要路径。

三 金砖国家联盟：新兴市场的联合自主

金砖国家（巴西、俄罗斯、印度、中国和南非）正在人工智能领域形成独特的合作模式，这种模式以技术自主和发展中国家需求为核心，试图打造与西方主导体系不同的人工智能发展路径。

"数字金砖"倡议：构建新兴经济体技术联盟

2020 年，金砖国家领导人峰会提出"数字金砖"倡议，将人工智能列为五大优先合作领域之一。2022 年，在中国担任金砖主席国期间，五国正式启动"金砖国家人工智能创新行动计划"，建立常态化合作机制。

这一合作的核心特征是"联合自主、兼顾发展"。金砖国家意识到，在人工智能领域过度依赖西方技术和标准可能带来安全风险和发展局限，因此积极寻求建立独立于西方体系的技术路线和标准框架。同时，金砖国家也更加强调人工智能在农业、教育、医疗等发展领域的应用，关注技术如何解决发展中国家的现实问题。

与美欧和中日韩合作相比，金砖合作的独特之处在于成员国发展阶段和技术能力的多样性。（见图 8-2）中国已是全球人工智能强国，印度拥有庞大的软件人才库，而巴西、俄罗斯和南非则各具特色的应用场景和区域影响力。这种多样性既带来协调挑战，也创造了互补优势。

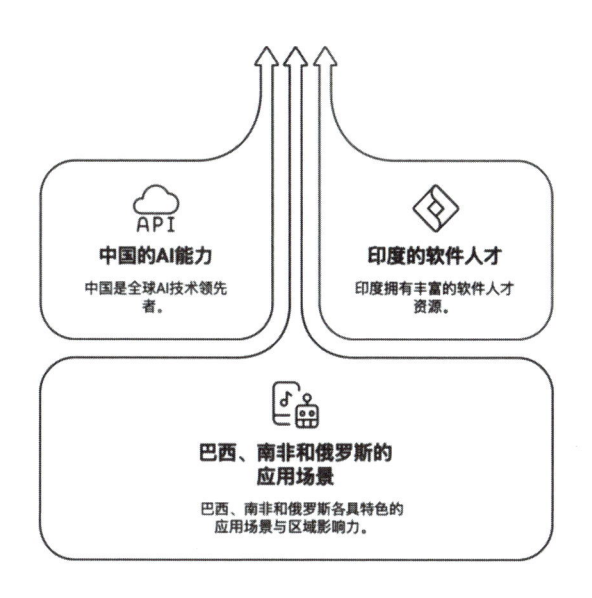

图 8-2　金砖国家合作的多样性

印度与中国的农业人工智能项目：南南合作的典范

金砖合作的生动案例来自中国与印度在农业人工智能领域的合作。2021年，中国科学院与印度信息技术学院班加罗尔分校启动联合研究项目，开发适合发展中国家小农户使用的智能农业系统。

这一合作源于两国科学家在"金砖国家科技创新大赛"上的相遇。中方团队领导者王立平教授在会上展示了中国的智能农业技术，而印度的 Sharma 教授则分享了印度小农户面临的生产挑战。两人意识到，将中国的算法优势与印度的农业场景和软件开发能力结合，可能创造出真正适合发展中国家的解决方案。

经过 18 个月的联合研发，团队推出了"智慧农场"系统，它具有三大创新特点。（见图 8-3）首先，系统能在有限网络条件下运行，适应农村基础设施不足的情况；其次，它使用多语言界面（支持 22 种印度语言和多种中文方言），降低了使用门槛；最重要的是，算法专门针对小规模农田进行了优化，不同于西方针对大规模农场设计的系统。

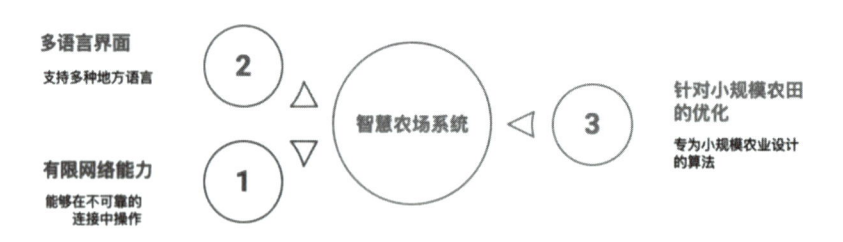

图 8-3 智慧农场系统的创新

该系统在印度马哈拉施特拉邦和中国云南省的试点项目中，帮助农民平均提高作物产量 23%，减少用水量 30%。一位使用该系统的印度农民 Rajesh 评价道："这是第一次有技术真正考虑到我们小农户的需求，而不是简单复制美国大农场的解决方案。"这个案例展示了金砖国家如何通过技术合作解决共同发展挑战，创造出与西方模式显著不同的人工智能应用路径。

数字主权与发展平衡：金砖合作的战略意义

金砖国家的人工智能合作超越了技术层面，具有重要的战略意义。在全球人工智能治理格局中，金砖国家致力于形成独立的话语权和影响力。

2022 年，金砖国家共同发布《关于人工智能伦理的金砖声明》，强调尊重各国数字主权、促进技术包容性，以及人工智能应当服务于可持续发展目标。这一立场与西方主导的人工智能伦理框架有明显差异，更强调发展权利和主权平等。

金砖国家还积极推动技术基础设施的独立自主。2023 年，五国启动"金砖云"计划，建设跨国数据中心和计算设施，减少对西方云服务的依赖。中国和俄罗斯提供了核心技术支持，而巴西、印度和南非则贡献了区域数据中心资源。

然而，金砖合作也面临明显挑战。首先是成员国之间的技术差距，中国在多数人工智能领域已处于领先地位，而其他国家则存在不同程度的追赶需求，这种不平衡可能导致合作演变为单向技术转移。其次是地缘政治复杂性，尤其是中印边境争端和俄罗斯国际处境对合作产生干扰。

尽管如此，金砖国家的人工智能合作代表了一种新兴的国际技术合作模式，这种模式强调技术自主、发展导向和多元文化价值观。随着更多新兴经济体加入金砖机制，这一合作模式可能在全球人工智能格局中发挥更大影响力。

四 非洲与拉美：寻找适合本土的人工智能发展之路

相对于发达经济体和亚洲新兴市场，非洲和拉美地区在人工智能全球格局中往往被边缘化。然而，这些地区正在探索独具特色的人工智能发展道路，并通过区域合作和国际伙伴关系增强自身在全球人工智能格局中的位置。

非洲大陆的人工智能联合战略：从技术接受者到创新参与者

2024年，非洲联盟通过了《非洲大陆人工智能战略》，标志着非洲47个国家首次形成统一的人工智能发展路线图。该战略的核心理念是"包容性人工智能创新"，强调技术必须服务于非洲特殊发展需求，并由非洲人自主掌握。

非洲人工智能合作的特点是"跨越式发展"与"本土适应"相结合。一方面，非洲国家试图通过技术跨越直接进入人工智能时代；另一方面，又注重将技术适应本地实际条件和文化背景。例如，非洲人工智能应用特别关注多语言处理（非洲有2000多种语言）、低资源环境下的模型优化，以及解决健康、农业和教育等基本发展问题。

卢旺达成为非洲人工智能合作的领头羊，该国设立了"基加利创新城"，吸引国际人工智能企业和研究机构落户。2022年，卢旺达与南非、肯尼亚、埃及和尼日利亚共同发起"非洲人工智能研究网络"，整合五国优势研究资源，构建非洲本土人工智能人才培养体系。

从卢旺达到肯尼亚：医疗人工智能的创新应用

非洲人工智能合作最引人注目的成功案例发生在医疗领域。2020年，卢旺达、肯尼亚和南非的医疗研究机构联合创建了"非洲医疗人工智能联盟"，与国际伙伴合作开发适合非洲医疗条件的人工智能解决方案。

一个典型项目是"视网膜系统"，这是一款专为非洲农村地区设计的眼科疾病诊断人工智能系统。与西方同类产品不同，该系统经过特别优化，可使用低成本智能手机附件进行眼底检查，适应缺乏专业设备的环境；系统还针对非洲人群的眼部特征进行了专门训练，提高了诊断准确率；最重要的是，它能在没有稳定互联网的情况下工作，模型可在手机上本地运行。

这一项目由肯尼亚内罗毕大学领导，卢旺达提供了政策支持和试点场地，南非贡献了数据科学专业知识。国际伙伴包括英国伦敦大学学院和Google.org，提供了技术指导和部分资金支持。

系统在肯尼亚和卢旺达的10个农村诊所试点后，诊断糖尿病视网膜病变的准确率达到87%，接近专科医生水平。更重要的是，该系统已为5万多名原本难以获得眼科专家诊断的农村居民提供了服务，及时发现了数千例可治疗的眼部疾病。

这个案例展示了非洲国家如何通过区域合作和国际伙伴关系，开发真正适合本地需求的人工智能解决方案，而不是简单照搬西方技术。

拉美的区域数字市场：构建统一人工智能生态系统

在拉丁美洲，区域合作呈现出不同的模式。2022年，拉美和加勒比国家共同体33个成员国提出建立"拉美统一数字市场计划"，旨在协调数据政策、减少数字鸿沟，并为人工智能发展创造区域统一标准。

与欧盟数字单一市场类似，这一倡议试图通过市场整合释放规模效应。统一的数据隐私标准、跨境数据流动规则和人工智能伦理框架，可以降低企业合规成本，扩大市场规模，使拉美成为更具吸引力的人工智能投资目的地。

这一合作已经催生了一些创新项目。"拉美人工智能云"（LAIACloud）是由巴西、墨西哥、智利、哥伦比亚和阿根廷五国研究机构共建的云计算平台，为拉美人工智能研究者提供计算资源和数据存储服务。这一平台特别关注拉美特色研究领域，如亚马孙雨林监测、西班牙语和葡萄牙语自然语言处理，以及热带疾病预测模型等。

"南南合作 + 国际伙伴"模式：机遇与挑战

非洲和拉美地区的人工智能发展呈现出"南南合作 + 国际伙伴"的混合模式。一方面，这些地区内部加强区域协作，整合有限资源；另一方面，又积极寻求与全球人工智能强国的战略合作。

中国在非洲人工智能合作中扮演重要角色。中国企业华为已在埃及、南非、肯尼亚等国建立人工智能创新中心，提供技术培训和基础设施支持。2021年，中国与埃塞俄比亚合作建成的"亚的斯亚贝巴人工智能中心"开始运营，成为东非重要的人工智能研究基地。

欧洲则在拉美人工智能发展中发挥关键作用。"欧盟—拉美数字联盟"提供了技术标准协调和人才交流平台。西班牙电信在巴西、智利和阿根廷投资的人工智能研发中心，促进了当地人工智能创新生态系统的发展。

然而，这种模式也面临明显挑战。首先是技术依赖风险，过度依赖外部伙伴可能导致真正的技术自主受限。其次是地缘政治因素干扰，大国在非洲和拉美的人工智能竞争日益激烈，可能迫使这些地区在不同技术生态系统间做出选择。

非洲开发银行的研究显示，尽管面临挑战，非洲大陆的人工智能初创企业数量仍然从2019年的不到100家增长到2023年的超过400家，年增长率接近60%。拉美地区的人工智能投资也从2020年的6亿美元增长到2022年的近20亿美元。这表明，通过区域合作和国际伙伴关系，发展中地区正逐步提升自身在全球人工智能格局中的位置。

五 未来趋势：区域合作如何重塑全球人工智能格局

展望未来 5 至 10 年，区域人工智能合作将呈现几个关键趋势，这些趋势将深刻影响全球人工智能产业格局和技术发展路径。

多中心网络取代单极格局

全球人工智能格局正从"单极主导"向"多中心网络"演变。在这种格局中，中国、美国和欧盟作为三大中心，各自形成技术生态圈和标准体系，而各区域合作机制则在这三大中心之间形成复杂的联结网络。

中日韩将形成更紧密的技术协作，共同打造"亚洲人工智能发展模式"；金砖国家联盟将扩大影响力，吸引更多发展中国家加入其技术生态；美欧联盟则通过深化跨大西洋伙伴关系，巩固基于共同价值观的人工智能发展路径。

这种多中心网络将产生三个重要影响：首先，全球人工智能标准将呈现多元化趋势，而非单一标准主导；其次，跨区域技术融合将催生更多创新，不同区域模式的优势互补将加速技术迭代；最后，部分技术壁垒将沿区域合作边界形成，区域内数据流动更加自由，区域间则可能面临更多障碍。

人工智能产业链的区域化重构

区域合作将加速人工智能产业链的区域化重构。全球人工智能供应链将从高度集中的"单链"结构，逐步转向若干相对独立的区域性"产业链集群"。

美欧将强化半导体、云计算等核心技术的战略自主，减少对外部供应商的依赖。2020 年启动的"美欧半导体联盟"已经推动关键芯片制造回流西方国家。与此同时，中日韩将形成更加完整的区域内人工智能产业链，整合中国的市场规模、日本的精密制造能力和韩国的存储技术优势。金砖国家则将着力补齐关键技术短板，印度的软件服务与中国的硬件制造相结合，有望形成新型产业链模式。

这种区域化重构将改变全球人工智能产业竞争格局。首先，跨国人工智能企业将被迫调整全球战略，更多采取区域化解决方案以适应不同区域的技术标准和数据规则。其次，区域龙头企业将获得发展新机遇，特别是那些能够深度理解本区域需求和规则的本土企业。最后，一些处于多个区域交叉位置的国家（如新加坡、阿联酋等）将成为连接不同技术生态系统的重要桥梁。

人工智能与未来人类

第九章

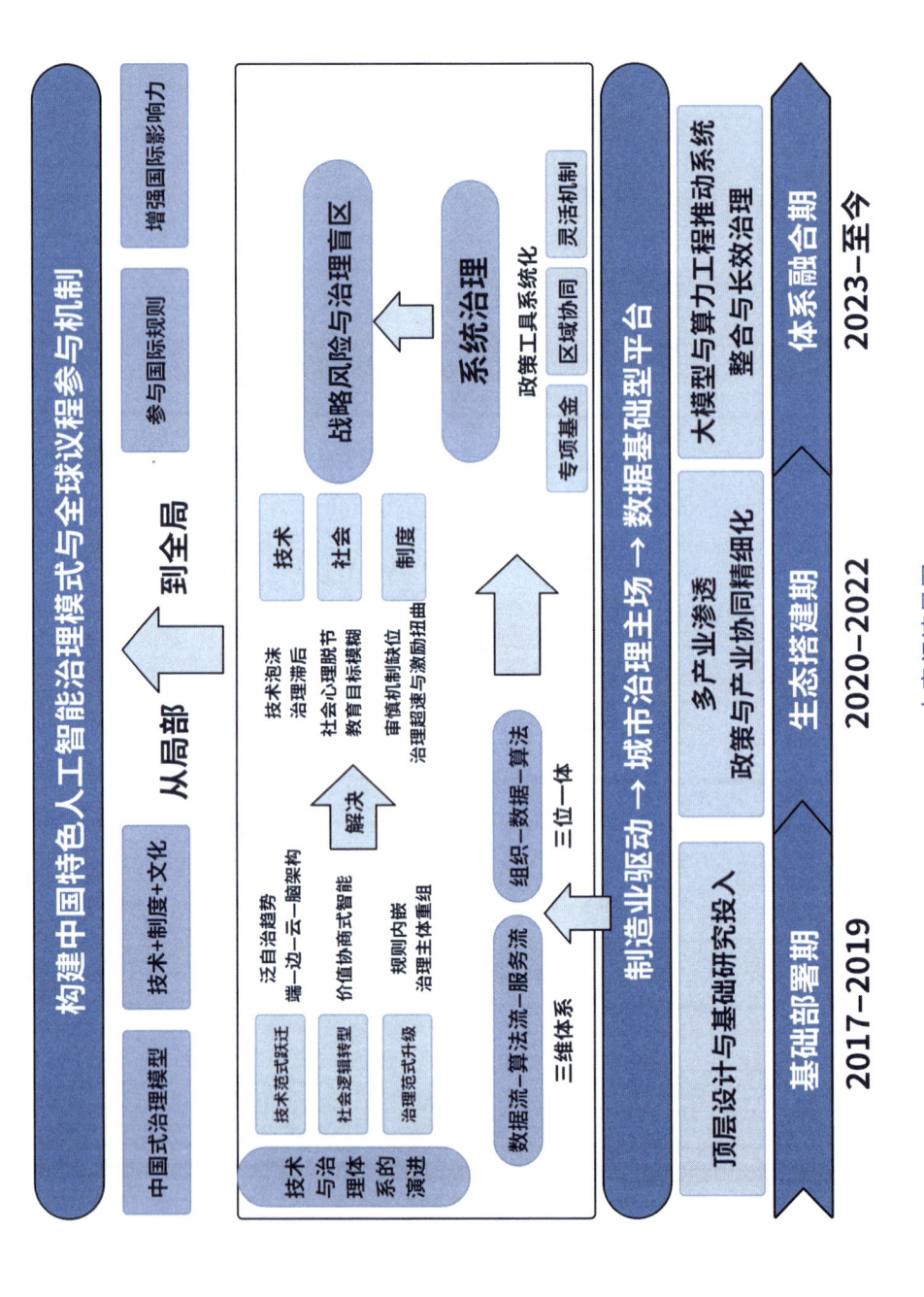

构建中国特色人工智能治理模式与全球议程参与机制

中国式治理模型
技术+制度+文化

从局部 → 到全局

- 参与国际规则
- 增强国际影响力

技术与治理体系的演进

- **技术范式跃迁**：泛自治趋势、端—边—云—脑架构
- **社会逻辑转型**：价值协调式智能
- **治理范式升级**：规则内嵌、治理主体重组

三维体系
数据流—算法流—服务流
组织—数据—算法
三位一体

解决
- 技术泡沫、治理滞后
- 社会心理脱节、教育目标模糊
- 审慎机制缺位、治理超速与激励扭曲

系统治理
战略风险与治理盲区

政策工具系统化
- 专项基金
- 区域协同
- 灵活机制

制造业驱动 → 城市治理主场 → 数据基础型平台

基础部署期	生态搭建期	体系融合期
顶层设计与基础研究投入	多产业渗透 政策与产业协同精细化	大模型与算力工程推动系统 整合与长效治理
2017-2019	2020-2022	2023-至今

本章阅读导学图

第一节

我们这样一路走来:"人工智能+"从提出到实践

今天,"人工智能+"战略已不仅是一次政策设计或技术工程的探索,而是成为塑造国家能力结构和社会运行逻辑的长期性、系统性规划。从最初的"技术赋能"到如今"结构重塑",从局部场景落地到治理体系重构,中国的智能化正迈入新的历史转折点。然而,当技术周期、政策周期与社会周期交汇之时,"人工智能+"也迎来了它的深水区:制度能力是否足以承接技术规模化带来的不确定性?社会文化能否同步完成对"人—机"共生模式的重构?中国经验是否有可能转化为具有全球解释力的治理方案?这些都成为迫在眉睫的重大命题。

这里系统回顾"人工智能+"战略实施以来的结构性成效,深度解析其在道德、制度、文化等层面的治理盲区,以及前瞻技术与治理体系的同步进化逻辑,并提出"推动各方加强发展战略、治理规则、技术标准的对接协调,早日形成具有广泛共识的全球治理框架和标准规范",构建中国特色人工智能治理模式及参与全球议程的多路径战略性建议。未来的智能社会绝非单靠算力与模型所能定义的,它更需要一套面向未来、兼容复杂性与可持续性的治理新范式。"人工智能+"已从初期的"政策引导+场景试点",走向了"平台驱动+生态拓展"的新阶段,其所构建的制度性经验与组织动员路径,也为下一阶段迈向治理共建型人工智能社会提供了可参照的系统基础。

一 里程碑：不断在进步

"人工智能+"战略从提出到今日的阶段性成效，可以清晰划分为三个发展周期：基础部署期（2017—2019）、生态搭建期（2020—2022）、体系融合期（2023至今）。（见图9-1）

在基础部署期，战略重点聚焦于顶层制度建设与基础研究投入。2017年发布的《新一代人工智能发展规划》确立了"三步走"战略目标，即2020年初步同步世界先进水平，2025年形成核心引领能力，2030年建成全球主要人工智能创新中心。随后两年，国家科技重大专项、人工智能创新发展试验区、智能制造试点示范城市等政策相继推出，构建起国家级主导的技术投入框架。

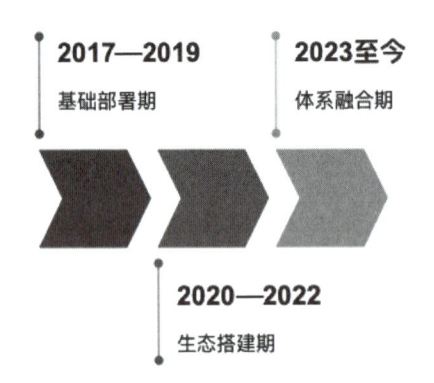

图9-1 "人工智能+"战略的发展

在国家科技重大专项方面，2018—2022年，科技部出台相关项目申报指南，从前期聚焦人工智能基础理论、关键技术、基础软硬件支撑，到2020年拓展至创新应用领域，再到2022年进一步拓展至与科学深度结合。在人工智能创新发展试验区建设方面，2019年8月，科技部发布《国家新一代人工智能创新发展试验区建设工作指引》，布局新一代人工智能创新发展试验区，覆盖京津冀、长三角、珠三角等重点区域。智能制造试点示范城市建设也稳步推进。例如，长沙在 2017 年出台《长沙建设国家智能制造中心三年行动计划（2018—2020）》。截至 2018 年底，长沙"工业云平台"上云企业突破 3.7 万家。2019 年，国家级智能制造试点示范和专项项目数量达 27 个，总数居中国省会城市之首。

进入生态搭建期，人工智能开始渗透制造、金融、教育、医疗等多个领域。以制造业为例，工信部推动"人工智能＋工业互联网"行动计划，如海尔、美的、徐工智能等企业加速部署人工智能质检与预测性维护系统。在政策端，各地建设"人工智能产业园区""城市级人工智能试验场"，政府、企业与高校三元协同的创新体系逐渐成型。此阶段的特点是政策目标与产业机制的匹配逐渐趋于精细化。

2023 年以来，"人工智能＋"正式进入体系融合期。大模型技术的突破性进展（如 ChatGLM、DeepSeek 等国产模型的开源开放），以及"东数西算"等国家级算力工程的推进，使得人工智能从工具化部署转向系统化整合。人工智能正从"服务多个行业"演进为"重构行业底座"，其加速与制造业深度融合，2023 年我国已建设近万个数字化车间和智能化工厂。自动驾驶技术加速迈向 L3 阶段，一键泊车、辅助驾驶等功能逐渐成熟。阿里、抖音等电商平台运用人工智能实现智能选品、购物推荐和数字人主播，7×24 小时直播"带货"。联影医疗利用人工智能赋能诊疗一体化全流程，提高医学诊断效率。大疆无人机集成多种功能，实现电网、能源、农林等行业无人值守。人工智能全面融入 45 个国民经济大类，对重塑工业体系、推进新型工业化的关键支撑效应逐渐显现。与此同时，政策也从"专项扶持"走向"数据治理""算法备案""平台协同"等长效机制建设。国家网信办、工业和信息化部等七部门出台《生成式人工智能服务管理暂行办法》，推动生成式人工智能技术向上向善。国家数据局发布《"数据要素×"三年行动计划（2024—2026 年）》，支持龙头企业推进运输高质量数据集建设和复用，培育行业人工智能平台和人工智能工具。

然而，战略的推进也并非完全顺利。按原规划，2025 年应实现"人工智能成为经济转型核心动力"的中期目标,但在算法原创性、基础算力建设、数据制度治理等方面,部分区域和行业仍滞后于目标进度,区域发展不均、场景复制乏力、评估体系缺位等问题逐渐显现,成为向"2030全球创新中心"跃升的关键瓶颈。

"人工智能+"战略的演进路径,是一条"技术引入—场景试点—平台协同—系统治理"不断上升的螺旋曲线,其阶段性成就已在全球范围内构建出具有中国特色的系统性人工智能动员能力。(见图9-2)

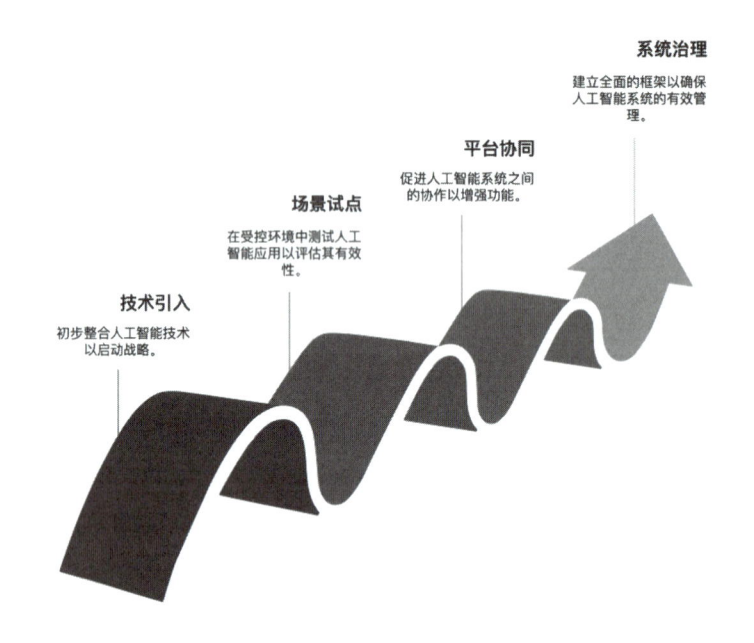

图 9-2 "人工智能 +"战略的演进路径

二 应用场景:突破与耦合

"人工智能+"战略能够快速推进,一个关键原因是其应用场景的多点突破与逐步耦合,从最初的"制造业驱动",发展至以"城市治理"为主场,最终演变为"数据基础型平台"的核心结构逻辑。

在早期,制造业作为最容易感知效率瓶颈的行业,成为人工智能部署的起点。传统的工业体系普遍存在产线刚性强、预测能力弱、质量控制成本高等问题。人工智能技术通过工业视觉识别、产能预测、设备状态感知，实现了流程优化与质量提升。人工智能第一次以"流程节点嵌入"的形式，成为制造流程的一部分。

随后，城市治理成为"人工智能+"战略的主阵地。智慧交通、智能城管、人工智能公安、应急响应系统等形成了城市级的人工智能系统架构。以"城市大脑"为例，杭州、深圳、成都等城市均构建了涵盖交通、安防、应急的统一调度系统，通过人工智能对人流、车流、事件等进行实时预警与响应。2024年，杭州交警采用的"道路速度管控平台"，可实时监测全市7595条路段速度，对拥堵路口实施信号配时优化。调研机构的拥堵指数显示，在GDP前10位的特大城市中，杭州市排名最低。城市成为算法与制度交汇的系统平台，为人工智能提供了可控的部署土壤与反馈回路。

更具结构性意义的是，近两年"人工智能+"正在演化为一类数据基础型平台逻辑，不再仅仅是"人工智能技术+场景"，而是构建"数据流—算法流—服务流"的三维流动体系。例如，政务系统中数据局统一管理原属多个委办局的数据资产，通过数据中台供各类算法模型调用，实现统一服务的动态配置。截至2024年11月底，哈尔滨政务数据资源中心已归集314亿条数据，发布数据资源目录3631条，挂载数据资源6268条。通过建设政务数据资源中心，实现了数据资源"供得出、流得动、用得好"，为全市各部门、各层级业务应用提供公共服务支撑，高效提升公共服务、社会治理等数智化水平。平台型人工智能逻辑正在成为"人工智能+"的新主流结构。

此外，在行业实践中也逐渐形成了"组织架构—数据流程—算法模型"三位一体的落地路径。以医疗行业为例，许多省级医院设立"智慧诊断中台"，通过分级数据治理、统一模型接口、跨科室服务调度，使得人工智能既能支撑医生决策，也能优化诊疗资源配置。中南大学湘雅医院汇聚超过25亿条医疗数据，通过医学逻辑加工，形成了10余个专病数据库。分级数据治理，提升了数据标准化水平，可以让医院更好地管控数据质量，为后续复杂的医疗数据处理与分析工作提供了方便。这种"组织—数据—算法"的三元同步方式，正在成为人工智能场景部署的标准范式。"人工智能+"能够进入各行各业，并非因技术本身具备神奇魔力，而在于其能够渗透传统组织的运转方式，重新连接数据流、任务流与服务流，形成新的结构效率。（见图9-3）

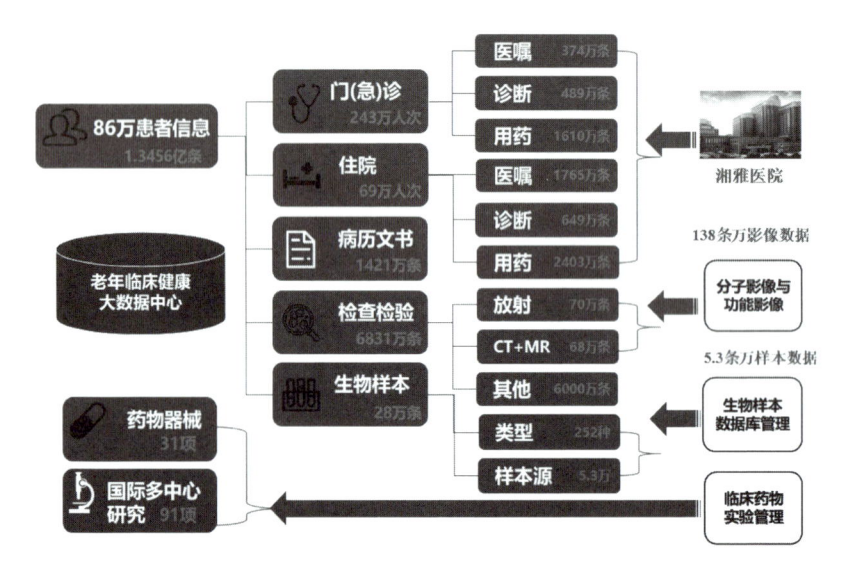

图9-3 湘雅医院网络信息与大数据中心平台

来源：湘雅医院官网

三 制度与组织：持续优化

"人工智能+"战略的持续推进，背后真正的系统性支撑，并不只在于企业活力或科研突破，还在于国家在制度供给与组织创新方面的持续积累。

首先，是政策工具库的系统化构建。在不到七年时间内，中国形成了由部委政策、地方支持、财务资金、示范试点、法规监管等组成的立体化政策架构。例如，财政部设立人工智能专项基金，科技部发布人工智能关键技术攻关计划，工信部主导人工智能制造试点园区评估体系，发改委统筹"东数西算"在人工智能模型调度中的战略布局。这种政策体系的系统化、联动性

为全球罕见，体现出国家级人工智能治理能力的成熟度。（见图9-4）

部委政策 由各部委制定的政策，为人工智能发展提供指导和方向。

地方支持 地方政府的配套措施增强了国家政策框架。

财务资金 专用基金为人工智能项目提供必要的财务资源。

示范试点 试点项目为人工智能实施提供实证学习和创新。

法规监管 监管框架确保人工智能发展的合规性和伦理性。

图9-4　中国人工智能政策框架的系统化与联动性

其次，是区域协同模式的逐步成型。目前已初步形成以"京津冀—长三角—粤港澳"为主轴，辐射成渝、中原、长株潭的人工智能区域生态联动结构。北京以原始科研与标准制定见长，上海主攻产业平台与金融科技，深圳则聚焦技术商业化与硬件集成。不同区域在政策定位、资源投入、场景选择上形成了错位协同。成渝等新兴区域则通过算力基地、试点城市等方式，融入全国性人工智能部署网络。《全国一体化大数据中心协同创新体系算力枢纽实施方案》同意在成渝启动建设国家算力枢纽，并规划了天府、重庆两个数据中心集群。

最后，是地方政府组织机制的自我演进。在人工智能落地的过程中，许多地方设立了"人工智能产业专班""数据局""算法备案室"等新型治理单元。这些结构不是传统职能部门的延伸，而是面向人工智能特性所构建的灵活机制。例如，广东在部分试点区设立"数据资产登记制度"，引入算法公示、算力申请、模型质量评分等制度，为算法在公共事务中的应用设定了完整流程。这种"项目审批—部署监管—绩效反馈"全流程可视化治理，是地方政府对人工智能治理能力的实质提升。"人工智能+"在中国得以深度推进，并不仅仅是因为"国家重视"，还因为中国已逐步建立起一套可复制、可迭代、可演进的组织机制、制度模板和政策工具，为下一阶段迈向人工智能治理型社会提供了坚实基础。

第二节

战略风险与治理盲区：制度、道德、文化的挑战

"人工智能+"战略的系统推进，的确为中国社会带来了前所未有的效率红利与结构跃迁。然而，任何一场技术跃迁都不是单向度的进步，它也伴随着风险积累、认知偏误、制度滞后等深层不确定性。当人工智能从单一技术扩散为贯穿政府治理、产业组织、公共服务的系统力量，其背后所积压的制度空白、伦理缺位与文化断裂，正逐步暴露为难以回避的战略风险与治理盲区。

本节试图回应一个日益突出的现实悖论：当人工智能部署越来越快，决策越来越依赖算法，而制度建设、社会共识、价值调适的速度却未同步演进时，智能化发展本身是否会反噬其原有目标？如何避免从"战略提速"滑向"治理失衡"？这是所有"人工智能+"参与者必须直面的关键问题。

一 非对称性风险：场景规模化与底层机制滞后

"人工智能+"战略的成功，在很大程度上依赖于"大模型—大数据—大算力"三位一体的资源驱动机制。这种模型快速堆叠、应用高频迭代、决策高度依赖的运行方式，在初期阶段确实实现了效率跃升和成本压缩。然而，随着部署范围扩大，资源型技术路线所掩盖的结构性风险也开始浮出水面。

高资源密度的技术路线容易制造系统性泡沫。以大模型为例，一些地方、企业或平台在不具备长期数据积累、基础算法能力和算力支持的前提下，盲

目追逐"自研大模型""开源平台",在缺乏清晰场景牵引的条件下反复建模、反复投入,形成资源浪费、项目同质、算法空转的局面。一些产业园区将"有无模型""算力中心是否上线"作为政绩考核指标,导致大量"纸上模型""展示算法"充斥政策界面。

在缺乏伦理预判机制的条件下,局部风险很容易演化为结构性失控。如在教育领域,一些中小学开始引入人工智能教师辅助评分系统,但未配套建设算法监督、误判纠偏与家长反馈机制,导致评分偏差引发家校冲突。在司法辅助系统中,算法打分成为"量刑依据",但由于训练数据的偏差性与现实复杂度差异,已多次引发关于"算法是否具有人类判断权"的激烈争议。

更深层的问题在于,大规模人工智能部署正在制造一种新的"风险盲区"结构。传统治理机制下,责任主体清晰、权责链条可追溯;但在人工智能部署背景下,算法推荐机制的"黑箱性"使得问责机制变得模糊。例如,当人工智能系统作出错误判断、引发公共服务失误时,该由平台开发者、数据提供方、算法运营者,还是最终执行者承担法律责任?这类"模糊责任链"日益成为制约人工智能深度治理的关键障碍。由此可见,"人工智能+"战略的技术主干若持续远快于制度神经与伦理触觉的建设,其脆弱性不仅体现在模型层面,更将在制度底层预理下系统性风险。

二 道德与人文盲区:高强度部署中的社会心理脱节

如果说技术滞后问题还可通过制度补齐、资源再配置等方式解决,那么"人工智能+"战略在社会心理层面引发的脱节,则更为隐性且深刻。其根源不在于人工智能"替代人类"的能力强弱,而在于它如何悄然改变个体对职业、自我、社会与未来的感知结构。

高强度技术部署与个体适应节奏之间的断裂正在加剧社会焦虑。例如,在大量人工智能客服、智能运维系统普及后,一线岗位的职业稳定性被削弱;中老年群体在面对人工智能政务平台、医疗预约系统时常常因"不会用""无法理解"而陷入盲区。调查显示，因为子女不在身边，超七成老人选择独自就医。电子化医疗信息系统对老年人而言，适老化、兼容度皆欠佳，如手机界面字体小、网络预约及现场机器操作复杂、无纸化流程缺乏引导，导致老年人阅读困难、操作无措，增加就医时间成本与心理压力。年轻人虽对技术敏感度更高，但面对人工智能辅助招聘、算法匹配岗位等机制，也产生"被系统选中"的无力感，形成隐性的职业失控焦虑。

职业贬值、教育模糊和伦理冲突三重压力交叠，削弱了社会结构的稳定性。一方面，部分岗位因被人工智能取代而"身份退化"。例如，人工智能质检员替代流水线工人，人工智能审稿员替代文案编辑，原有劳动价值体系遭遇系统性调整。另一方面，在基础教育中，"人工智能辅助教学""智能学情分析"使教育目标变得模糊：是培养工具使用者，还是强调人文思维者？襄阳市樊城区长征路小学试点"人工智能 辅助教学""智能学情分析"后，学生课堂参与度提升了35%，教师备课效率翻倍。但从技术角度来看，基于习题、测练数据展开的学情分析，本质是将知识点细化拆分并设定标签，容易催生技术辅助下的应试教育，离学生运用知识解决问题还有很大距离。这在一定程度上体现了教育目标的模糊性，即注重技术应用的同时，可能忽视了对学生人文思维等方面的培养。再者，在家庭中，人工智能伴侣、智能陪伴系统逐渐渗透亲密关系结构，也带来了伦理边界的模糊化，尤其在"虚拟情感""算法抚慰"领域，传统文化规范受到挑战。

目前，人工智能系统对个体心理健康的隐性影响仍缺乏严肃讨论。例如，青少年在算法推荐主导的社交平台中，长期暴露在"沉浸—标签化—同温层封闭"的技术场域下，其心理认知结构可能逐渐趋于单一化、自动化，形成"算法人格"；老年人则面临"技术孤岛"困境，在医疗、政务、金融等基本服务中被人工智能系统边缘化。这种"技术理性加速—人文适配减速"的结构性张力，是当前"人工智能+"战略设计中的"文化盲点"。

在缺乏公共伦理辩论与制度介入的前提下，人工智能技术可能带来社会秩序的新隐患：失语的劳动者、被动的消费者、焦虑的教育系统、混乱的家庭结构、缺位的公共参与。（见图 9-5）因此，我们必须重新定义"人工智能＋"的政策底线：它不仅是生产力工具，也是一种社会结构干预力量，必须在技术扩张之初设定足够多的"人文缓冲带"。

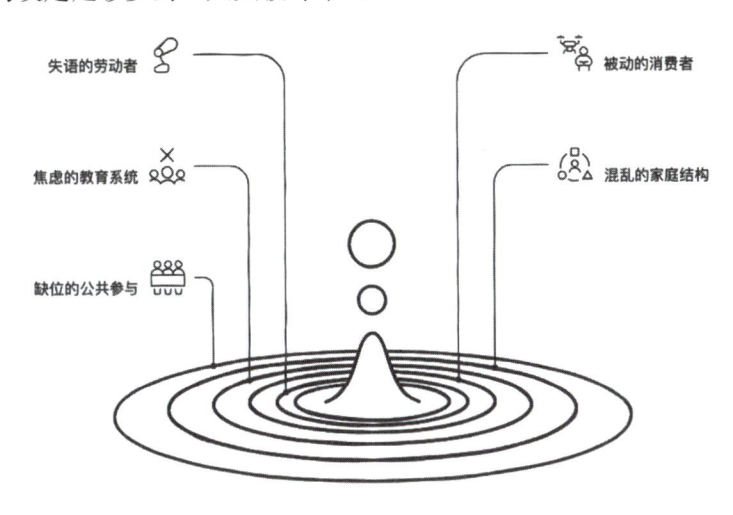

图 9-5　人工智能对社会结构的不利影响

三　制度之外生变量：治理超速中的文化不适与审慎机制缺位

在人工智能系统部署节奏不断加快的今天，"人工智能＋"战略在制度推动过程中呈现出一种独特的张力。一方面，政策层面不断强调"布局先行、场景牵引、平台赋能"，追求规模部署与示范效应；另一方面，治理文化与审慎机制滞后，导致有的地方出现了"用而不懂""部署即政绩"的路径依赖。

在人工智能蓬勃发展的浪潮下，"人工智能先行区"本应是探索前沿技术、推动产业创新的试验田，然而在有的地方却逐渐沦为政绩竞赛的舞台，并引发激励扭曲的问题。有的地方将"是否建成人工智能数据中心""模型注册数量""平台日调用量"作为考核指标，而忽视其长期可用性与系统耦合程度。例如，在有的地级市，以地方财政投入建设的算力平台在实际应用中因标准不统一、行业配套不足，长期处于"空跑"状态；有的地区建成人工智能城市指挥中心后，无配套数据治理机制，导致系统数据空转、响应延迟。

"技术政治化"这一潜在问题,导致相关治理工作难以落到实处。有的试点区域,人工智能成为地方"治理升级"的象征符号,但在实际运作中,平台系统与政策逻辑严重脱节。例如,部分智能审批系统上线后,出现"人工智能推荐未匹配政策标准""审批结果缺乏责任追溯"等问题,却因"系统已部署"难以回滚或纠错,最终形成治理空洞。国家曾出台《互联网诊疗监管细则(试行)》,明确规定处方应由接诊医师本人开具,严禁使用人工智能等自动生成。这从侧面反映出在医疗领域人工智能的应用中,责任追溯机制尚不完善,需要通过明确的规定来界定责任。

当前人工智能治理缺乏系统性的"审慎机制",既无强制性伦理评估流程,也无独立的公众反馈通道;算法使用过程中一旦出错,往往在媒体曝光后才被倒查追责,缺乏预防机制。这种"无预警—无缓冲—无责任交接"的治理流程,使人工智能系统在风险爆发时极易造成公信力崩塌。

对此,亟须建立以"制度审计机制+伦理评估机制+公众问责机制"为核心的三元监督框架。(见图9-6)其中,制度审计机制旨在对人工智能部署前的制度合法性、风险预判、资源协调进行前置评估;伦理评估机制侧重于对算法可能引发的偏见、歧视、心理影响进行系统论证,并形成算法备案制度;公众问责机制则通过设立人工智能公民监督平台、算法评价窗口、用户申诉热线等方式,构建起"可参与、可反馈、可纠错"的民众响应回路。只有将技术部署的"速度逻辑"置于制度审慎的"安全逻辑"之中,才能在技术、实践、治理的逻辑中真正将"人工智能+"战略纳入现代国家治理体系的可持续轨道。

图9-6 建立三元监督框架确保人工智能伦理与社会责任

战略成功的背后，总埋藏着被忽视的代价。在人工智能成为国家能力重构核心引擎的同时，我们必须认真审视它所引发的制度疲劳、伦理偏斜与文化异化。未来的人工智能不是一个简单的工具扩张问题，而是一个关于社会结构重构、制度张力调适、人类精神演化的复合议题。只有将技术冷静嵌入社会理性之中，才能真正构建出一个"可信、可用、可共生"的智能社会。

第三节

技术与治理同步：向更高阶智能社会过渡

当前，"人工智能+"战略已从底层技术接入走向社会结构重塑的临界点。人工智能逐渐成为重塑人类决策逻辑、社会组织机制乃至制度演化路径的系统变量。这一趋势标志着我们正步入一个"高度自治—高度协同—高度风险"的"三高"阶段。这时，技术系统不仅承载了任务执行的功能，也承担了社会治理中的流程生成、规则运行与反馈组织。正如"互联网+"带来了信息结构的网络化时代，"人工智能+"则正在催生治理结构的智能化时代。未来，不只是技术要进化，制度也要同步进化；不只是社会要接受智能，组织更要智能化。因此，未来发展的核心命题已不再是"我们如何用人工智能"，而是"我们如何与人工智能共建一个可信、协商、演化的社会系统"。

一 技术范式的跃迁：从"泛应用"走向"泛自治"

近年来的技术进化呈现出一个显著特征：人工智能系统正从"特定任务执行者"转变为"复杂系统内的自适应调度者"。这不仅是一种算力的跃迁，也是一种范式的跃迁。

多模态大模型将取代窄域人工智能，成为未来系统平台的"基建层"。如果说早期人工智能如人脸识别、语音识别、图像分析属于"窄域人工智能"，只能应对单一任务，那么多模态大模型则具备理解、推理、生成、反馈的综合能力。其不仅可同时处理图像、文本、音频等多源输入，更通过统一架构协调跨模态逻辑，具备通用型"理解—生成"能力。

2024年发布的"紫东太初"3.0版本是全球首个千亿参数多模态大模型的升级版，大幅提升了对多模态数据的综合处理能力，显著增强其在混合理解方面的智能水平。该模型可支持复杂任务拆解、多模态组合搜索、高阶逻辑推理，实现感知、理解、决策与执行的深度整合。围绕该模型，武汉人工智能研究院开展了多项智慧城市相关应用。例如，与华工科技打造智能焊接的智能体直接支持25种焊接工艺自动化的焊接，与九州通合作研发支持1万多种医疗骨科器械和耗材自动化的管理，与中车做机车设计的智能体，并全面支撑北京13条地铁线车规电控的运维，在低空经济领域面向国土资源有效管理巡检生成管理系统。这意味着，未来一个智慧城市可能只须部署一个大模型平台，即可支撑完成交通调度、政务服务、环境监测、社会治理等多个任务。模型不再只是"工具箱"，而是"操作系统"，成为城市运行的智能神经中枢。

人工智能Agent（代理）成为未来人工智能系统的组织核心。与传统模型相比，人工智能Agent不再依赖外部调度，而是具备自我感知、自主执行、自我调度的"自治能力"。它不是被动响应系统，而是能够在目标导向下自动组合多个任务链、数据链、反馈链，完成复杂场景中的多步协同。例如，未来一个智能社区的人工智能Agent可能在居民发生健康异常后，自动读取其健康数据、发送紧急信息、调用医疗资源，并协调公共服务流程。整个过程无须人工中介，体现出"任务链—数据链—响应链"一体化的高度自治逻辑。

"端—边—云—脑"架构构成智能社会的新技术底座。所谓"端"，是指传感器与本地计算节点，"边"是边缘计算网关，"云"提供大规模数据处理，"脑"即多模态大模型中枢。在这一架构下，人工智能系统具备前端自感知、中端自响应、后台自进化能力。这种结构意味着，未来的人工智能不再依赖中心指令，而是分布式协同、自我调整，形成"自组织社会结构"。这不仅极大提升系统弹性与效率，也为底层治理架构提供了技术可行性支持。例如，华为云瑶光智慧云脑，可实现10倍服务部署效率的提升，能做到毫秒级调度与决策、微秒级Io处理能力，为客户提供确定性低时延及业务零抖动保障。在云与端的交互中，面对复杂精细的处理流程，通过全链路动态协商与治理保障各模块间有机协同，满足未来 5G 时代企业关键应用上云的确定性、低时延需求，如工业控制、自动驾驶、实时风控等场景。人工智能系统已不再是"人类工具"，而正逐步演化为"技术生态体"，未来的人工智能社会，也将是一个多代理、多感知、多层次交互的自演化系统。

二 治理范式的跃迁：从外设到内嵌

人工智能技术的系统跃迁，要求治理体系也必须同步进化。过去的治理逻辑，更多依赖于制度规则、组织流程和行政执行；在"人工智能+"时代，治理本身将具备"算法化特征"，治理逻辑要完成从"规则外设"到"规则内嵌"的范式转变。

第一，技术将深度嵌入治理流程、政策制定与社会协商机制中。例如，在城市交通管理中，人工智能不仅执行红绿灯控制任务，还可实时分析拥堵成因、预测车流变化、主动调整限行政策，甚至提出政策优化建议。未来的"算法辅助政策制定系统"将成为政府部门的标准配置，其"数据—模型—政策"闭环将大幅提升治理的实时性与个性化。

第二，三种关键制度机制——智能合同、算法备案、实时监管机制将形成联动。（见图9-7）智能合同机制方面，未来各类公共事务将借助"算法协议"来完成执行，诸如城市供电调度合同、环境自动响应机制等，其核心要点在于构建"合同即代码"的可审计机制，以此确保规则运行具备自动性与可控性。算法备案机制要求，所有服务于公共领域的人工智能模型，都务必完成"可解释性备案""算法伦理说明""模型透明化指标提交"，促使"算法成为制度性资源"，而非局限于封闭的商业产品。实时监管机制则通过设立"人工智能模型运行监控中台"，持续对模型输出、任务偏差、社会影响展开动态评估，并与人类监管系统协同合作，实现从"事后治理"到"同步调控"的跨越。

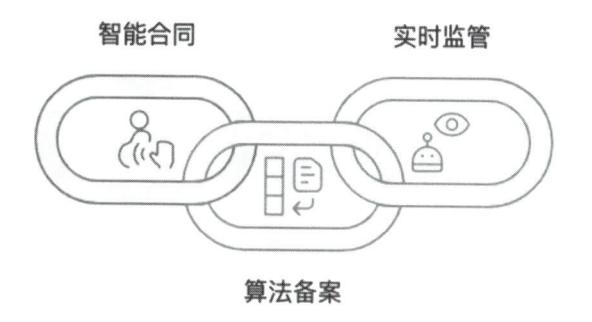

图 9-7　人工智能治理体系中关键机制的联动

第三，治理主体结构本身也将发生重组。除传统政府与平台角色外，一系列新型治理节点将崛起，形成新的治理格局。由技术平台托管的算法中台作为平台中台，将成为"数据调度+模型部署+权限管理"的中枢；算法审计员作为公共算法合规评估的专业技术人群，将承担对人工智能模型的道德、法律、技术三重评估职责；在未来公共治理中，重大算法系统可能需通过由"用户代表+社会组织+专家小组"构成的公民技术陪审团这一陪审机制完成前置评估，从而实现治理民主化。治理结构的这种演化方向，不再是以"组织层级"为核心，而是以"任务协同—模型可控—社会反馈"为轴心，形成一个"制度即流程、流程即模型、模型即治理"的新治理生态系统。

三　社会价值的跃迁：从"工具性智能"到"协商式智能"

真正决定未来人工智能社会形态的，并非技术能力的高低，而是社会对智能系统的"价值定位逻辑"是否发生根本性转变。这一转变，正是从"工具性智能"向"协商式智能"的价值跃迁。

未来社会形态须构建"人工智能不做决定，但决定中有人工智能"的人机共决机制。人工智能作为信息加工工具与模式识别引擎，其最适合承担"多解中筛选最优""复杂中找出规律"的分析功能，而不能承担不可逆的制度性选择。因此，未来所有重大公共人工智能系统应遵循"三权"相互制约又相

互协调的原则，即算法建议权、人类决策权和社会监督权。（见图9-8）

算法建议权
AI提供数据驱动的建议以优化分析过程。

人类决策权
关键决策由人类进行，以确保责任和判断。

社会监督权
通过社会平台进行监督，以保持系统的偏差和问责制。

图9-8　人工智能系统"三权"相互制约又相互协调

涵盖"算法伦理民主化""公共算法协商"等新型治理话语体系将形成并推广。传统技术治理话语，如"算法中性""效率优先"，已无法应对新出现的复杂问题。取而代之的应是公众可介入、观点可表达、机制可协商的"民主性算法治理"。例如，在未来的社会福利系统中，人工智能评估模型须在上线前通过"公众协商会""用户模拟评估"，明确其数据选择逻辑、评分权重标准、拒绝策略解释等，并建立"算法异议反馈"常态机制。这种机制的核心不在于算法是否最优，而在于其是否可以被理解、被信任、被调整。

在新的社会架构中，智能系统将嵌入多个社会单元的核心流程，催生出一批"人工智能赋能型社区模式"。社区型人工智能中心设立于基层社区，承担健康监测、应急调度、老龄陪护等服务。例如，河北省张家口市某社区搭建人工智能治理平台，通过接入物业既有视频监控摄像头，并在重点部位新增高清人工智能摄像头，实现对违停车辆、占道经营、垃圾堆放、阻塞消防通道、火情预警等的全面感知，平台建成后，解决问题的数量大幅提升。知识民主平台借助人工智能将复杂技术内容以图解、互动问答形式向公众开放，提升公民"算法素养"。例如，惠济区某社区依托人工智能数字人技术，制作人工智能宣传视频，将惠民政策、反诈知识、消防安全等内容转化为生动形象的视频，并根据居民需求动态调整推送策略。社区通过这种方式，以更易懂的形式向公众传播知识，有效提升了公民"算法素养"。此外，还有公共算法实验室，它是由高校、平台、市民共同参与的"开源协同"平台，主要对涉及社会重大议题的人工智能应用开展试验与公众协作活动。

这些探索都指向一个更高阶的智能社会形态：人工智能不再是被动"工具"，也非强行"替代者"，而是成为一个"嵌入型协商者"与"制度执行合伙人"。未来的智能社会，不应被想象成由超级大脑统治、所有流程算法化的技术乌托邦，而应是一个多层治理、多维协作、多元信任机制交织构建的复杂且和谐的生态。其中关键的不是"技术有多强"，而是人类如何使用技术，让"技术＋社会"成为更像我们理想中的社会。正如这个战略最初设想的那样——"人工智能＋"，不是简单的"加"，而是一次文明运行逻辑的深度重构。真正的"智能"，不是预测未来、干扰未来，而是与未来协商、成就未来。

第四节

形成具有广泛共识的全球治理框架和标准规范

中国"人工智能+"战略的显著特征,不仅仅体现在模型技术或硬件系统的进步上,还在于其背后深厚的组织能力和制度动员能力。

一 人工智能治理中的"制度自觉":从经验主义走向制度模型

从国家顶层战略设计到地方治理响应,从产业平台建设到多场景试点落地,中国式人工智能治理呈现出一种不同于欧美路径的"制度整合型发展"模式。其本质,是以国家能力体系为载体,系统部署技术、制度、平台和人才资源,将人工智能纳入公共治理的基本架构。

这一治理模式的最大亮点,是高度的组织协调力。无论是《新一代人工智能发展规划》的"三步走"路径,还是"东数西算"工程、"人工智能示范区"建设,都是国家以政策为引擎、地方为落点、平台为载体推进系统部署的典范。地方政府作为制度试验主体,借助数据局、算法办公室、算力中台等新型组织结构,有效推动了人工智能治理的中观机制创新。与此同时,试点政策、专项资金与伦理规范的并行部署,也在不断丰富中国在人工智能治理方面的政策工具箱。

这种"经验主导—机制演化"的实践路径虽然适配性强,但若想参与国际议程、引导全球规范,就必须完成从经验主义向制度模型的跃迁。这要求中国不仅要讲清"做了什么""怎么做",更要提炼"为何可行""何以有效",

即构建一套包含价值取向、结构要素、制度流程与可评估性指标的"中国式人工智能治理模型"。唯有如此，才能将实践优势真正转化为全球影响力，实现从"操作型成功"向"规则型输出"的根本性转化。

二 掌握主动权：构建"技术—制度—文化"三维共塑的国家话语权

在全球人工智能治理话语博弈中，技术优势固然重要，但制度表达能力与文化解释力同样关键。当前，全球人工智能规则正在由技术主权、伦理体系、数据边界、跨境流动等多维力量共同塑造，在此格局中，单纯的模型技术领先已不足以构建长远的战略主导权，必须构建起一种"技术—制度—文化"协同的话语体系。（见图9-9）

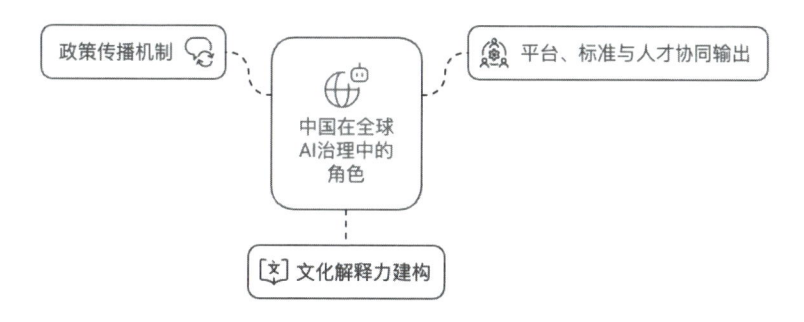

图9-9 "技术—制度—文化"三维共塑的国家话语权

在制度表达层面，中国需要突破"技术方案输出"这一单一模式，建立完整的政策传播机制。这不仅包括发布多语种的《人工智能治理白皮书》《数据要素市场规范指南》《算法伦理治理实践案例》等政策文件，更包括通过联合国教科文组织、国际电信联盟（ITU）、ISO等国际机构建立固定对话窗口，推动中国经验的制度转译与政策共识生成。此外，应在北京、深圳、上海等地设立"全球人工智能治理传播中心"，组织常态化国际交流论坛、研究成果共享平台与中立型政策解读机制，打造智能时代的话语场运营能力。

我们要实现平台、标准与人才的国际合作。例如，中国智慧政务平台、城市大脑模型、人工智能教育平台与相应的伦理监管制度、治理流程标准、跨文化应用培训体系可以与 RCEP、金砖国家或共建"一带一路"国家实现共享共建，"推动各方加强发展战略、治理规则、技术标准的对接协调，早日形成具有广泛共识的全球治理框架和标准规范"。

更为深远的，是文化解释力的建构。中国传统文化中的"和而不同""中道思维""有序共治"，天然适合作为算法治理的价值补充。在技术价值高度抽象化、工具理性不断强化的时代，如何提出一套既强调人类尊严也强调系统稳定的"技术人文主义"，是中国文化在人工智能治理中的关键贡献方向。这也意味着，中国要从算法开发国转向算法理解国，从模型拥有者转向制度共建者与文化阐释者，在国际人工智能秩序中实现语义升级。

三 全球治理中的中国在场：推进构建"多边嵌入式"参与机制

面对当前全球人工智能治理呈现的"多中心竞争—规则重构—信任稀缺"局势，中国要想赢得主动权，必须跳出"输出—响应"的线性逻辑，转向一种"多边嵌入式"的参与机制。这种机制的关键，不在于在单一议题上是否为主导，而在于持续在多层级、多组织、多议程中确立中国方案的结构性在场。

抓住深度参与现有国际标准与规则体系建设的重要契机。在联合国人工智能治理路线图、OECD 人工智能政策观察计划、IEEE 全球人工智能伦理委员会等国际机制中，推动中国学术界、企业界、政策部门三位一体的联合代表机制，主动承担标准起草、伦理讨论与实践案例提供等关键任务，避免中国成为"治理规则的接受国"。2024 年，第七十八届联合国大会协商一致通过中国主提的"加强人工智能能力建设国际合作"决议，140 多个国家参加决议联署，彰显了中国在联合国人工智能治理领域的影响力。中国在联合国发起成立"人工智能能力建设国际合作之友小组"，吸引了来自 80 个国家的积极参与。

在金砖国家、上合组织、RCEP 等多边平台中，主张设立专门的"人工智能治理工作组"，推动共建"新兴经济体智能治理框架协定""数据跨境流通多边原则""低资源国家人工智能能力建设合作机制"等制度工具，强化在全球南方治理生态中的结构性角色。

从长远与战略高度出发，建设一批由中国特色主导的国际议程平台，是提升国际话语权、塑造有利国际环境的关键之举。例如，发起"全球人工智能协同治理论坛"，设立"AI for Sustainable Development"基金机制，组织"未来智能治理青年领袖计划"，通过实质性制度创新和政策输出，吸引全球中小国家、地方政府与多元主体参与"非西方主导"的治理实验。这不仅有助于扩大制度影响力，也将中国置于未来数字秩序的"议题创设者"而非"议题响应者"的位置。

值得强调的是，这种"嵌入式参与"并不意味着中国要照搬他国规则，而是在国际制度环境中以"兼容而不等同""参与而不从属"的方式持续分享自身经验。这种治理的"折中性"、议程的"建设性"与策略的"韧性"，将成为中国赢得"人工智能+"时代全球治理信任资源的关键变量。如果说"人工智能+"战略的前一个阶段解决的是"如何落地"的技术问题，那么未来阶段则必须聚焦于"如何治理""如何协商""如何解释"的结构性命题。中国要做的不仅是"更智能的国家"，更是"更有治理想象力的国家"。当我们成功将技术整合力、制度建设力与文化解释力融为一体，中国才能真正从技术的使用者转型为全球智能社会的建构者。

在智能时代，不是掌握最多模型的国家引领未来，而是最早建立起可信治理体系与价值共识结构的国家掌握未来。中国，已经走在这条道路的前列。当下，面对新一代人工智能技术快速演进的新形势，要充分发挥新型举国体制优势，坚持自立自强，突出应用导向，推动我国人工智能朝着有益、安全、公平方向健康有序发展。同时，我们还要"广泛开展人工智能国际合作，帮助全球南方国家加强技术能力建设，为弥合全球智能鸿沟作出中国贡献"。

结 语

从"+人工智能"到"人工智能+"：
技术跃迁之后的国家命题

当一个国家把一项技术写进战略规划，这不仅是对产业发展路径的规划，更是对未来发展方向的定位。"人工智能+"，这一看似朴素的表达，背后蕴含着深刻的中国式问题意识。它并非对人工智能技术本身的过度追捧，也不是对"技术奇迹"的浪漫幻想，而是在历史的转折点上，对治理逻辑、发展方式、社会秩序乃至国家能力提升的全面影响。

撰写这本书，不是为了证明中国在某项人工智能技术上的领先地位，也不是为了重复那些已被广泛提及的技术细节；而是希望以一种系统性的方式，探讨一个更具根本性的问题——中国，如何在智能时代走出一个不同于西方路径的国家发展道路。

在思考与创作过程中，我们始终围绕一个核心判断：人工智能不是一个孤立的"高科技产业"，而是一个系统性变量，是重构生产方式、组织结构与治理体系的"底层操作系统"。它引发的不是简单的"+技术"的产业革命，而是一轮轮深刻的"+逻辑"的制度演变。因此，我们以"人工智能+"为切入点，深入分析了中国在智能化浪潮中的产业重构、供应链优化、组织升级与制度协同，并将其置于国际战略格局与文明对话的框架下，探讨其深远意义。在此特别说明一点，本书仅从科学技术发展的角度，引证国内外相关企业中人工智能技术在某些场景的落地与应用，以便更形象地解读人工智能作为引领新一轮科技革命和产业变革的战略性技术所引发的产业革命。

通过"人工智能+"战略的实施轨迹，我们可以清晰地看到中国治理体系的几个鲜明特征正在被放大。

其一是高度组织化的技术部署能力——能够在政策与产业之间迅速构建起试点机制与平台结构。从顶层设计的《新一代人工智能发展规划》到地方政府的落地试点，从数据共享机制到智能基础设施建设，中国展现出一种独特的"制度动员能力"——能够在短时间内整合跨部门、跨行业的资源，推动技术与场景的深度融合。

其二是场景驱动的应用体系整合力——通过真实需求反向牵引算法演化与标准制定。与西方"技术先行论"不同，中国更注重"需求倒推技术"的发展逻辑。智慧城市、数字政务、智能制造等场景不仅是技术的应用领域，更是技术演进的试验场。这种"应用驱动"模式使中国在人工智能应用广度上形成了差异化优势。

其三是国家意志与市场生态的协同张力——既有政府"抓纲"的战略方向，又有企业"落地"的平台创新。将自上而下的政策引导和资源配置，与自下而上的企业创新和市场竞争相结合，这种"双轮驱动"机制，形成了国家意志引导下的市场创新活力充分释放的良好局面。

其四是一个仍在成型中的但越来越清晰的，具有中国文化逻辑的智能治理哲学。在数据权属、算法伦理、技术规制、价值导向等方面，中国正在探索既不同于美国"市场至上"，也区别于欧盟"规制优先"的第三条道路——一种强调"发展与安全并重""效率与公平兼顾"的综合性治理范式。

这场以"人工智能+"为名的战略，是中国面对未来提出的一次国家级应对体系的总动员——技术只是表层，深层的是能力，最终是秩序。而这一秩序的重建，正在全球范围内展开。当美国试图用技术标准与资本势力构建"数字霸权"，当欧洲以伦理治理与规则输出寻求"制度主导"，当日、韩、新加坡等国加速技术落地与区域平台整合，中国给出的不是对抗式回应，而是一种体系化替代方案——以国家为统筹单元，以产业为嵌入结构，以场景为发展路径，以制度为组织中枢，输出一种具有普适性与适配性的智能化发展范式。

我们在书中所称的"中国方案",其价值不在于排他性,而在于结构弹性与现实可用性。对于那些尚未完成工业化又已被卷入数字化竞争的国家,中国式的"平台先行—基础共享—场景落地—制度护航"机制,或许比单纯的技术授权更具生长性;在那些面临治理困境、数据混乱、产业空心化风险的区域,"人工智能+"所倡导的"治理技术一体化"路径,可能成为逃离技术泡沫的务实选择。

更具体地说,中国方案的实践价值体现在三个层面。首先是发展阶段的适配性。许多发展中国家既面临"后发劣势"的困境,又渴望实现"弯道超车",但难以复制西方漫长的工业化进程,也不能脱离本土条件盲目追求数字化转型。中国的智能发展道路提供了一种"压缩式现代化"的可能——通过场景聚焦、能力共享和渐进升级,让技术发展与产业成熟同步进行,避免"空中楼阁"式的技术部署,确保每一步都扎根于实际需求与本土资源。

其次是治理模式的整合性。与西方"技术与政策分离"的模式不同,中国探索的是一种"技术嵌入治理、治理引导技术"的整合路径。这种路径避免了"先发展后规制"的陷阱,实现技术发展与制度建设的同步推进。从智慧城市到数字政务,中国的经验表明,技术不是治理的替代品,而是其有机组成部分,二者相辅相成,共同构建起适应智能时代的新型治理架构。

最后是经济结构的重塑力。对于许多面临产业空心化、传统优势消退的经济体而言,人工智能不仅是新增长点,更是重构产业体系的关键工具。中国的实践证明,"人工智能+"战略可以实现传统产业的智能化升级与新兴产业的生态化培育双重目标,进而形成新旧动能转换的良性循环。

最根本的是,中国方案提供了一种"创新自主性"的示范——在全球技术格局中寻求差异化发展路径,既不陷入技术依附,也不走向封闭隔绝。这种方案的核心不是技术细节的复制,而是发展理念与组织方法的创新,启示各国在智能时代可以也必须探索符合自身国情的发展道路。

当然,我们也看到了挑战。正如本书所剖析的,中国在底层架构、原始算法、国际话语与开源生态等方面仍面临关键性缺口。在技术层面,中国的人工智能发展仍存在"应用强、原创弱"的结构性不平衡，在基础理论、关键核心技术等方面还存在短板弱项，高端芯片、操作系统、基础算法等领域的外部依赖度依然较高。

在协同机制上，政府、企业、科研机构与公众之间的配合有诸多待优化环节。特别是在科研成果转化、数据资源共享、跨部门协作等方面，存在"各自为政""信息孤岛"和"协同低效"的问题。建立更有效的多主体协同机制，是"人工智能+"战略能取得长期成功的关键。

在国际层面，中国的人工智能治理理念和发展模式仍面临信任赤字和话语障碍。在全球数字政治日益分化的趋势下，如何构建一套跨境可接受的"制度协同+信任中介"机制，如何在保障数据安全和国家主权的同时促进国际合作与交流，成为中国人工智能发展面临的重大挑战。

在全球人工智能规则博弈中，来自欧美的政治误读与技术疑惧仍然存在。中国要想在智能时代赢得真正的战略主动权，除了继续推进技术突破、制度创新、场景验证之外，还必须构建一套能被理解、被信任、被采纳的价值叙事与制度语言。这不仅是关于"如何做人工智能"的问题，更是关于"谁能定义智能时代文明方向"的根本性命题。

"人工智能+"只是一个开始，它远未完成。它是中国走向未来的一次国家级试炼场，也是一面文明性镜子。在这场试炼中，中国不仅在技术层面不断突破，更在治理逻辑、社会秩序和国家能力的重塑上积极探索。它映照出中国在全球科技竞争中的战略智慧，也反映出中国在智能化浪潮中对人类共同价值的坚守与追求。面对未来，中国将继续以"人工智能+"为战略抓手，推动技术与社会的深度融合，构建更加公平、高效、可持续的发展模式。这不仅是技术的演进，更是文明的进步，是中国为全球智能化发展贡献的独特智慧和力量。

在技术与人文的交汇处，在效率与道德的平衡点，在全球化与本土化的融合中，中国的"人工智能+"战略正在书写一个不同于西方路径的现代化故事。这个故事的价值不仅在于技术创新，更在于它为人类如何驾驭智能时代提供了一种可供借鉴的文明选择。我们正站在这个试炼场上，既感受着浪潮裹挟之下的不确定，也看见了结构性转型带来的确定性方向。我们相信，唯有通过技术的制度化与制度的智能化，中国才能真正从"使用人工智能"走向"治理人工智能"，从"引进规则"走向"共同塑造"，从一个技术大国走向未来秩序的关键共建者。

文明不一定会在技术最先进的国家中延续，但它一定会在那些最先建立起可信治理与协同能力的国家中扎根。愿中国，愿我们，共同以"人工智能+"为桥，走出一条属于自身、属于时代也属于世界的未来之路。